JN056587

オートノミー

AUTONOMY

自動運転の開発と未来

ローレンス・D・バーンズ／
クリストファー・シュルガン 著
児島修 訳

辰巳出版

エンジニア――理論上可能なものを、具現化する者たちへ

AUTONOMY
BY LAWRENCE D. BURNS WITH CHRISTOPHER SHULGAN

Published by arrangement with Ecco, an imprint of HarperCollins Publishers
through Japan UNI Agency, Inc., Tokyo

Book Design / Mayuko Yagi (Isshiki)

あるアイデアが、別のアイデアを生み出す。時間の経過と共に、さらに3番目、4番目……とアイデアは増えていく。そしてあるとき、オリジナルのアイデアを自分では考案していない誰かが、すべてのアイデアをまとめて何かをつくりあげる。人はそれを、発明と呼ぶ。

——トーマス・ジェファーソン（第3代米国大統領）

CONTENTS

第Ⅰ部 ターニングポイント

第2章 セカンドチャンス

第3章

歴史はビクタービルでつくられた……103

第Ⅱ部 自動車の新しいDNA

第4章 陸に上がった魚

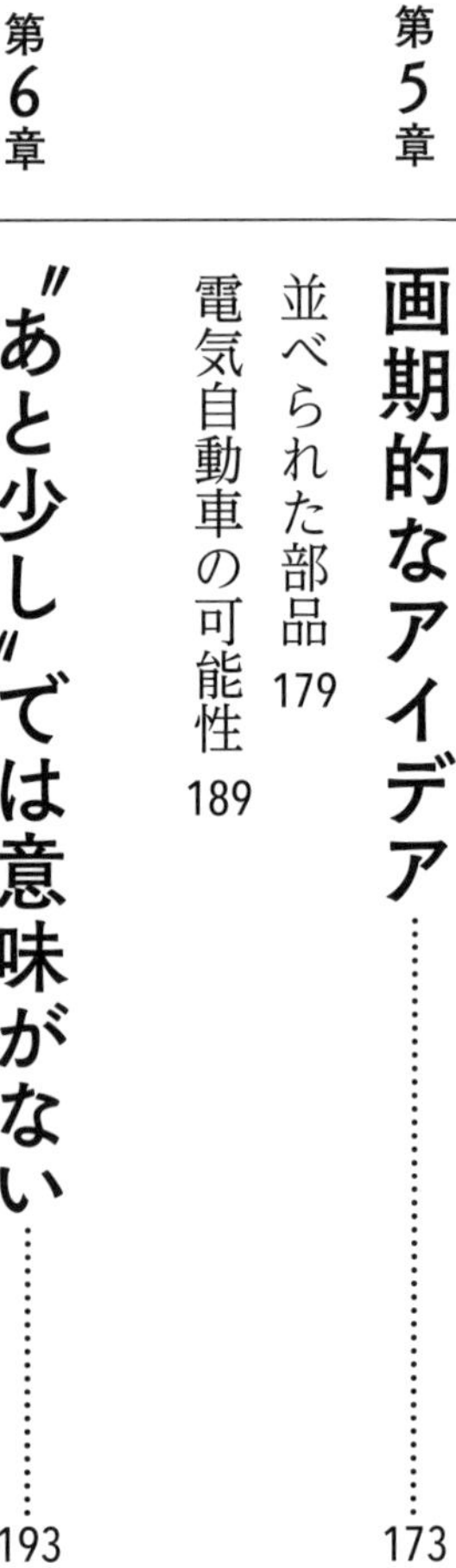

第Ⅲ部 未来のオートモビリティに向けて

第Ⅳ部 ティッピングポイント

第10章 大移動

第11章 運転の機会

主な人物紹介

クリス・アームソン

DARPAが開催するロボットカー・チャレンジに通算3回出場したカーネギーメロン大学チームの技術リーダー。グーグルのショーファーのプロジェクトリーダーを経て、オーロラのCEOに就く。

ウィリアム・L・〝レッド〟・ウィテカー

世界的に名が知れたロボット設計者。カーネギーメロン大学ロボット工学教授として2004年の第1回、2005年の第2回DARPAグランドチャレンジに参加(レッドチーム)。2007年の第3回DARPAアーバンチャレンジにはタータン・レーシングに改名したチームを率いて参加し、優勝。

アンソニー・レヴァンドウスキー

2004年の大会ではカリフォルニア大学バークレー校の学部生で、唯一の2輪モデルでエントリー。ストリートビュー用車両の慣性測定ユニットを開発し、グーグルを経てオットー(後にウーバーに買収)を立ち上げるも自動運転技術を盗んだ疑いで訴追される。

セバスチャン・スラン

ドイツ出身のコンピューター科学者。スタンフォード大学のチームとして2005年の大会では優勝、2007年の大会では2位に。グーグルではストリートビューの開発に携わり、その後、ショーファー・プロジェクトを創設する。

ブライアン・セルスキー

カーネギーメロン大学ロボット工学研究所から派生した全米ロボット工学エンジニアリング・センターに勤務。2007年の大会ではタータン・レーシングチームへソフトウェアチームのリーダーとして参加する。

マイク・モンテメルロ

2004年の大会ではレッドチームとしてローカリゼーションとマッピングを同時処理するプログラミングを担当。博士課程の指導教官がウィテカーだった。ウェイモの技術部門を統率。

ディミトリー・ドルゴフ

スタンフォード大学のチームに参加したロシアの凄腕プログラマー。2007年の大会の後は、グーグルのショーファー・プロジェクトに参加する。

ジョン・クラフチック

トヨタとGMの共同事業ニュー・ユナイテッド・モーター・マニュファクチャリング（NUMMI）に入社し、その後、フォードの製品ラインチーフ・エンジニア、ヒュンダイ自動車CEOを経て、現在はウェイモCEO。

リチャード（リック）・ワゴナー

GMへ入社してから経営・財務を担当。2000年にCEOとなり、03年からは会長も兼務。経営難の責任を取って09年に辞任した。

イーロン・マスク

南アフリカ共和国出身の実業家。電気自動車の開発・販売のほか、蓄電池やソーラーパネルなどの電力システムを取り扱っているテスラのCEO。民間宇宙ベンチャー企業であるスペースXのCEOとしても有名。

ラリー・ペイジ

1998年にセルゲイ・ブリンとともにグーグルを共同設立。2015年にアルファベットを設立してCEOに就任したが、19年末に退任を発表。

セルゲイ・ブリン

ラリー・ペイジとのグーグルの共同設立者で、彼とはスタンフォード大学在学中に知り合う。アルファベットの社長職を退任することを19年末に発表。

バイロン・マコーミック

GMが発表したコンセプトカー「Autonomy」の開発に携わった科学者。GMの世界代替動力源研究センターのディレクターも務める。

ジョン・ベアーズ

カーネギーメロン大学国立ロボット工学エンジニアリング・センターを率いていたが、後にカーネギー・ロボティックスを設立。2015年にウーバーに加わる。

デイブ・ホール

4歳の時にアンプを自作し、大学時代にホイールやプロペラの回転速度を測定するタコメーターを開発。2005年の大会では回転式ライダーを搭載、周囲を三次元的に捉える技術を確立。2007年の大会にはデバイスとして各チームへ売り込む。現在はベロダイン・ライダー会長。

はじめに

現代の自動車が抱えている問題

なぜ人々が新しいアイデアを恐れるのかがわからない。私は、古いものが怖い。

——ジョン・ケージ（米国の前衛音楽家）

今、私たちの移動方法が変わろうとしている。過去130年で初めて、人類は自動車による移動形態の大変革の真っただ中にいる。前世紀は、〝ガソリン駆動車、手動運転、個人所有〟というモデルが支配してきた。それが今、〝電気自動車、自動運転、従量制／定額制のモビリティ・サービス〟というモデルに移行しようとしているのだ。

これは何を意味しているのだろう？　もうじき、私たちは車の所有や運転をしなくなる。代わりに、安全で便利な自動運転車で目的地まで運んでもらうサービスを利用するようになる。駐車や清掃、メンテナンス、充電をするのはサービスの提供者だ。車を所有することにつきまとう面倒事は、きれいさっぱり消え失せる。もう、車を買わなくてもいいし、自動車ローンや保険の支払いに悩まされることもない。運転や駐車、ガソリン補給に時間をかけなくてもいい。渋滞も頭痛の種ではなくなる。他の利用客と同じ車に同乗して料金を安く抑えることもできるし、料金を多目に払えば、ドアツードアで目的地に行け、用事を頼んだり家族の送り迎えをしたりできる独占的な〝従者(バレット)〟タイプの自動運転車も利用できる。

車はアプリから簡単に呼び出せる。到着した車には、ハンドルもアクセルペダルもブレーキペダルもない。移動の大半は、大人2人が快適に座れるように設計された電気自動車で行われる。これらすべてにかかる交通費は、従来の数分の1だ。

本書ではまず、来るべき大変革の起源を辿っていく。これから紹介するさまざまな変革は、すでに実現しているテクノロジーを活用して、交通の問題を新しい方法で解決するものである。私たちが普段、移動を問題視することはめったにない。だが実際には、それは紛れもない問題だ。私たちは毎日、特に意識することなく、目的地に目的の時間までに到着するという厄介な問題について考え、さまざまな答えを導いている。そして過去1世紀以上にわたって人々が導き出してきた主な答えは、個人所有しているガソリン駆動の自動車を自分で運転して目的地に行く、というものだった。だがそれは、多くの問題を引き起こしてきた。

米国では今日、2億1200万人の自動車免許保有者が2億5200万台の小型車を所有し、1年間に6800億リットルの燃料を消費しながら5・1兆kmを移動している。米国全体で発生している温室効果ガスの5分の1が、車やトラックから排出されている。自動車移動の総走行距離も、1990年から2016年にかけて約50%増加した。

この国には、〝仕事を持つ大人が支障なく社会生活を送るには、自家用車の保有が不可欠だ〟という考えがある。だが自家用車は約95％の時間、稼働していない。

実際に車が動くときも、エネルギーは極めて非効率的に使われる。現在米国で販売されている自動車の95％以上はガソリンを燃料とする内燃機関を動力としているが、実際に車を動かすために使われているのは給油したガソリンから生み出すエネルギーのうち3割以下でしかなく、残りのエネルギーは熱や音として浪費され、ヘッドライトやラジオ、エアコンなどの付属品に電力を供給するために使われる。一般的な車の重量は約3000ポンド（約1360kg）。人間の平均体重は約150ポンド（約68kg）なので、車を駆動するために変換されたガソリンエネルギーのうち、ドライバーを移動させるために使われるのはわずか約5％ということになる。これは自動車がガソリンから生み出す総エネルギーのわずか1・5％にすぎない。

一般的な使用目的に対して市販車のスペックが過剰であることも、この非効率の大きな原因だ。ウェイモのCEO、ジョン・クラフチックはこの過剰な機能を、「たまにしか使う必要がないもの」と呼んでいる。米国では、個人移動の85％が自動車による。1マイル（約1・6km）あたりの平均乗車人数は1・7人だが、通勤中の車に限定すればわずか1・1人。混雑した都市部では車の平均時速が20km程度になることもある。だが私たちが運転する車やピックアップトラック、SUVの大半は大人5人以上が乗れる広いスペースがあり、時速200kmで走れる強力なエンジンを積んでいる。「この国の道路を走る車のスペックと実際の用途は、完全に食い違っている」とクラフチックは言う。

これらの過剰なスペックを持つ車は重たく、危険でもある。WHO（世界保健機関）が推定する自動車事故による死者数は全世界で年間130万人。米国では2016年だけで3万7461人が自動車事故で死亡し、この国の人生前半における死因の1位が「不慮の事故による傷害」である主要因になっている。

前述したように、私たちが車に乗っているのは所有時間のわずか5％しかない。当然ながら他の95％の時間の保管場所を見つけなければならない。住宅のかなりの部分が、ガレージや私道に充てられている。職場にも社員用の駐車場が必要だし、ショッピングモールや病院、スポーツスタジアム、路上など、車を停めるスペースを用意しなければならない場所には限りがない。だから私たちは貴重な土地のかなりの面積を舗装して駐車場をつくる。その結果、日光を浴びて熱くなったアスファルトは都市部の温度を上昇させ、気候変動に影響を及ぼすヒートアイランド現象が起こる原因になる。

モルガン・スタンレーの金融アナリスト、アダム・ジョナスは、自動車を「世界でもっとも活用されていない資産」、自動車業界を「地球上でもっとも破壊的なビジネス」と呼んだ。ピューリッツァー賞ジャーナリストのエドワード・ヒュームズは、「あらゆる観点から見て、今日の自動車が製造され、使われる方法は正気の沙汰ではない」と述べている。

私も、まったくの同意見だ。だが幸い、人類は移動の方法をまともな方向に変えようとする時代に差し掛かっている。それは数十年、おそらく数世紀にわたって人々の生活を劇的に向上させ得る、ごくまれにしか起こらない類いの破壊的イノベーションだ。この変革によって、私たちはこれまでよりも安く、便利に移動できるようになる。しかも、環境にも良い。

この変革の鍵を握る人物の多くは、過去に、自動車とそれが生み出したシステムに強いフラストレーションを感じるという体験をしている。ミシガン大学での学部生時代、将来を予見するかのように車を持っていなかった、グーグルの共同設立者、ラリー・ペイジもその1人だ。

バス停のラリー・ペイジ

ペイジが1991年から1995年までコンピューターエンジニアリングを学んだミシガン大学のアナーバー・キャンパスは、春から秋にかけてはとても快適な場所だ。なだらかな丘に木々が生い茂り、学生たちはサイクリングやジョギングを楽しむ。キャンパスを見渡して目に飛び込んでくるのは、豊かな自然の緑と、学校の公式色である黄と青のロゴ。だが冬になると、キャンパスは屋外にいるのが辛い場所に変わる。ミシガンの冬は過酷で、12月から3月にかけては自転車に乗る人はほぼいなくなる。内陸地にあるキャンパスは気温の低下を和らげる水域からは遠く離れた場所にある。午後5時には日が落ちて真っ暗になり、至る所が凍り付くような寒さに襲われる。冬の初めに歩道を覆っていた雪のぬかるみは、1月や2月は黒く硬い氷になる。

アナーバーは渋滞のひどさでも有名だ。夏でも交通は混雑するが、冬になり、鉄のように固く凍った雪の吹きだまりが交通量の多い道路の道幅をさらに狭くすると、渋滞を進み、駐車場を探すのがさらに厳しくなる。車を持たない者の唯一の移動手段であるバスも運行が不規則で、いくら待ってもバス停に姿を現さないこともある。ペイジはよく、午後の授業を終えるとバス停に向かい、震えながら道路に視線を落として、地元のバス独特のヘッドライトのパターンが路面に映るのを待った。目の前を通り過ぎる車のなかには、暖かく心地良い空間に包まれているドライバーの姿が見える。ペイジはバス停の囲いで寒さを凌ぎ、いつくるともないバスの到着を待ちながら、この社会の交通システムがいかに貧弱かについて思いを巡らせた。

ミシガン州の冬にバスを待つために途方もなく長い時間を費やしたペイジは、交通の問題を解決するための新たな方法を取り憑かれたように考えるようになった。学部生時代にはすでに、モノレール上を2人乗りのモビリティ・ポッドで瞬時に目的地まで移動できるという個人向けの高速輸送システムを考案し、大学のソーラーカーのレーシングチームにも参加した（無料の太陽光発電で走る車があれば、誰もが安い費用で移動できるようになると考えたからだ）。極寒の冬のバス停で過ごした長い時間は、後に世界を変える検索エンジンプロジェクトに取り組むことになるペイジが、90年代後半にスタンフォード大学の大学院生として自動運転車の開発を研究テーマに選ぶ大きなきっかけになった。2004年、2005年、2007年にDARPA（ダーパ／米国国防高等研究計画局）がカリフォルニア州で開催した砂漠と都市を舞台にしたロボットカーレース「DARPAグランドチャンレンジ」に関心を持つようになったのも、寒さに震えてバスを待った体験が影響している。このチャレンジは、ペイジがパートナーのセルゲイ・ブリンとともに、グーグルの「ショーファー」と名付けられた自動運転車プロジェクト（現「ウェイモ」）に出資することにも直接的につながった。この自動運転車は単なる可能性ではなく、人類にとって不可避のものであり、世間で考えられているよりもずっと早く世の中に登場するものであることを世界に知らしめるものになった。

すべては9／11から始まった

私が従来の移動システムについて最大の不満を覚えたのは、2001年にドイツのフランクフルト国際モーターショーに参加していたときだった。当時、私はゼネラルモーターズ（GM）社の研究開発・計画部門の責任者を務め、この自動車メーカーの最大の意思決定機関である、CEOリチャード・ワゴナーを中心とする戦略委員会13人のメンバーだった。

フランクフルト滞在中、ホテルに戻ろうとしたときに携帯電話が鳴った。珍しく、GMのセキュリティ担当者からの電話だった。しかも、電話口の声はいつになく緊張している。今は事情を詳しくは伝えられない、とにかくホテルに着いたらそのまま指定の会議室に向かってほしい、と言われた。

そんな電話を受けたのは初めてだった。

会議室に入ると、GMの戦略委員会のメンバー数人がいた。テレビの画面には、一方のタワーから炎が噴き出ている世界貿易センターが映っていた。数分後、ジェット旅客機がもう一方のタワーに激突した。世界を震撼させたアメリカ同時多発テロ事件である。

私はこの事件が起きた責任の一部が自動車業界にあるような気がしてならなかった。当時の米国は外国産（特に中東）の石油に依存していた。顧客がGM製の車やトラックに乗って自由を享受するためには、石油が必要だ。だが私は、この自由はその代償に見合うだけのものなのかと自問せずにはいられなかった。9／11は私にとって、〝ガソリン駆動のエンジンが支配する自動車産業〟をこの先も受け入れ続けていくのは困難であることを強く印象付けられる体験になった。GMの研究開発部門を率いていた者として、この問題について何かができる立場にあった。現在の交通システムに代わる何かの開発を推進することは、自分に与えられた使命だとも感じた。

すぐに、私は米国の自動車ベースの輸送システムの大規模な改革を主張するデトロイトの自動車業界人のなかで、もっとも高い肩書きを持つ人物として知られるようになった（当時のデトロイトで私と同じような立場で同じようにこの問題について積極的に発言していた人物は、現フォード・モーター会長のウィリアム・クレイ・フォード・ジュニアくらいだった）。

石油依存、安全問題、交通渋滞、地球温暖化をはじめとする自動車が生み出す問題は、解決できる――もし私たちが自動車産業を変革するなら――と、私は講演や記事を通じて訴えた。モーター駆動とコンピューター制御に基づく自動車の「デザインのDNA」を刷新することにも尽力し、2002年にデトロイトで催された北米国際オートショーでデビューし、現在広く知られるようになったGMの自動運転コンセプトカーでその可能性を示した。GMでの水素燃料電池、先進バッテリー、バイオ燃料に基づく代替の推進システムの開発を促進し、シボレー・タホをベース車両にした自動運転ロボットを開発して2007年のDARPAアーバンチャレンジを制覇したカーネギーメロン大学ターターン・レーシングチームのスポンサーにもなった。GMや競合他社が2008年から2009年にかけての不況を乗り切るために苦心していたときには、自動運転社会の未来を予見する電動化、自動運転、シェアリングという条件を満たすコンセプトカー、GM EN-Vの開発を推進した。

当時は自動車業界にとって暗黒の日々だった。GMとクライスラーは破産し、フォードは株式を売却することで同じ運命を辿るのをかろうじて回避していた。そんな状況のなかで、自動車業界の部外者である企業群が新技術と革新的なビジネスモデルを巧みに組み合わせ、デトロイトを支配する大手自動車メーカーに挑み始めていた。グーグルはDARPAチャレンジの参加者から優秀なエンジニアを集めて、自動運転車プロジェクト「ショーファー」を開始した。新興企業のテスラは2008年に新型の電気自動車「ロードスター」を発表し、リチウムイオン電池を搭載した高性能の電気自動車の可能性を強く示してみせた。ほどなくして、台頭著しい新興企業のウーバーやリフトがライドシェアリングの巨大市場を確立し、自家用車を手放す人々が出現し始めた。デトロイトの大手自動車メーカーが存命のために苦戦を続けていたその頃、デジタル技術を知り尽くし、それまでの常識を覆すような新しい移動体験の設計と提供に情熱を燃やす他分野のプレーヤーたちが、モビリティ革命の種を撒いていたのだ。

2009年のGM破産後、私は同社を退職し、経済学者のジェフ・サックスが所長を務めるコロンビア大学地球研究所で教授を務める傍ら、同大学のサステナブル・モビリティに関するプログラム・ディレクターをはじめとするいくつかの役職に就いた。同研究所では、シェアリング、電動化、自動運転という、異なるがそれぞれが関連する3つの要因によって未来の移動システムに破壊的イノベーションがもたらされた場合の経済的影響を調査する、初めての本格的な研究プロジェクトを実施した。個々の要因が大きな変化をもたらすことは確実視されていたが、私はこの3つが結びついたときにどのような変化が起きるかに興味があった。2011年には、数理モデルの専門家ビル・ジョーダンと共に、この3つが結びついた総合的なモビリティ・システムが実現した場合、米国だけでの自動車移動の年間コストを4兆ドル削減できると試算した。さらに、米国の都市部でのシェアリング・サービスを前提にして設計された無人自動運転電気自動車が、従来の自動車移動の金銭的・時間的コストを80%以上削減できることを示す研究も行った（安全で便利なモビリティを提供しながら、1マイルあたりのコストを1・50ドルから0・25ドルに減少できる）。

この仕事を始めてまもなく、私はショーファーのプロジェクトリーダーであるセバスチャン・スランとエンジニアリングリーダーのクリス・アームソンに同プロジェクトの顧問として招聘された。今は「ウェイモ」と呼ばれている、エンジニアリング史上屈指の意欲的な取り組みであるこのプロジェクトの顧問を務めて、もう8年になる。そのあいだ、スラン、アームソンやアンソニー・レヴァンドウスキー、ブライアン・セルスキー、マイク・モンテメルロ、ディミトリー・ドルゴフ、アダム・フロスト、そしてウェイモのCEOジョン・クラフチックなどの魅力的な人物と仕事をする機会を得たことを幸運に思う。

2018年、ウェイモは2009年に初めてチームを結集したときに描いていた夢を実現した——自動運転、シェアリング式の電気自動車の展開だ。マイアミやサンフランシスコ、ニューヨークなどの各地でこれらの車両をテストしている大手企業の数は、今では数十社に増えた。電気モーターを搭載し、輸送サービスという文脈で展開される自動運転車は、自動車の発明以来、自動車産業に最大の打撃を与えるものになろうとしている。私たちは今、自動車が提供する自由の意味を問い直し、多くの人々に低コストで優れたモビリティを保証する、新たなモビリティの時代に突入しようとしているのだ。これは人々の生活が大きく変化するという点だけでなく、自動車産業とそれに関わるあらゆるものにとって大きな意味を持っている。

結果として生じる破壊的イノベーションは、私たちの生活や移動方法、ビジネスの仕組みを変えるだろう。自動車事故は実質的に存在しなくなり、交通事故による死亡者数も激減する。長距離トラックの輸送コストは半減し、大幅な生産性向上とeコマースの成長の機会がもたらされる。その一方で、ドライバーとして生計を立てている何百万人もの従業員や中小企業経営者は将来の見通しに大きな不安を覚えるはずだ。自動車メーカーはビジネスモデルを変え、大量の車を大勢の顧客に販売することから、世界各地の人口集中地域で大量の無人運転タクシーを運営することで利益を上げようとするようになるだろう。この変化がもたらす経済的な影響は絶大だ。今日、自動車メーカーが車を1台売るごとに得ている純利益は平均して1000ドルから5000ドル。対照的に、たとえば1マイルあたりわずか0・10ドルしか稼がないが、累積走行距離で30万マイル（約48万km）走る輸送サービス車は、生涯で3万ドルの利益を生み出す（30万マイルという数値は、タクシーで用いられるガソリンエンジン車やハイブリッドカーの寿命までの平均累積走行距離に基づいている）。

この本は、誰よりも早く自動車の未来を予見し、ゆるやかなつながりで結ばれていたビジョナリーと呼ぶべき人物たちと、彼らがどのようにそのビジョンを実現させたか、その未来がどのように世界をつくり変えるかを探究する物語だ。ビジョナリーはその楽観的な考えのために、何年にもわたり、未来主義者、非現実的な夢想家、砂場で遊ぶ子供だと揶揄されてきた。しかし2015年の秋から2016年の春にかけて、自動車業界はビジョナリーが主張してきた未来は単に実現可能なだけではなく、合理的、理想的であり、誰もが思っていたよりも早く登場するものだということに気づいた。

ビジョナリーたちがこの変革をどのように実現したか――それは実に驚くべき物語だ。そこには結託と裏切りがあり、エンジニアリングの奇跡とメカニックの事故、ソフトウェアプログラミングの快挙と多くの疑わしい行為があった。大きな犠牲と引き替えに、巨額の富を手にする者もいた。ヒーローと悪役がいて、その中間にも大勢の人間がいる。

この物語の始まりに相応しい場所はいくつもある。1939年のニューヨーク万国博覧会の、GMのパビリオンで現在の未来を予見するような展示をしたときとしてもいいだろう。個人的には、私がGMの研究開発の責任者になり、CEOのリチャード・ワゴナーから〝自動車の再発明に挑戦する〟という課題を与えられたときも、この物語の一部の始まりだったのではないかとも思う。

カーシェアリングの始まりの場所は、ロビン・チェイスがジップカーを共同設立したボストン近郊が相応しい。

電気自動車は、新興企業の売却に成功したばかりのマーティン・エバーハードとマーク・ターペニングが新しいリチウムイオン電池を自動車に搭載することに投資価値があると判断し、イーロン・マスクという名の投資家を引き込んだ、カリフォルニア州パロアルトで始まったと言える。

だが究極的には、この三位一体の破壊的イノベーションが自然発生的なものでなくなったときこそが、この大変革の本当の始まりだ。そしてその引き金を引いたのは、おそらく2001年9月11日の同時多発テロだ。このテロは一連の戦争を引き起こし、それが米国政府の謎多き軍事組織DARPAを自動運転車のチャレンジレースに駆り立て、その結果、ドミノ倒しのようにこの変革が推進されることになった。それでも私は、バージニア州アーリントン郡にあるDARPAの本拠地からこの物語を始めるつもりはない。私は、この変革のために誰よりも多くの犠牲を払い、15年後に巨万の報酬と名声を手にした者の1人である、工学系の学生に注目する。

この物語は、クリス・アームソンから始まる。

第Ⅰ部

ターニングポイント

第1章

DARPAグランドチャレンジ

エンジニアとは、数字を扱うのは好きだが、会計士には向いていない人たちのことである。

——出典不明

もし、過去15年間にわたる自動運転車の開発のなかで、地面に背をつけ、手のひらをエンジンオイルまみれにし、排気ガスを吸い込み、ハンダで火傷をしながら、開発中の車両に次々と生じる細かな問題を1つひとつ解決することを誰よりも繰り返していた人物を1人だけ挙げるとするならば、それはクリス・アームソンだ。DARPAが開催するロボットカー・レース「グランドチャレンジ」にカーネギーメロン大学チームの技術リーダーとして通算3大会参加し、グーグルの自動運転車プロジェクト「ショーファー」の創設者であるセバスチャン・スランから同プロジェクトのリーダーに任命された人物でもある。アームソンは、2009年のチームの設立から、2016年にショーファーがグーグルの持ち株会社アルファベットから独立し、「ウェイモ」と呼ばれるようになる少し前まで、チームで日々、陣頭指揮を執っていた。長い間ショーファー内で渦巻いていた権力闘争においても、大きな鍵を握っていた。

この大仕事を成し遂げるために、アームソンは血の汗を流した。

アームソンに、この物語の他の登場人物に見られるような輝かしいカリスマ性がないことは、誰よりも本人自身が認めている。だが、アームソンは実に頭の良い人間だ。カナダのエリート向けの教育システムで培った創造的思考を駆使して、どんなに突飛な問題に対してもあらゆる解決策を探究しようとする意思を研ぎ澄ませている。開発チームの他のメンバーとは違い、ミツバチみたいにあちこちに気を散らしたりはしない。アームソンは、実直で、真面目で、安定した人間だ。大勢のなかで一際目を引くような目立つタイプではないが、しばらく一緒にいれば、計画を実行するためのリーダーを任せるにはこの男しかいない、と誰もが確信するようになる。

2003年4月、アームソンには人生のプランがあった。遠く離れたチリの都市イキケからアタカマ砂漠の広大な塩原へと車を走らせながら、これから先数年のシナリオを具体的に頭に描いていた。イキケからアタカマ砂漠への道のりは、誰をも神経質にさせる。太平洋沿いのほぼ垂直に切り立った崖の上をジグザグに蛇行する、険しい道を進まなければならないからだ。高校の地理の内容を詳しく覚えている人なら、このチリの海岸線が、太平洋のナスカプレートが南アメリカプレートとぶつかって陸地が数千mもの高さに押し上げられ、尾根の風下側に雨が降らない雨陰が上下に約1000kmにわたって形成されていることで知られる場所であることを思い出すかもしれない。この雨陰がアタカマ砂漠だ。地球上で屈指の荒涼とした光景として知られ、地球上でもっとも乾燥した砂漠は、科学者が火星を想定した実験をする格好の場所でもある。アームソンもまさにその1人だった。ロボット工学者チームのメンバーとしてNASAのチームに加わり、生命の兆候を探索しながら火星の地表を移動するロボットのテストを行っていたのだ。

アームソンは当時27歳。長身のアスリート体型に、砂色のブロンドの髪。丸いワイヤーフレームの眼鏡のレンズの後ろには、青い瞳が佇んでいる。いつも野球帽を深く被り、つばがメガネの上部に触れていた。アタカマ砂漠で1カ月ほど過ごした後はピッツバーグに戻り、カーネギーメロン大学の大学院生としてロボットプログラムの勉強を続ける予定だった。博士論文を執筆し、論文審査委員会によるお決まりのしつこい粗探しを乗り越え、博士号を取得してから仕事を探すつもりだった。就職先は、ロボット研究の世界最高峰と称される母校のカーネギー大学ロボット工学研究所になるかもしれなかったし、まれに大学からスピンアウトするスタートアップ企業に参加することも考えられた。いずれにせよ、大学での勉強を終えたら子供を持とうと妻と話し合っていたこともあって、家族を養うために稼ぎ始めなければならなかった。

アームソンの研究グループが選んだキャンプサイトにあったのは、明るい黄色のドームテントが数個と、それよりもわずかに大きい会議用テント（コンピューターの保管用）が1つ、ピックアップトラック1台、そしてハイペリオンだった。ハイペリオンはロボットだが、腕や脚はない。4個のバイクタイヤが装着されたフレームの上にソーラーパネルが被せられ、電気モーターで駆動する。アームソンを含むカーネギーメロン大学、NASAのエイムズ研究センターの科学者が地球の半分を旅してはるばるチリまでやってきたのは、このロボットの実験をするためだ。ハイペリオンは火星の地表を歩き回り、地面に触れ、こすり、生命の兆候の有無を調べる。アームソンは、ハイペリオンの移動速度を制御するソフトウェアのプログラミングを担当していた。

メンバーは、付近の塩鉱山で朝夕の食事をとった。夜は焚き火を囲み、一晩で金属を錆びさせることもある太平洋の塩霧「カマンチャカ」が漂ってくるのを眺めた。テントに入るのは、外敵から身を守るためというよりも、暖を得るためだった。他の砂漠なら、ヘビやサソリを寝袋やブーツに入れないためにテントが必要だ。だがアタカマ砂漠にはそのような危険動物はいない。ハイペリオンを開発した科学者たちが見た唯一の生物は、ハゲタカだった。

アームソンの人生を変える出来事は、スピードを上げて走るピックアップトラックの後ろに続く長い砂埃から始まった。数分後、ピックアップトラックはハイペリオンがあるキャンプサイトに砂埃を引き連れながら入ってきた。トラックのドアが開き、〝レッド〟の名称で知られるウィリアム・L・ウィテカーが姿を現した。

ウィテカーは190㎝を超える大男で、長身のアームソンよりもさらに5㎝ほど背が高い。肩幅も、扉を通り抜けるときに両脇にぶつかってしまうのではないかというくらいに広い。頭髪は短く刈り込まれている。数年前まで伸ばしていたときの赤い髪の色が、ニックネームの由来だ。その瞳は知的で思慮深い。見つめられると、心の底を覗かれているような気分になる。5分も一緒に過ごせば、海兵隊の出身者であることがわかる。新兵訓練係の軍曹が個室の壁に掲げる格言を頻繁に口にするからだ――「勝つことはすべてではない。それは唯一のことだ」、「心配は失敗の方程式である」、「すべてを成し遂げなければ、何もしないのと同じ」。ハイペリオンは、ウィテカーがロボット工学者としてのキャリアのなかで開発した65のロボットのうちの1体だった。

ブーツ姿でピックアップトラックから降りたウィテカーは、メンバーに大股で歩み寄り、大きな手で全員と握手をした。ここに来たのは、カーネギーメロン大学でアームソンの論文指導教官を務めている教授として、状況を確認するためでもあった。だが、ウィテカーが別の目的を持っているのはその様子から明らかだった。しかも、とても大きな何かだ。ウィテカーはすぐに本題を切り出した――米国国防総省、具体的にはＤＡＲＰＡ（国防高等研究計画局）が、ロボットによる無人自動車レースを開催する。アームソンがＤＡＲＰＡについて知っていたのは、ドローン技術やインターネット（インターネットはもともと、核攻撃を受けた際に米国政府の情報を保護するために、軍事目的で発明された知識分散型ネットワークだ）などの有益な発明を促進している政府機関だということだった。一方、ＤＡＲＰＡには、海軍向けの機械式ロブスターや、睡眠が不要な人間を生み出すことを目的としたＤＮＡ編集技術など、お世辞にも有益とは言えないイノベーションの開発に取り組む機関としても知られていた。そのＤＡＲＰＡのディレクター、アンソニー・テザーが今、自動運転車の開発に向けて舵を切っていた。

何年ものあいだ、米国政府は２０１５年までに軍用車両の３分の１に自動運転技術を搭載すべく、防衛関連の民間の請負業者に自動運転技術の開発を促してきた。9／11の後、アフガニスタンやイラクの地表に埋め込まれた爆発装置で現地の米軍歩兵が死傷するケースが増えたため、事態はさらに緊急性を帯びた。自動運転を実用化できれば、歩兵の代わりに軍事ロボットを海外の砂漠の戦場のような険しい地域を自走させられるようになる。だが、テザーは開発のペースの遅さに苛立っていた。原因は、請負業者にとってこの課題は難しすぎるというものだった。そこでテザーは大胆な策に打って出た。ＤＡＲＰＡがレースを主催する、ロボットカーのレースだ。

アームソンは話を聞きながら、少しばかり馬鹿げていると思った。ＤＡＲＰＡは、国内の学生や愛好家、専門家など、どのようなチームの参加も受け入れるという。レースはカリフォルニア州バーストーから東のネバダ州プリムまで、モハーヴェ砂漠を横断する約２４０kmのコースで争われ、賞金は10時間以内で完走した最初のチームに贈られる。

「すごいですね」アームソンはそう言いながら、ウィテカーは単なる話のネタとしてこの件を口にしたのではないかと思った。

だが、ウィテカーは意味もなく話をするような男ではなかった。賞金は１００万ドルだ、と元海兵隊のウィテカーは言った。

狙いは、アームソンの助けを借りてその賞金を獲得することだった。

世の中の問題を解決するために

この出来事が起きたのは、私が後に個人的に好感を抱くようになるクリス・アームソンと出会う3年前のことだ。それでも、この状況によって当時の彼がいかに人生の大きな岐路に立たされたかはよくわかる。アームソンには、世の中の愚かで非効率な物事を改善したいという半ば生得的な欲求があった。ピッツバーグのコーヒーショップで重要な会議をしているとき、駐車場から出た車が左折しようとするのを助けるために、いきなり通りに飛び出して交通整理を始めたこともある。アームソンは、できる限り多くの人々の生活をより良いものに変えられる、できる限り革新的かつ刺激的なプロジェクトに関わりたいというエンジニア魂に突き動かされていた。その意味で、ハイペリオンは完璧なプロジェクトだった。他の惑星の生命体を探すという壮大な目標を実現させるための自走型ロボットの開発より、革新的で刺激的なプロジェクトなどあるだろうか？

だが、それはあった。アームソンはハイペリオンのプロジェクトで、ロボットを1秒間に15～25cmほど移動させていた。だがDARPAレースでは、ロボットは10時間で240km以上移動する必要がある。これは自転車とほぼ同じ、平均時速約24kmだ。スピード、賞金、このレースが海外の米国兵の命を救う問題に関わっているという事実——。アームソンの心は動いた。参加したいと強く思った。

しかし、問題があった。両親に身をもって教わったように、〝自分を犠牲にしてでも家族のために生きる〟という価値観に従って生きていたからだ。

アームソンの両親は子供たちに良い教育を与えるためにカナダに移住した。父親は働きながら夜学に通い、修士号を取得。母親は出産後に看護学校に入学し、薬物中毒者向けの治療薬を管理する仕事に就いた。3人の子供たちは、教育熱心な両親に育てられ、1人は整形外科医、もう1人は王立カナダ騎馬警察の一員になった。これはカナダの中流階級の家庭にとってはちょっとした快挙だ。

アームソンは幼い頃、教師から優秀だと評価され、他の知能の高い子供たちのいる特別クラスに振り分けられた。サイエンスフェアへの参加も促された。このフェアは「ペーパータオルのチューブからタワーをつくるには？」「ネズミ捕りでおもちゃの車を動かすには？」「とても高い場所から落ちた卵が割れないように保護するには？」といった奇想天外な問題に対する答えを科学的に導くというもので、「マインドオリンピック」と呼ばれていた。アームソンは決勝まで勝ち上がり、別の年には全国大会で銀メダルを獲得した。その結果、イスラエルのワイツマン研究所に4週間滞在してプログラミングを学ぶという機会も得た。高校卒業後はカナダのマニトバ大学でコンピューター工学を学び、暗い室内を自律的に移動しながらもっとも明るい光源を探すロボットを開発するというプロジェクトにも参加した。

世間の常識に従い、医学部に進学して母親を喜ばせるという選択肢もあったが、その道を選べば、これまで情熱を注いできた、〝何かをつくり、複雑なシステムを構想し、それらを機能させる方法を考え出す〟という活動からは遠ざかってしまう。ある日、コンピューター工学部の構内を歩いていると、1枚のポスターが目に飛び込んできた。惑星探査車のような車両がクレーターから出て行くイメージが描かれ、「一緒にロボット革命を起こそう！」というコピーと共に、カーネギーメロン大学への出願に関する情報が記載されている。これこそが、自分がこれまでずっと取り組んできたことを活かせる人生の道だ。マインドオリンピック、サイエンスフェア――。アームソンはカーネギーメロン大学の大学院に出願し、翌年にはピッツバーグに移住して同校に通い始めた。

運命の出会い

アームソンはカーネギーメロン大学で、〝レッド〟ことウィテカーと出会った。2003年当時、ウィテカーは米国のロボット工学界の伝説的存在であり、世界的に名が知られたロボット設計者だった。1948年生まれで、このとき55歳。他の誰もが尻込みするようなプロジェクトも臆せずに引き受けることで有名だった。「この世界に不可能を可能にする方法を見つけられる者がいるとしたら、それはレッド・ウィテカーだ」と嘯く者もいた。

ウィテカーが不可能を無視しようとするのは、遺伝かもしれない。父親は空軍の爆撃機の操縦士として第2次世界大戦を戦い、戦後は爆薬を採掘会社に売る仕事をした。理科教師だった母親はアマチュアのパイロットで、幼いウィテカーを乗せて飛行機を操り、橋の下をくぐったこともある。ウィテカーは海兵隊に2年間勤務した後でプリンストン大学に入学し、1973年に土木工学の学位を取得、カーネギーメロン大学院に進学した。

ウィテカーが世の中にその名を轟かせたのは、1979年に米国史上最悪の原子力事故とされるスリーマイル島の原子力発電所でのメルトダウンが起きたときだった。事故処理をするには原子炉の地下室に入り、放射能の状況を知る必要があった。政府は請負業者数社に10億ドルを投じたが、それでも中に入る方法はわからない。名乗りを上げたウィテカーに、政府は藁をも掴む思いで依頼をした。ウィテカーは放射線のために人間は原子炉に入れないが、機械なら問題ないはずだと考え、「ローバー」と呼ばれる3輪の偵察車両を開発し、遠隔操作をして地下室に進入させた。しかも、このプロジェクトにかかった費用はたった150万ドル。政府にとっては微々たる額にすぎなかった。

以来、ウィテカーは過酷な環境で動作するロボットの開発を専門にした。火山の噴火口を探索するロボットをつくったこともあるし、宇宙空間で動作する大きなカマキリのような形のロボットをつくったこともある。ドイツのソフトウェアの天才セバスチャン・スランらと共同開発したロボットは、古い廃坑の暗闇のなかを這い回り、内部の通路の構造をマッピングした。アームソンはこのウィテカーと協力して、自走型ロボットの移動速度を高めるコンピューター・アルゴリズムを開発していたのだった。

アタカマ砂漠から戻ったアームソンは、妻のジェニファーと将来について話し合った。博士号の取得をしばらく延期して、ウィテカーとのDARPAレースに賭けてみようと思っていたからだ。DARPAグランドチャレンジの内容は、ウィテカーとアームソンの専門分野にこれ以上ないほど合致していた。DARPAの大会組織は、応募数が20もあればいいほうだろうと考えていたが、結果的には106チームが参加を希望した。アームソンは参加しない手はないと感じた。このプロジェクトからどんな魅力的な発見が生まれるか、誰にもわからない。もし参加しなければ、そのチャンスを見逃してしまうことになる。

ジェニファーに、レースに参加させてほしいと頼み込んだ。レースが終わるまで、子供を持つのを先延ばしにすることも。だが、運命は2人に変化球を投げる。後日、ジェニファーがすでに妊娠していることがわかった。アームソンが感じていた、レースに勝たなければならないというプレッシャーは、さらに強まった。もし優勝すれば、それはレース後に高給の仕事を得ることを保証する最良の方法になるからだ。

チーム結成

レッド・ウィテカーはチームのメンバーを集めるため、カーネギーメロン大学のキャンパス中にポスターを貼り、大学院生向けの臨時のセミナークラス「モバイルロボット開発」を宣伝した。これは合格か不合格かで成績が判断されるクラスで、課題はただ1つ、DARPAグランドチャレンジで勝てるロボットを開発するというものだった。スポンサーや大学外の有償スタッフを募るためのEメールも、トレードマークの熱いスローガンと共に送信した。「このレースは、テクノロジーに革命を起こさなければ戦えない。完走して賞金を手に入れるチームなど当面は現れないと考えている者も多い。だからこそ我々がこの状況をひっくり返してやろうではないか！」

サイエンティフィック・アメリカン誌のピッツバーグ地域担当記者ウェイト・ギブズによれば、2003年4月30日、ウィテカーは大学内のセミナールームでチームの初めての会議を開いた。「レッドチームの初会議へようこそ」ウィテカーは切り出した。「私は決意している。来年、ラスベガスでこのチームを勝利に導くことを」

大学院生以外にも、ピッツバーグの技術界隈からこれ以上ないほど雑多なメンバーが集まっていた。ボブ・ビットナーは6年間潜水艦で勤務した経験のある元工兵だった。元ヘリコプターのテストパイロット、スペンサー・スパイカーは陸軍士官学校出身の機械エンジニアで、陸軍時代は中隊長として200人を統率していた。家族と過ごす時間を増やすために退職したが、深刻な不況のために失業中だった。レッドのチームに参加したのは、他にましな職がなかったからだった。後に、フルタイムのチームスタッフのポジションを得ることになる。マイケル・クラークは、車椅子に乗るNASAエンジニアで、経済的に困窮してバンで車中生活をしていた。レッドのポスターを見た人は大勢いたようで、宣伝文の熱い言葉に刺激されてプロジェクトに参加しようとする者もいた。「コンピューターについては何も知らないが、とにかくボランティアをしたい」と歴史的な科学プロジェクトの初回のクラスに現れた郵便配達人のミッキー・ストラザーズは言った。

「まるっきりの素人か」ウィテカーはにっこり笑い、ミッキーの手を握った。「私たちは君のような人間も必要としている」

クラスでは、採用すべき車両のタイプについてのブレインストーミングが始まった。DARPAはコースの設計を、バハ1000などの過酷なオフロードレースの運営者サル・フィッシュに任せていた。当然、ロボットには干上がった川や渓谷、山の尾根、岩石、ヤマヨモギなどの低木、崖などが多い地形で障害物を回避し、乗り越える能力が求められるはずだ。

考えられる限りのアイデアを出すことが促された。直径2m強のホイールを備えた巨大な3輪車を使うという意見も出た。チェノウェスの戦闘用デューンバギーも候補に挙げられた――傭兵や紛争地域の武装派が好む、太いタイヤを装着した低重心の車両だ。建設機器や全地形型車両、戦車なども提案された。だが、チームは最終的に現実的な選択をすることになる。ウィテカーは、今回のプロジェクトの全体予算を約350万ドルと見積もっていた。人件費を除くと、ロボット開発に充てられるのは72万5000ドル。ウィテカーはスポンサーを見つけるために国中を奔走した。まず、インテル、ボーイング、キャタピラーからいくらかの出資を得た。当時は検索エンジン会社と考えられていたグーグルも、カリフォルニア州マウンテンビューの本社を訪問して創業者のラリー・ペイジとセルゲイ・ブリンに直談判すると、10万ドルを出資してくれた。だが、史上最速のロボットカーを開発するための費用としてはまったく足りない。ウィテカーは90年代前半に、ピッツバーグの東に車で数時間のところに牧場を購入していた。研究者の仕事は運動不足になりがちなので、身体を動かす何かがしたかったからだ。2003年9月、翌年3月のレース本番が間近に迫った頃、ついにウィテカーはロボットのベースとなる車両をその地域の農家から購入した。

学生たちはそれを見て驚いた。自動運転車は格好が良くて、洗練されていて、ハイテクなものだと誰もが想像していた。だがウィテカーが調達した車両はその正反対だった。それは古びたハンヴィー——高機動多用途装輪車両M998だった。17年落ちで、走行距離計(オドメーター)がついていないので累積走行距離もわからない。だが価格的に見れば掘り出し物だと言えた。たったの1万8000ドル。重要なのは、この車が動くということだった。

〝ウィテカー流〟のリーダーシップ

ウィテカーは大きなプレッシャーにさらされていた。全米各地で、ロボットに情熱を燃やす何十ものチームがレース本戦への出場を目指していた。その数は予想以上に多かった。DARPAは応募者全員に、自動運転ロボットに採用しているアプローチの詳細かつ学術的な形式の申告書を提出することを求めた。参加者を本格的なチームのみに絞り込むことが目的だった。高校生や暇を持て余している技術者たちが参加したがっていたし、遠隔操作のロボット同士を戦わせるテレビ番組『バトルボット』の元出場者も複数いた。誰もが、示し合わせたように同じ目標を目指しているように見えた。〝レッド・ウィテカーのチームに勝つこと〟だ。カーネギーメロン大学が注目を浴びていたのは、メンバー30人で構成される最大のチームで、最大の資金を得ていて、DARPAが肩入れしているチームだとも見なされていたからだ。

ウィテカーのリーダーシップのスタイルは、まずメンバーを集めて課題を説明し、野心的な目標をはっきりと示し、後は任せるというものだった。あとは定期的に現場に顔を出しては進捗を確認し、プレッシャーをかける。その際、メンバーに厳しく当たることもあった。ワイアード誌の記事のなかで、ウィテカーはロボットの開発をナイル川周辺の巨大な歴史的建造物の建設にたとえている。「エジプトでピラミッドを建てるなら、奴隷が要る」。つまり、ウィテカーの学生たちは奴隷だった。長年ウィテカーの指導を受け、後にチームのソフトウェア・リーダーになったケビン・ピーターソンは、プリンストン高校時代、暴君的な音楽教師アンソニー・ビアンコシーノ博士に出会った（映画監督のデイミアン・チャゼルが2015年の映画『セッション』に登場する鬼のように厳しい音楽教師のモデルにしたともされる人物だ）。ピーターソンは、ウィテカーのスタイルについていけたのはプリンストンでビアンコシーノの洗礼を受けていたからだと言う。

「2人にはカリスマとミステリアスな雰囲気があった。彼らのチームのメンバーになるには、相当な努力が必要だ。大きな目標に取り組んでいるので、やるからには覚悟がいる。そんなふうに腹をくくっている人間を、2人は受け入れる。能力よりも、まずはチームのために献身的になれる人材が重視されるんだ」。ウィテカーはよく、チームを鼓舞するために北極圏のイヌイットのたとえ話をした。イヌイットは外に出たとき、ベリーや野草を探そうとするか？　それとも、村の全員を養えるセイウチを探して仕留めようとするか？

ときに、ウィテカーがたとえ話によって何を伝えようとしているのかがわかりにくいこともあった。ピーターソンはそれをチャレンジだと解釈した。漫然と生きるのではなく、大きなことを成し遂げるために最善を尽くせと言われているのだ、と。

ウィテカーのコースが思いのほか大変だと気づいたメンバーの何人かはクラスを辞めていった。残ったのは、他の授業もそっちのけでこのプロジェクトにすべてを捧げようとしていた者ばかりだった。ピーターソンもその1人だ。家族との時間も、まともな社会生活もあきらめた。眠ることさえ犠牲にした。数カ月後、睡眠不足が原因で気を失った。運悪く、それは階段を下りていたときだった。頭を打ち、検査のために病院に運ばれたが、数日後にはプロジェクトに戻っていた。

プロジェクトに完全にコミットした、経験の浅い睡眠不足の大学院生たちに権限を与えることで、想定外の事態も生じた。ある朝、ウィテカーとアームソンが現場を覗くと、人が大量のカフェインをとりながら徹夜をしてハードな作業に没頭するときに陥りがちな、典型的なやりすぎのパターンに遭遇した。チームの大切なハンヴィーには、ルーフがなかった。夜通し作業をしていた学生の1人が、ハンヴィーの内部には自動運転装置に必要なバッテリーやコンピューター、アクチュエーターを保管する十分なスペースがないと判断し、レシプロソーでルーフピラーを切断して、車の天井をとってしまったのだ。

通常なら、ウィテカーはこの手の大胆な試みを称賛する。だが実際には、この思いつきのルーフの切断は不要だった。機器がハンヴィーの車内に収まらないのなら、座席を外すなり、ルーフの上に機器を取り付けるなりすればいい。ルーフがなくなったので、ハンヴィーを公道で運転することは違法になる。それ以降、広い場所でのテストが必要なときは、別の車で牽引して運ばなければならなくなった。開発しているのが自動運転ロボットだけに、とりわけ格好が悪いスタートだ。

ハンヴィーに自走能力を与えるため、チームは人間が運転時に使うさまざまな感覚をリバースエンジニアリングで実走しようとした。たとえば、車には視力が必要だ。チームは何種類かのライダー（LIDAR／光検出・測距）機器を調達した。ライダーは発射した光線が反射されるのを感知し、その時間を正確に計算することで、センサーと光線を跳ね返した物体とのあいだの距離を判断する。1秒間に数千回もこの処理を繰り返すことで、車両の外側の世界の基本的なイメージを作成できる。

メインライダーのセンサーによって、ロボットは75m先の障害物を検出できる。3機の補足的デバイスがロボット前面の25m以内の広い視野をスキャンし、ステレオビジョン処理システムが別の方法で光を用いて一対のカメラで物体を検出する。だが、砂漠には厄介な砂埃がある。砂埃が舞う状況でもロボットが外界を検知できるように、チームは音を用いて障害物を検出するレーダーシステムも購入した。

車の方向と速度を制御するのに、手足でアクセルやハンドルは操作できない。代わりに、アクチュエーターを使う。これは車の加速と停止、左右への旋回を操作するために、電動モーターで回転や押し引きの動きをさせる装置のことだ。

このシステムの中心にあるのが、複数のコンピューター、つまりロボットの頭脳だ。そのうちの1つは、インテルから寄付された、RAMが3ギガバイトのクアッドコアプロセッサ「Itanium 2」搭載サーバーだった。ライダー、ステレオビジョンシステム、レーダー・センサーが取得する情報を組み合わせて外界モデルを作成するためのコンピューターもあった。別のコンピューターは、GPSデータと動作追跡ツールを用いて地球上におけるロボットの位置を1m以内の精度で特定する。外界の状況と地球上での位置データを得たロボットのコンピューターシステムには、解かなければならない2つの問題が残される。それは、人間が車で移動する度に、何千回となく自問する問題だ。「どのくらいの速さで進むか?」「ハンドルをどう動かすか?」

初めてのテスト走行

ウィテカーはロボットの組み立てとソフトウェアの開発に100日を予定していた。11月末までに完成させる予定が、第4木曜日の感謝祭が近づく頃になっても車のかなりの部分が未完成のままだった。コンピューター同士をつなげるための配線は終わっていなかったし、センサーも取り付けられていない。それでも、ロボットの名前は決まっていた。「サンドストーム」。レースの地モハーヴェ砂漠を走るこの車が立てるであろう砂埃からとった。

ウィテカーとアームソンは砂漠の問題に頭を悩ませていた。オフロードコースやモハーヴェ砂漠の轍を走るときに車体が揺れ、敏感なセンサーやマイクロプロセッサに影響が及ぶかもしれない。学生たちも、モハーヴェ砂漠の岩や尾根では、中低速域で走っていても、コンピューターのメモリを損傷させる震動が起こると考えていた。コンピューターのディスクドライブは高速回転する磁気プレートにすぎない。極端な衝撃が起これば、そのすぐ上に位置して情報を読み書きしている磁気ヘッドが回転するプレートにぶつかり、ドライブが損傷することがある。誤った情報が読み取られる可能性もある。

ハンヴィーが砂漠を駆け抜けるときに発生する揺れや衝突からコンピューターとセンサーを保護する方法を探るのには、多くの時間がかかった。最終的に採用した解決策は、自動車メーカーが揺れや衝突から人間を保護するのと同じ方法だった。ハンヴィーのルーフがあった位置に、スプリングとショックアブソーバーを備えた巨大な金属製のボックスを取り付ける。「eボックス」と名付けられた重量550kgのコンテナに、ハードドライブだけではなく、コンピューターやGPSシステム、レーダー、補助ライダーユニットなど、ロボットのもっとも繊細な電子機器の多くを搭載した。

ただし、メインのライダーとステレオビジョンデバイスは、オフロードを進むときにロボットが体験するはずのピッチやロールに敏感なままだった。チームは膨大な時間を費やし、古い航海用のジンバルと複雑に組み合わされたアーム群や、荒れた海でも方位を安定して指すことができるピボットコンパスをベースにしたデバイスを設計した。チームは独自のジンバルも設計・開発してメインライダーとステレオビジョンシステムに設置し、地球儀よりも少し大きめのサイズの球体のなかですべてを保護した。ジンバル内の小型モーターの働きによって、サンドストームは外界の感知したい場所にライダーとカメラを向けられる。ロボットに搭載された地図から左カーブだという指示が入ると、ライダーが左を見て、これから進むべき外界の様子を探ることができるのだ。

アームソンはテクニカルディレクターとして、これらすべての装置を1つにまとめる責任者だった。自宅でもチームでも大きなプレッシャーを感じた。9月に妻が第1子となる男の子を出産していたが、あまり家にはいられなかった。レースの3カ月前となる2003年12月10日までにロボットがレースと同じ距離の全長240kmを走破できるようにするとウィテカーに約束していたからだ。

締め切りに間に合わせるため、週7日、16時間働いた。集中して組み立て作業を行ったときには、40時間ぶっ続けで起きていた。感謝祭の前週、ウィテカーが主要メンバーとのミーティングでプレッシャーをかけた。「この車はまだ自力では30㎝も進んでいない。君たちはあと2週間で、この野獣を240㎞走らせると約束した。12月10日までに240㎞という目標を無理だと思う者は、挙手してほしい」。沈黙――。誰も手を挙げなかった。ウィテカーは微笑み、例によって派手な言葉でチームを鼓舞した。「我々は今、この機械をこの世に誕生させ、処女航海に出すために乗り越えなければならない、凶暴で悲惨な時を迎えているんだ」

組み立て作業は、カーネギーメロン大学プラネタリーロボティクスビル内の大きなガレージで行われた。それは誰もが心に描く最高のメカニックショップを体現したような場所だった。天井の高さは数階分。壁沿いには通路があり、小型のクレーンも1台あって、重い物体を持ち上げるのに適している。旋盤にボール盤、工具がぎっしりと詰まった引き出し、コンピューター診断装置――ありとあらゆる道具が揃っている。まさに、どんなものでもつくれる工場だった。

この場所で、アームソンとチームは感謝祭の週末まで休まず作業を続けた。その結果、コンピューターの配線は完了し、センサーが取り付けられ、サンドストームには命が宿ったように見えた。チームがこのフランケンシュタインの怪物をテストするのに最適な場所を見つけたのもこの頃だ。車両重量約2300㎏、排気ガスを吐き出し、ディーゼルオイルを吸い込み、油を滴らせるこのロボットを、民間人の命を危険にさらすことなく能力の限界まで試せるような場所は、大学のキャンパス付近にはありそうもなかった。解決策を思いついたのは、あの郵便配達人のボランティア、ミッキー・ストラザーズだった。ある日、カーネギーメロン大学に向かう途中でピッツバーグのホットメタルブリッジを車で渡っていたミッキーは、冷たい夜空に輝く、モノンガヒラ川の岸辺の明かりに気づいた。だが橋の右側の広大なエリアは真っ暗だった。そこは1998年に閉鎖されたピッツバーグの最後の製鉄所、LTVコークワークスがあった工業跡地だった。

ミッキーからこの場所を提案されたウィテカーは、利便性と産業的な遺産であるところを気に入った。約0・7平方kmの土地には、鉄道用の扇形庫や多数の別棟や設備があり、産業革命の時代に取り残されているように見えた。それは、はるか昔にこの施設がピッツバーグに建設されたときにあったはずの勇ましい精神とチームを結び付けるものだった。土地の所有者である裕福な家族財団に数回電話をしただけで、ウィテカーはこの場所でチームがテストする手はずを整えた。

12月2日、チームはコークワークスでこれから何度も実施することになるテスト走行を初めて行った。廃油缶や錆びた産業廃棄物のある寂れた場所は、誰もが見たこともないような革新的な最新の機械というよりも、古代の恐竜を思わせるこの年代物のハンヴィーには相応しいように思えた。雪が地面を覆っていた。気温はマイナス8度。ワイアード誌の記事によれば、「モハーヴェ砂漠みたいだ」とあるメンバーが叫んだ（一方、ウィテカーはニットのシャツにジーンズ、素足にブーツという出で立ちで辺りを歩き回っていた）。サンドストームが突然暴発的な動きをした場合に非常停止ボタンを手動で押すために、初回のテスト走行は無人ではなく、アームソンが乗車した状態で行った。ロボットは初めこそ岸に向かって急旋回しようとしたが、その後は落ち着き、コースの然るべきルートを走行した。平穏に数ラップを終えた午後7時51分、アームソンはサンドストームから降り、無人で自由に走らせてみることにした。チームは、楕円形のコースを点で描画するGPSウェイポイントをプログラムしていた。全員、息を呑むようにして、ロボットが30分間そのルートに沿って走り、最終的に約6・5km走行したのを見た。一切のトラブルはなかった。240kmははるか彼方にあったが、その夜、目標に向かって確実に進んでいることを全員が実感できた。

動かないサンドストーム

それからさらに1週間後の12月10日の夜、アームソンたちがこのときまでに240km走らせるとウィテカーに約束した午前0時のわずか数時間前になっても、サンドストームは思うように動いてはくれなかった。自動運転ソフトウェアでロボットを数周走らせる度に、バグが発生した。アームソンたちは、もう何日もコークワークスでキャンプを張っていた（もしエンジンをつけっぱなしにして、暖房を最大限に入れた状態の車内で仮眠をとることをキャンプと呼んでもいいのなら）。終日デバッグを続けたが、サンドストームは突然、電柱に向かっていったり、火を噴いたり、GPS信号を検知しなくなったりと、その予測不能な挙動は収まらない。穏やかにトラックを周回していたが、明白な理由もなく、突如としてコースを外れて金網に突っ込む。アームソンは慌ててリモートで停止ボタンを押した。しばらくして、サンドストームを有刺鉄線から解放し、約束の時間が近づいたとき、ウィテカーが全員を集合させた。午前0時という締め切りが間近に迫っていた。だが、仮にその時間が過ぎたとしても、ウィテカーはサンドストームが２４０㎞の目標を達成するまでは、その明日も明後日も作業を続けさせるつもりだった。

雨が降り始めた。12月の極寒の霧雨が衣服を濡らし、メンバーの身体を骨の髄まで冷やした。サンドストームを雨から保護するため、まだ現場にいた10人強のチームメンバーの1人がコンピューター機器の上に防水シートを広げた。ウィテカーの姿はなかった。アームソンは差し掛け屋根の下で毛布に包まり、震えながらチームメイトたちの様子を眺めていた。雨に濡れればセンサーが駄目になってしまうかもしれないし、プロセッサがショートしてしまうかもしれない。自宅にいる妻と息子のことが頭に浮かんだ。アームソンは、チームをいったん解散し、全員を帰宅させることにした。

翌日、チームがコークワークスに現れたとき、ウィテカーは烈火のごとく怒っていた。サイエンティフィック・アメリカン誌のギブズは、そのときのウィテカーが「ハーフタイムに控え室で激怒するコーチ」のようだったと書いている。ウィテカーは、２４０㎞という目標を達成するために、これまであらゆる犠牲を払ってきた、とまくしたてた。ガレージ内は散乱し、ロボットは未塗装で、ウェブサイトは長いあいだ更新されていなかった。誰もがサンドストームをレースで走れる状態にするという最大の目標のために必死になっていたからだ。ウィテカーは、自分と目を合わそうとしないメンバーに向かって檄を飛ばした。「昨日、我々はこれまでやってきたことを支えてきた大切な感覚を失った。いいか、我々がしているのはレース当日のリハーサルなんだ。3月13日には、まさに同じことが起こる。我々はまだほんの初歩段階にいる。3月に無様な姿をさらすことになるぞ」。ウィテカーは最後に、240㎞のノンストップ走行を完了するまで、これから4日間、泊まり込みで作業を続行する意欲はあるかとチームに尋ねた。その場にいた14人のメンバー全員が手を挙げた。アームソンもだ。

不眠不休の挑戦

2日後、イラク北部の都市ティクリート近郊のダウルで地下穴に隠れていたサダム・フセインを米軍兵士が捕まえると、イラク戦争はそれまで以上に新聞の見出しやケーブルニュースの話題を独占した。イラクやアフガニスタンでの戦況を伝えるニュースは連日、レッドチームのメンバーがロボットカーの実現によって防ぐことを期待していた即席爆発装置（IED）による死傷者の増加を報じていた。この海外での紛争のニュースは、アームソンにアイデアをもたらした。

しばらく前から、地図はロボット工学に欠かせないものになっていた。地図を使えば、ロボットはGPS単体に頼るよりもはるかに正確な位置情報を取得できる。SLAM（Simultaneous Localization and Mapping）と呼ばれる手法では、ロボットはライダーを用いて一定のエリアをスキャンし、樹木や電灯、道路の縁石、建物などの外部空間の固定された目標物をマッピングして、次に同じエリアを移動したときに地図を参照して目標物との相対的な位置を比較することで、正確な位置情報を把握する。だが、サンドストームはこの手法を使えない。ＤＡＲＰＡがレースのロケーションを秘密にしていたからだ。

ある日、アームソンはケーブルテレビで戦争のニュースを見ていた。画面に映し出されていたのは、９／11以降の時代を生きる者にとっては馴染みの光景だった。粗い画像が、遠くの砂漠の道を高速で移動する1台のＳＵＶを捉えている。次の瞬間、遠方から飛来してきたロケットがＳＵＶに命中して爆発し、砂埃と金属の破片が激しく飛散する。レーザー誘導型の爆弾が成功を収めた瞬間を映し出したこの映像を撮影したのは、カメラを搭載した無人偵察機（ドローン）だった。ドローンは紛争地帯の映像を撮影するためにイラクとアフガニスタンの領土上空を飛行していた。アフガニスタンではオサマ・ビン・ラディンが身を潜めているかもしれないアルカイダの隠れ家を、イラクではバアス党支持者の拠点を探した。

アームソンは思った。米軍が遠く離れた敵の領土の映像をドローンによってカメラに収められるのなら、すぐに世界中の誰もが同様の技術を利用できるようになるだろう。チームがこの技術を使えば、サンドストームのタスクを簡素化できるかもしれない。現状、レースコースは明らかにされていないので、チームは事前にライダーを使ってサンドストームが取るべきルートを調査することはできない。だが、レースがモハーヴェ砂漠を横断するものであることはわかっている。

この砂漠の地図は存在している。モハーヴェ砂漠の全体図は、アメリカ地質調査所や軍などによって作成されているからだ。

「ＳＬＡＭは不要だと気づいた」とアームソンは後に回想している。「地図のグローバルデータベースが使えるのが明らかになってきていたからだ。これを使わない手はなかった」

もしレース前にサンドストームに周辺環境の正確な地図を与えられれば、コンピューターは時間のかかる計算処理を省略できる。新しいアプローチは、問題の枠組みを変えるものになる。チームはそれまで、周辺環境を高精度で感知し、砂漠で進路を識別しながら２４０㎞を安全に走れるロボットを開発しようとしていた。だが地図を使えば、ロボットはルートとその適切な走行方法を事前に把握できる。そうすれば、サンドストームははるかに速く移動できるようになるかもしれない。

そのためにはまず、チームはできる限り詳細なモハーヴェ砂漠の地図を作製する必要があった。大変な作業だが、ウィテカーの学生たちはその手の骨折り仕事には慣れていた。チームは、モハーヴェ砂漠全体の高解像度の地図を入手した。ウィテカーや元ヘリコプターパイロット、スペンサー・スパイカーの軍関係者との人脈を考慮すれば、これはそう難しいことではなかった。次にチームは、モハーヴェ砂漠を横断するルートを地図を使って探り始めた。また、レンタルしたＳＵＶの窓の外にビデオカメラを固定し、２人のエンジニア、トゥグルル・ガラタリとジョシュ・アンハルトがモハーヴェ砂漠のできるだけ多くのルートを走り、映像を撮影した。グーグルのストリートビューの原始的な形態のようなものだ。

次のステップでは、マッピング担当チームが映像と地図を比較し、各エリアに「コスト」と呼ばれる値を割り当てた。サンドストームが壊れる可能性のある危険な尾根や崖のコストは大きくなり、滑らかな道や乾燥した平らな湖底のコストはゼロになる。サンドストームのコンピューターは、最小コストのルートを走行するよう指示を出すのだ。

レース本番を数週間後に控えたある夜、チームの主要メンバーがプラネタリーロボティクスビルのロフトに集まった。「僕たちは砂漠全体の全トレイルをマッピングしようとしていて、いくらかの進歩は遂げていた」とアームソンは回想する。しかし会議の途中で、作業の進捗が思わしくないことが明らかになる。「本番までに必要な作業を終えられないことがわかった」。問題は、潜在的なルートの数が多すぎることだった。このままでは、レース当日までにマッピングできるのはごく一部のルートに限られてしまう。

ここで、チームは第2のひらめきを得ることになる。DARPAは参加チームが事前にルートを分析するのを防ぐために、レース開始の2時間前である午前4時30分までは正式なコースを公開しないと伝えていた。砂漠を抜けるルートをうまく作成できるようになっていたレッドチームは、戦略を変えることを思いついた。すなわち、砂漠を通るあらゆるルートを想定した地図を事前に作製しようとするのではなく、サンドストームに唯一のルートを走るように指示すれば、はるかにスムーズに、速く走れるようになるのではないだろうかと考えたのだ。

完璧な地図ではなく、1つの完璧なルートに焦点を合わせる。DARPAがコースの全容を公開してからレースが始まるまでの2時間のあいだに、ルートを計算する。従来の方法では、多数のルートを明らかにすべく、レース前の数カ月間をかけ、地図とルートプランナーを使い、約13万平方kmもの広大な砂漠の領域を通るあらゆる道をカメラ付きの車で走っていた。だがこの新しい方法なら、チームはたった1つの240kmのルートだけを分析することに労力を集中させられる。ただし、DARPAがレースルートを公開してから2時間以内にそれを行わなければならない。

この瞬間から、チームは2番目のひらめきの実現に取り組み始めた。プラネタリーロボティクスビルの上階のエリアでは、10人強のメンバーが、午前4時30分にDARPAからコンピューター・ファイルでレースルートを提供された後にチームがすべきことの正確なリハーサルを行った。このファイルには、「パンくず」と呼ばれる、約90m間隔のGPSウェイポイントが約2500個含まれていて、これらの点を結んだものがコースになる。あるメンバーは、モハーヴェ砂漠の地図のコストの見積もりに用いているソフトウェアでこのファイルを処理することで、多くのパンくずを使い、DARPAのルートネットワーク定義ファイル（RNDF）よりも正確なルートを作成しようとした。

だがアームソンやウィテカーたちは、このソフトウェアが計算したルートを信頼していなかった。同じソフトウェアが、サンドストームを尾根や溝、鉄条網に突っ込ませようとするのを何度も目撃していたからだ。そこで、ルートの計算には人力を用いることにした。まず、レースコースをいくつかの区間に分割し、ソフトウェアが計算したルートにミスがないかを人間がコンピューターを用いて細かくチェックする。最後に、こうして手作業で修正したコースを再びつなぎ合わせて1つのルートに戻し、サンドストームにアップロードして本番のレースコースで実行する。

だがレース本番2カ月前の2004年1月になっても、サンドストームはまだ80㎞も走れなかった。テストと本番の環境の大きな違いも懸念されていた。テストの場所は極寒のピッツバーグのモノンガヒラ河岸だ。しかしレースはモハーヴェ砂漠で開催される。環境の変化が、サンドストームに問題を生じさせるのではないだろうか？

2月、ウィテカーはアームソンやピーターソン、スパイカーら主要メンバーに、モハーヴェ砂漠でサンドストームをテストさせた（サンドストームは長さ16mの密閉型セミトレーラーに格納して砂漠まで運んだ）。レースに向けた最終準備はネバダ自動車試験センターで行うことになった。広大な砂漠地帯に立地するこの施設は、タイヤメーカーからトランスミッションメーカーまで、自動車産業のさまざまな企業が過酷な環境で製品をテストするために使用していた。

チームはネバダで全力で作業に取り組んだ。コードを書き、サンドストームを走らせてテストし、ミスを見つけて記録し、コードを修正する。時計も気にせず、昼夜を問わず働いた。マウンテンデューやレッドブル、ジャンクフードをエネルギー源にして、ときには疲れて倒れ込むまで

2、3日ぶっ通しで動き続けた。レンタルしていたRV車が寝床だったが、このキャンピングトレーラーには全員分のベッドがなかったので、一部のメンバーはテストセンターの整備工場の床に置いた折りたたみ式のローンチェアの上で眠った。自走するサンドストームを追いかけるために借りていたSUVのリクライニングシートを倒して眠る者もいた。

昼夜関係なくノンストップで作業することで問題も生じた。ある日の深夜過ぎ、サンドストームがフェンスの支柱にぶつかり、カメラとレーダー・センサーをサポートするために必要なフロントバンパーが破損した。もちろん、テストセンターのメカニックビルへの入り口は施錠されていたが、後で許しを請うのは事前に許可を求めるより簡単だという精神にのっとり、スパイカーと学生1人がフェンスを乗り越えて建物に侵入し、分厚い鋼管を使って新しいバンパーを溶接した。その結果、バンパーの重量はロボットのセンサー機器をサポートするには過剰な約90kgになった。「建物に突っ込んでも壊れないくらい頑丈なバンパーになった」とスパイカーは回想している。

この間、メンバーはほとんどシャワーを浴びなかった。RV車の廃水タンクが満杯になり、近くの町に移動して空にしようとしたが、荒れた未舗装道路を走る際の振動で汚水が車内に溢れた。この後始末をするのがあまりに悲惨な体験だったので、チームはRV車でのトイレの使用を禁止した。メカニックショップにはバスルームがあったが、他にシャワーは利用できなかった。結局、メンバーは6週間ほど身体を洗わずに過ごした。

2月中旬、サンドストームのコンピュータースポンサーの1社であるインテルが、チームのネバダ滞在組をサンフランシスコに招待した。同地で開催されるインテルのデベロッパーフォーラムで、サンドストームを披露するためだった。

この時点で、サンドストームは時速80㎞、走行距離160㎞の自律走行ができるようになっていた。チームはこの進歩に興奮していたが、ロボットは依然として問題を抱えていた。存在しない障害物があるように振る舞ったり、存在する障害物を見逃したり、プログラムされたコマンドを誤解したりすることがあるのだ。もし、サンドストームがカンファレンスのステージ上にいるときにこのような挙動をすれば、大惨事につながりかねない。

フォーラムイベント当日、ステージに自動運転車が登場するのを、数百人の聴衆が見守った。これを実現しているのは、ハイテクセンサーやエンジニアリング、そして「インテル入ってる」のキャッチコピーでお馴染みのインテルのCPUを搭載したコンピューターのおかげだ。会場に歓声が湧き上がった。称賛の拍手は、カンファレンスに出席していたレッドチームのメンバーの耳には心地良いものだった。皆、このシリコンバレーのイベントでは有名人のように扱われている。これまでの努力と、プロジェクトの価値が認められた思いだった。同じくチームは、ステージでのデモ中に、レッドチームのメンバーがサンドストームの運転席の下のスペースに隠れていたことに誰にも気づかれなかったという事実にも安堵していた——万一、巨大なロボットが暴走してしまったときに、手でブレーキペダルを押すためだった。

最悪のアクシデント

2004年3月5日の金曜日。レースの8日前、予選イベントの3日前にあたるこの日、アームソンは早朝に起き出すと、泥だらけの野球帽、フリースのセーター、くたびれたジーンズというしいつもの服装に着替え、ランニングシューズの紐を結びながら、今日、サンドストームの最大のテスト走行を実行すると決心した。

アームソンやピーターソン、スパイカーらのネバダ組は、想像し得る最悪の条件でサンドストームをテストした。「レッドはハードな環境でのテスト走行の虜になっていた」とピーターソンは説明する。DARPAはレースコースが約240kmになると宣言していたが、それまでサンドストームが自走した最長距離は160kmに過ぎなかった。レースまで1週間を切ると、チーム内には、自信を深めるためにさらに長い距離を走らせてみたいという気運が高まっていた。

目標はレースと同じ、10時間で240km。そこで、約3kmの平坦な楕円形のコースを周回させることになった。チームがサンドストームの準備をしている間に、アームソンとピーターソンはソフトウェアの新しい部分の確認をしていた。カーブに近づくとロボットを減速させるための速度設定モジュールだった。新しいコードは、サンドストームを直線でこれまでよりも速く走らせることを目指していた。

コードは順調に機能した。ウォームアップの周回中、サンドストームは直進で時速約80kmを達成した。新しいアルゴリズムによって、カーブに向かうにつれて速度が減速するようになった。その様子を見たアームソンとピーターソンは、サンドストームがカーブ手前でスピードを落としすぎているのではないかと考え、給油休憩中にアルゴリズムを調整した。最初は、この修正は奏功したように思えた。再開後の最初のラップ、サンドストームはカーブの手前で少し減速し、カーブの出口で加速した。だが2周目の終わりに、アームソンが後にフィールドテストレポートに「左の緩いS字カーブ」と説明するコーナーに向かって進んだとき、右側のタイヤが路面からはみ出して深い砂の中に流れた。サンドストームはダートロードに戻ろうとして、左にハンドルを強く切った。その勢いで右側のタイヤが柔らかい砂地に食い込み、左側のタイヤが路面から浮き上がった。すぐ後ろの追跡車に乗っていたアームソンは、サンドストームが横転し、このロボットのもっとも繊細な機器を格納するeボックスとジンバルを真下にして、上下逆さまになって停止したのを見て、身の毛がよだつ思いがした。

サンドストームは、あらゆる種類の事故に遭っても、ボックス内の部品が損傷しないように設計されていた。フロントエンドであれリアエンドであれ、地上で発生するどんな衝突にも耐えられるはずだった。だが、致命的な弱点が1つあった。そう、転覆だ。ベース車両となるハンヴィーは重心が低く、フラットな形をしているために、転覆事故はほとんど起こらないと考えられていた。だが、ロボットのハンヴィーをモハーヴェ砂漠でテストするという環境は、その例外だった。

このテスト走行を撮影するために同行していたテレビ局の「ヒストリーチャンネル」のクルー

が慌てて駆け寄ってきて、アームソンの顔にカメラを向け、サンドストームのどこが壊れたかを尋ねた。アームソンは、チームが1年間手塩にかけて開発してきたロボットの無残な姿を眺めていた。ジンバルは潰れ、GPSアンテナはひしゃげ、eボックスはぺしゃんこになり、コネクティングロッドは折れ曲がっている。アームソンは、ヒストリーチャンネルの番組の出演者はまず口にしない、ビープ音でかき消されるような放送禁止用語を吐いた。10年以上が経過した後のインタビューでは、このとき「ショックと信じられない思いで頭がいっぱいだった」と答えている。「だが、信じられないという思いのほうが圧倒的に強かった」

信じられなかった――。チームは長足の進歩を遂げていると感じていた。数日後に予選を控えていた。これはサンドストームがあと73周走行することが予定されていた約3kmトラックの、たったの2周目での出来事だった。

メンバーのほとんどは、チームはもう終わりだと思った。予選開始前にロボットを修理することは不可能だろう。誰かが事故のことをチームの他のメンバーに知らせるためにピッツバーグに電話した。ウィテカーのアシスタント、ミケーレ・ジットルマンが電話を受けた。彼女は今でも、この知らせを皆に伝えたときに、涙が溢れてきたのを覚えているという。

決戦の舞台へ

おそらく、レッド・ウィテカー以外の誰かが率いていたチームなら挑戦を諦めただろう。だが、ウィテカーの辞書に諦めるという文字はなかった。

ネバダ自動車試験センターにいたアームソン、ピーターソン、スパイカーらをはじめとするチームは、ナイロン製の牽引ロープの助けを借りて、4WDの追跡車両で牽引し、転覆していたサンドストームをひっくり返した。その場にいた中で一番機械に強いスパイカーがエンジンを調べた。「ディーゼルオイルが溢れていたが、それ以外は問題ない。

他のメンバーは電子機器を調べた。GPSユニットは完全にアウト。ジンバルも壊滅的で、再構築が必要。メインのライダーユニットも修復不可能。幸い、予備のジンバルとライダーがピッツバーグの倉庫に保管されていた。チームはサンドストームをメカニック工場まで牽引し、その後の3日間、不眠不休で修復作業に取り組み、サンドストームをほぼ元通りの状態に戻すことに成功した。

カリフォルニア州フォンタナのスピードウェイでの予選を翌週に控え、GPSシステムは正常に作動し、サンドストームは自らの位置情報を取得できる状態になった。センサーも正常だったので、これで障害物も認識できる。コンピューターも、チームのマッピングクルーが設定したパスを辿るのに必要な軌道を計算できた。だが唯一、問題があった。それは「補正の時間がないことだった」とウィテカーが後に回想している。つまり、サンドストームは歪んだレンズを通して世界を見なければならなかった。

たとえるなら、センサーは眼球のようなものだ。人間が外界を1つのイメージとして認識できるのは、脳が2つの目から入力されたイメージを1つに融合しているからだ。サンドストームは、ライダーユニット4台とステレオカメラシステム1台から得た情報を統合して世界を認識する仕組みになっている。ロボットが捉える世界の感覚を実際の世界と近似させるためには、個々のセンサーの補正が必要だった。これは試行錯誤の時間がかかるプロセスだ。「補正とは、何かを揃えることだ」とウィテカーは説明する。「自動車修理工場でも、ヘッドライトを調整するだろう?データを共通のモデルに融合する複数のセンサーは、調整してすべてを揃えなければならない。サンドストームにただ複数のセンサーを取り付けただけでは、フランケンシュタインの怪物をつくるのと同じことになってしまう。焦点の定まっていない、寄り目の怪物だ」

つまり、レース会場にゆっくりと姿を現したサンドストームは、寄り目のフランケンシュタインの怪物だった。ディーゼルの排気ガスを吐き出し、あちこちが凹み、傷だらけではあったが、他に問題はない。相手は、全米各地からエントリーした20チーム。予選では21台のロボットが約1・5㎞の障害物コースを自走し、上位チームのみが決勝に進む。

会場のカリフォルニア・スピードウェイに到着したアームソンは、さっそくライバルの様子を見て回った。唯一の高校チーム、ロサンゼルス近郊のパロス・ベルデス高校はドゥーム・バギーで参加していた。カリフォルニア大学バークレー校の学部生アンソニー・レヴァンドウスキーは、唯一の2輪車でのエントリーとなったロボットバイクを開発するチームを率いていた。このオートバイは、搭載したジャイロスコープの働きで自立できる。カリフォルニア大学ロサンゼルス校

（ＵＣＬＡ）から参加したゴーレム・グループを率いていたリチャード・メーソンは、テレビ番組の『ジェパディ！』で獲得した2万８０００ドルをこのプロジェクトの元手資金にしていた。

一方、こうしたアマチュアチームの対極には、大手エンジニアリング企業の後押しを受けたプロチームがいた。発明家のデイブ・ホールは、トヨタのピックアップトラック「タンドラ」をベースにして、ライダーを使わずステレオカメラのみでスムーズな自走運転を可能にするロボットを開発し注目を浴びていた。ウィスコンシン州からは、軍事用車両メーカーのオシュコシュ・トラックが車重約1万５０００kgの６輪車をエントリーさせていた。黄色い蛍光色で塗装されたこのモンスターは、「テラマックス」という凄みのある名前をしていた。ルイジアナ州のチーム「カジュンボット」（CajunBot）も６輪車を選択していた。ただしサイズはオシュコシュの車両に比べればはるかに小さく、バイユーと呼ばれる同州の湿地帯を移動するためにハンターが使用する全地形型車両がベースだった。

アームソン、ピーターソン、ウィテカーは、会場を歩き回り、他チームの面々と技術的な情報交換をした。すぐに、レッドチームが優勝候補の最右翼であることが判明した。ポピュラーメカニクス誌は、レッドチームにフラクショナル方式で７／1の優勝オッズを付けていた。トップランナーと目されていたために、全チームの標的にもなっていた。アームソンは転覆したサンドストームの写真をレッドチームのＷｅｂサイトに投稿していたが、レース会場を歩き、他チームのリーダーと話をしているとき、パソコンの画面にその写真が映っているのを何度も目にした。ライバルチームは、サンドストームが逆さまになっている写真をパソコンの壁紙にして、自分たちのモチベーションを上げようとしていたのだ。

さらに気分を高揚させたのは、ＤＡＲＰＡの広報チームが全米の記者やテレビプロデューサーが会場に訪れるよう手配していたことだった。アームソンたちは何カ月ものあいだ、自分たちの取り組みに対する世間の関心の薄さに悩まされ続けてきた。インテルのイベントでは大きな称賛を得たが、一般人からはその意義を理解してもらえず、「無人で走る車だって?」という冷たい反応を受けた。鼻で笑われることもあった。世の中の大半にとって、自動運転車は馬鹿げたアイデアにすぎなかった。だからこそ、記者が会場でさまざまな関係者にインタビューをしている光景を目にすることには、チームが自分たちの仕事が重要であることを思い起こさせる効果があった。そう、この取り組みは重要だった。米国政府が１００万ドルの賞金を出すほどに。遠く離れた戦場で戦う米国兵の命を救うかもしれないほどに。

勝者なきレース

２００４年3月13日。クリス・アームソンにとって、この朝のレースのスタートほど刺激的な瞬間もなかった。ロボットはスタート地点に並んでいる。メディアと軍用のヘリコプターが空を舞っている。観客席は何百人もの観客がいて、砂漠の砂に打たれている。何よりマイクを通して響き渡るＤＡＲＰＡのディレクター、アンソニー・テザーの大きな声が、このイベントの重大さを印象付けていた。

「歴史の幕開けまでいよいよあと30秒！」テザーがマイクに向かって叫んだ。「皆様、ロボットがいよいよスタートします。緑の旗が振られ、ストロボが点灯、今、管制塔から〝動け〟の命令が出されました！」

予選で最高成績を収めたサンドストームが、1番手でスタートする。大きなハンヴィーが、ゆっくりとゲートから動き出した。「皆様、サンドストームです！」テザーが叫ぶ。「軍の若き兵士の命を守ることを目指し、砂漠を横断する自動運転車！」

第一関門は左カーブ。コースの左脇には不格好な植物が生え、右脇には観客をロボットから守るためのジャージーバリアと呼ばれるコンクリート製の防護柵が設置されている。カーブをうまく曲がり切ったサンドストームは、直進コースに入るとすぐに加速した。

サンドストームが、コース上に置かれていた干し草を乗り越えていくのが見える。アームソンは顔をしかめたが、巨大なオフロード車はそのまま走り続け、ほどなくしてチームの視界から消えた。チームに車両の進捗状況を動画で知らせるというアイデアを思いついた者は誰もいなかった。だからチームができるのは、ヘリコプターに乗ったオブザーバーやコース沿いに立つオフィシャルからの第一報を待つことだけだった。

すぐに、他のロボットも出発し始めた。まずはサイオートニクス（SciAutonics）Ⅱ、続いてカジュンボットが6個のホイールを転がしてスタートしたが、そのままジャージーバリアに直進した。ホンダATVをベースにしたチームENSCOのロボットは、最初のカーブを過ぎるとすぐにコースを外れて横転。開始から200m弱でのリタイアとなった。

パロス・ベルデス高校の自律型SUVもジャージーバリアに激突。次に、もっとも好奇の目を集めていた、自律走行バイクが登場した。アンソニー・レヴァンドウスキーはオートバイをスタートラインに立たせ、ガソリンエンジンを作動させて後ろに下がったが、バイクがすぐに転倒するのを見て気を落とした。後にわかったことだが、バイクのバランスを保つためのジャイロスコープをオンにするのを忘れていた。レヴァンドウスキーのレースはあえなく終わった。

数分後、レッドチームは大会主催者からサンドストームに異変が起きたと知らされた。後になって、開始直後にサンドストームが干し草を乗り越えた事実が、この異変の原因を物語っていたことが判明した。センサーが適切に補正されていなかったためか、あるいはメインライダーの交換ユニットのスキャン速度がオリジナルよりも大幅に遅かったために、サンドストームは実際よりも左右に約50cm前後ズレた位置にいると自己認識していた。そのため、コース脇のフェンスの支柱にぶつかり、さらに2度、3度とぶつかった。数km後、カーブに差し掛かった。内側の端の地面が膝の高さほど盛り上がり、そのさらに先が急斜面になっているという難所だ。アームソンとピーターソンの意図通り、サンドストームはカーブに入ると減速したが、本来あるべき位置から左に50cmほどズレていたため、左端のタイヤが土の山を登り、その先の急斜面に脱輪してしまった。サンドストームは地面に腹をつけた状態でスタックした。アームソンが「ハイセンタリング」と呼ぶ状態だ。

事態は急速に悪化した。車両の停止を検知した速度制御システムが作動し、エンジンのパワーを上げた。脱輪したタイヤの1つは地面からわずかに浮いた状態で、モハーヴェ砂漠の砂に触れていた。タイヤは激しく空転し、摩擦によってゴムが加熱し、発煙し、炎になった。サンドストームはスタートから12km弱の地点でリタイアした。

メディアはサンドストームの炎上を大会全体のメタファーに用いた。2番目にスタートしたサイオートニクスⅡも、地表がわずかに盛り上がった場所で立ち往生した。デイブ・ホールのトヨタ・タンドラは小岩を前にして混乱し、UCLAからエントリーしたゴーレム・グループは安全装置によってエンジンが十分に加速せず、登り坂を越えられずに失速した。強力なパワーを武器にした車重1万5000kgのモンスタートラック「テラマックス」も、目の前にある2つの回転草を固定された障害物だと誤解し、そこで停止した。他の車両も、これら以下のパフォーマンスしか発揮できなかった。

その結果、DARPAディレクターのテザーは厳しい立場に置かれた。ネバダ州プリムのゴール地点にあるテントは、優勝者に関する記事を書くために全米からやって来た記者でいっぱいだった。テザーは、メディアに殺されるのではないかと思った——実際、その通りだった。「DARPAによる砂漠の大惨事」という見出しで、大会を酷評する記事が書かれた。DARPAは、子供の使いのようなくだらないことをするために大金を無駄にした、世間ズレした政府機関だと批判された。テザーは記者の怒りの矛先をかわすために壇上に立ち、1、2年のうちに第2回目のレースを開催すると発表した――しかも、賞金は2004年のレースの2倍の200万ドルにする、と。

第2章

セカンドチャンス

自分がいい獲物であることを証明する唯一の方法は、負けることだ。
——アーニー・バンクス（シカゴ・カブスの元メジャーリーガー）

レッド・ウィテカーは、サンドストームが第1回目のレースを終えてピッツバーグに戻る前から、もう第2回目のレースの計画を立て始めていた。まずは、スポンサー企業として何度も出資を求めたことで懇意になっていたハンヴィーの製造元であるAMゼネラル社の幹部を相手に、サンドストームをデモ走行させることにした。このロボットの能力を目の当たりにさせれば、次のレースでレッドチームが使う車両を1台、寄付してもらえるのではないかと考えたからだ。

レースの数日後、さっそくサンドストームを引き連れ、インディアナ州サウスベンドにあるAMゼネラルのキャンパスを訪れた。同行したスペンサー・スパイカーとケビン・ピーターソンは屋外の障害物コースでサンドストームを走らせるための準備をした。同社がハンヴィーの購買者向けに、車の機能を説明するために維持していたコースだ。

この障害物コースには、テーブルの天板のような形をした高さ50㎝弱の構造物が置かれていた。ピーターソンとスパイカーは、サンドストームが障害物を自力で乗り越えられるかどうか不安だった。しばらく後、テスト走行を開始したサンドストームは2人の意図に反し、いつものようにゆっくりではなく、高速で構造物に向かって走り始めた。

サンドストームには、このロボットが予測不可能な動きをした場合に人間が動作を停止させるための「キルスイッチ」が装備されていた。このスイッチが有効になるまでには、約2秒のタイムラグがある。スパイカーは慌ててキルスイッチを押したが、コマンドが有効になる前にサンドストームは構造物に突っ込んだ。前輪が構造物にぶつかって車体のフロントエンドが宙に跳ね上がり、直後に後輪が構造物に当たってバックエンドが跳ね上がった。一瞬、車両全体が宙に浮いた。次の瞬間、フロントエンドがコンクリートに激しくぶち当たった。

キルスイッチが車両の動作を停止させたのは、このときだった。

スパイカーとピーターソンが飛んでいき、破損状況を調べた。ウィテカーは近くの建物にいて、AMゼネラルの幹部に、レッドチームが開発したロボットがいかに優れているかをプレゼンテーションしていた。屋外のスパイカーとピーターソンは、衝撃によってサンドストームのエンジンルーム内のクーラントタンクが潰れているのを発見した。修復後、2人は平坦な地面で巨大なロボットを起動し、テストを再開した。その直後、サンドストームが急に前輪を右に曲げた。「キル！キル！　キル！」スパイカーがピーターソンに叫んだ。サンドストームは排気音を響かせながら加速し、ウィテカーがAMゼネラルの幹部と話をしている建物に直進し、そのまま壁に激突して建物全体を揺らした。

後にスパイカーは、最初に構造物に衝突したときに、ステアリングポジションセンサーが外れていたことに気づいた。これが、その直後の事故の原因になった。だが、結局はこの問題は大事には至らなかった。ウィテカーとAMゼネラルの幹部たちが建物から急いで出てきて、事故の原因を調べ始めた。スパイカーは当初、スポンサーの話はこれで終わりだと観念したが、事故現場を調査している幹部を見ていて、この不安が杞憂だということに気づいた。

「揺るぎのない優雅さ」と、ウィテカーはAMゼネラルの幹部の反応を表現している。「フォークを落としたり、水をこぼしたりしても、騒ぎ立てたりしない偉大なホストのようだった」と。幹部たちは、自動車ができることの境界線を押し広げるために自社製品を開発していた。それは、レッドチームも同じだった。もちろん、AMゼネラルはウィテカーのチームを後援する。「ハンヴィーを2台提供しよう」ある幹部が宣言した。「大切に使ってくれ」

最大のライバルの出現

それから数カ月後の2004年夏、コンピューター科学者のセバスチャン・スランは、スタンフォード大学のセミナールームで第1回のDARPAグランドチャレンジについてのプレゼンテーションを聞いていた。スランは最近、カーネギーメロン大学のロボット工学研究所の教員職からスタンフォード大学に移籍したばかりだった。カーネギーメロン大学では、レッド・ウィテカーと共にペンシルベニアにある廃炭鉱のマッピングを目的にしたロボット「グラウンドホッグ」の開発プロジェクトに取り組んでいた。カリフォルニア州パロアルトにあるスタンフォード大学での新しい仕事は、1963年にAIのパイオニア、ジョン・マッカーシーが設立し、一時期は名声を誇ったが、1980年にコンピューター科学部に統合されて以来、その活動が停滞していた研究施設、スタンフォード人工知能研究所の再建だった。この施設を復活させるために、スランはカーネギーメロン大学から研究者9人を引き連れてきた。それまで携わってきたプロジェクトをすべて古巣に置き残してまで新しい人生のキャリアをスタートさせた今、この人工知能研究所の評判を復活させるための効果的な方法を、なんとしても探し出したかった。

第1回のDARPAグランドチャレンジに観客として参加していたスランは、スタンフォード人工知能研究所の最初の大きな挑戦として、第2回大会への参加に興味をそそられた。そこで、カーネギーメロン大学からの移籍組のなかから、第1回大会に参加したメンバーに、グループの他のメンバーに向けてプレゼンテーションを行うように頼んだのだった。

発表したのはマイク・モンテメルロ。第1回大会でサンドストームを苦しめた、ローカリゼーションとマッピングを同時に行う機能のプログラムを担当した、腕利きのソフトウェア・エンジニアだ。高校生のとき、NASAの元プログラムエグゼクティブで、多くのプロジェクトでウィテカーともコンビを組んでいた父親のメルビンに、第1志望の大学数校のキャンパスに連れて行ってもらった。カーネギーメロン大学を訪れた夕方、ロボット工学の伝説的存在であるウィテカーの研究室の窓に小石をぶつけて自分たちの存在を気づかせ、無理を承知でロボット工学センターの施設内を案内してもらったことが、後にカーネギーメロン大学に入学した決め手となった。数年後、ウィテカーはモンテメルロの博士課程の指導教官になった。

スタンフォード大学でのモンテメルロのプレゼンテーションの内容は、カリフォルニア・スピードウェイでの第1回大会の体験談が中心だった。さまざまなロボットの写真が紹介され、各チームの弱点や直面した問題が浮き彫りになった。本番直前のサンドストームの転覆事故で壊滅的な被害を受けた部分の修復作業に苦労したモンテメルロは、最後から2番目のスライドで、スタンフォード人工知能研究所が第2回のDARPAグランドチャレンジに参加すべきかどうかを仲間に問いかけた。最後のスライドに、その答えが記されていた。色つきの太字の大文字で書かれた、「NO」

ラインラントにある小さな町ゾーリンゲンで生まれ、ドイツ北部で育ち、瘦身で、ドイツ語訛りの丁寧な英語を喋るスランが、「どうしてだ?」と穏やかに尋ねた。

「難しいからさ」モンテメルロは言った。横分けした茶色の髪とワイヤーフレームの丸形の眼鏡は、ハリウッド映画に出てくる典型的なソフトウェア・エンジニアを思わせる。「とにかく、すべき仕事が多すぎる」おそらくはクリス・アームソンやカーネギーメロン大学のチームが体験したことを思い浮かべながらこう続けた。「一日中、朝も夜もなく作業をしなければならない。人間らしい生活はできなくなる。そもそも、完走するのは不可能だ」

モンテメルロは、何かが不可能だと伝えるのが、スランをその気にさせるための手っ取り早い方法だということを心のどこかで気づいていたのかもしれない。「僕は、前例のないことに挑戦する男だ」ウィテカーに似たところがあるスランはよくこう言う。「僕は反逆者だ。クレイジーなことがしたい」

スランは3人きょうだいの末っ子だったが、忙しい両親からはあまり構ってもらえず、1人で過ごすことが多かった。それでも、子供時代は充実していたという。少年時代は、電子機器での知的なチャレンジにのめり込んだ。12歳だった1980年には、さまざまな方程式を解くようにプログラムできるテキサスインスツルメンツ社製のポケット電卓に夢中になった。その後、地元のデパートで展示されていたパーソナル・コンピューター「コモドール64」に出会った。このコンピューターは、高価すぎて中流階級のスランの家庭には手が届かなかったため、毎日デパートに出かけ、展示用のコンピューターでプログラミングをした。次々と難しいチャレンジをクリアしていった。デパートの店員がコンピューターの電源を落とすまで、つまり学校が終わってから閉店までの2時間半という限られた時間に自らに課したチャレンジを達成しなければならなかったおかげで、効率的なコーディング技術が身についた。両親から中古のパソコン「ノーススターホライゾン」を買い与えてもらう頃には、簡単なビデオゲームをプログラムできるようになっていた。ルービックキューブの仮想シミュレーションも実現させたし、家族が所属するテニスクラブの会員のデータベースも鮮やかにつくってみせた。プログラミングの腕試しをするために、手強い問題を探し求めながら過ごしたような10代だった。それは大学に入っても、職業人になってからも変わらなかった。入学したドイツ、ボン大学のコンピューター・サイエンス部門では、人工知能に惹きつけられた。ときに不合理で不可解な行動をとる生身の人間に比べて、ソフトウェア・プログラムがとる挙動の理由なら、完全に把握できると思えたからだ。

１９９０年、ボン大学は研究用に日本製のロボットアームを購入した。スランはニューラルネットワークを使用してこのロボットアームに転がるボールを捕まえる方法を学ばせ、周囲から高い評価を得た。この研究に基づいて書いた学術論文が米国の人工知能会議「ニューラル情報処理システム」に認められ、同会議に招待された。この旅は、22歳のスランにとって人生のターニングポイントになった。そこには、自分と同じような人間が大勢いた。「心理学者、統計学者、コンピューター科学者が協力して、機械に学習させる方法を理解しようとする大きなコミュニティ」があった。以来、多くのＡＩ会議に参加できるようになるために、学術論文の執筆に注力した。いくつものカンファレンスへの参加を通じて、カーネギーメロン大学のＡＩ分野の伝説的存在であるアレックス・ウェイベルや、スランの将来の論文指導教官であるトム・ミッチェルに師事するようになった。１９９５年にボン大学でコンピューター・サイエンスと統計学の博士号を取得した後は、カーネギーメロン大学で教員になった。ここで取り組んだプロジェクトのなかでも特に興味深かったのが、博物館用のツアーガイド・ロボットの開発だった。世間一般がロボットに対して抱いている典型的なイメージを体現するかのように（1986年のコメディ映画『ショート・サーキット』や、テレビ番組の『ナイトライダー』『スタートレック』に登場する善良なアンドロイド「データ」を思い浮かべてほしい）、スランが開発したツアーガイド・ロボット「ミネルバ」は、眼に相当する2個のカメラレンズと、不快さを表現するときに曲がる赤い口がついていた。テクノロジーの能力を示すためのイベントとして、ワシントンDCのスミソニアン博物館の訪問者向けに、ミネルバによるツアーを提供することになった。

ロボットに博物館を案内させるために必要なプログラミングは、恐ろしく複雑だった。ミネルバが移動することになる博物館のフロアには、他にも大勢の入場者がいる。館内にはたくさんの貴重な展示品もある。展示物を傷つけず、子供にもぶつからずにロボットを歩き回らせるには、どうすればいい？

思案の末、スランはミネルバにレーザー測距器を装備した。これは、DARPAが初めてグランドチャレンジを開催する6年も前の1998年のことだ。さらに、機械学習アルゴリズムも搭載させ、客が誰もいない夜中にミネルバを博物館のフロアに送り出した。ミネルバは展示物が設置された館内をさまよい、レーザー光線を発して、周辺環境のマップを作成した。博物館がオープンし、入場者が同じフロアを歩いているとき、ミネルバはこのマップを使用して自分の位置を特定する。このマップは、ミネルバが人間にぶつからないようにするためにも利用された。元のマップにはない新たな障害物を検出したら、ミネルバはそれを人間だと想定し、安全に停止するのだ。

このツアーガイド・ロボットは大ヒットし、高い評価を得たスランには外部のプロジェクトからもソフトウェア面を担当してほしいと声がかかるようになった。ウィテカーからも、アパラチア山脈の炭鉱労働者が地下を安全に歩き回れるようにすることを目的としたロボット「グラウンドホッグ」の開発チームに加わってほしいと引き合いがあった。この地域の古い廃坑には地図が存在していなかった。２００２年には、ペンシルベニア州のケクリーク鉱山で働く労働者９人が、長いあいだ放置されていた隣接する通路に穴を開けたことで水が溢れ、中に閉じ込められるという事件が発生した。労働者は３日後になんとか脱出したが、ウィテカーはこの事故を一種のチャレンジだと受け止めた。スランはＳＬＡＭプログラミングでこの問題の解決に取り組み、わずか2カ月後､ロボットを古い鉱山に進入させて通路をスキャンし、炭鉱労働者が参照できる３Ｄマップを作成することに成功した。

スランがＤＡＲＰＡグランドチャレンジに引きつけられるのには理由があった。18歳だった１９８６年、親友のハラルドが友人にドライブに誘われた。寒く路面が凍結している日に、友人は購入したばかりのアウディ・クワトロで、トラックに猛スピードで突っ込んだ。同乗していたハラルドは即死だった。衝撃が強すぎて、シートベルトがちぎれていた。この事故のことは、スランがロボット工学の教授になってからも、ずっと頭から離れなかった。

スランは、自動運転車は、自動車での移動を安全にし、親友の命を奪ったような衝突事故を回避する方法になると考えていた。第1回のグランドチャレンジの後、自分ならどのような方法でレースに挑むかを考えてみた。DARPAがレース開始2時間前に公開したコースルートのウェイポイント情報があれば、問題はシンプルに解決できると思えた。たしかに自動運転車のプログラミングは複雑だが、スミソニアン博物館の混雑する館内を移動するミネルバのプログラミングの複雑さも負けてはいない。カーネギーメロン大学を離れる前、ロボット工学界のレジェンドであるウィテカーに自分を売り込んだ。「僕はスタンフォード大学に採用されました。でも、次回のグランドチャレンジでは、あなたの役に立ちたいと思っています」

「もしあのときウィテカーが首を縦に振っていたら――」とスランは回想する。「喜んで彼のチームに参加していただろう。当然、自分のチームをつくることもなかった」

しかし、ウィテカーはスランの申し出を断った。レッドチームをカーネギーメロン大学の関係者だけの集団にしたいという思惑があったのかもしれない。

モンテメルロのプレゼンテーションの後、スランは自らチームを率いて第2回大会に参加するかどうかを考えた。レッドチームは、レースで12㎞しか走らなかったロボットの開発に1年をかけた。スランの新しい人工知能研究所がこれよりも良いロボットを開発できれば、全国的な評判が得られるはずだ。成功の鍵を握るのはSLAMだ。そしてスランとモンテメルロは、このテーマに関する世界屈指の専門家だった。挑戦しない理由はない――。それが結論だった。

２００４年8月14日。ＤＡＲＰＡが開催した第2回大会の参加希望者向けのカンファレンスに、スランはモンテメルロや他のチームメンバーを連れて行った。会場はカリフォルニア州アナハイム。参加者は前回を上回り、米国42州、世界7カ国から５００人以上が集まっていた。最終的には、第1回大会からほぼ倍増となる１９５チームが予選に登録することになる。

もちろん、レッドチームもそこにいた。アームソンは砂漠での過酷なレースを終えた夏、学業に復帰して博士号を取得し、第1回大会でサンドストームを後援していた政府請負業者サイエンス・アプリケーションズ・インターナショナル社に就職していた。会社からは、第2回のＤＡＲＰＡグランドチャレンジで、レッド・ウィテカー率いるレッドチームに協力するという任務を命じられた。アームソンは、第2回大会に向けて希望を膨らませていた。今回、サンドストームの開発期間は1年半もある。しかもチームには、建設機器メーカーのキャタピラー社のエンジニア数名を含む、高度な専門性を持つメンバーが加わる。予算は前回を大きく上回る３００万ドル。チームの雰囲気も違った。前回のチームは、若き情熱に突き動かされていた。だが今回のチームには、断固とした決意のようなものが感じられた。

「このグランドチャレンジには、勝つために参加する」ウィテカーは宣言した。「今回のレッドチームは、いわばレッド軍だ」

このカンファレンスで、スタンフォード大学とカーネギーメロン大学のチームのメンバーが顔を合わせるのは避けられなかった。アームソンは、第1回大会のレース後に自分が書いた技術文書をモンテメルロが持参しているのに気づいた。この文書には、レッドチームのアプローチが子細に記述されている。ロボット・コミュニティに向けて全参加チームの機密情報を大会後に公開するというのは、DARPAが定めた参入条件だった。これは良い方針だった。学術世界の観点からすれば、知識を共有することには、その分野全体の進歩を早める効果がある。だがそれは、ウィテカーとアームソンにとっては状況を難しくするものでもあった。米国を代表するロボット工学研究所のチームとして、初回のレースでは他のチームに対して大幅に有利なスタートを切れた。だがアプローチを公開することで、他のすべてのチームはレッドチームのレベルに追いつける。加えて、カーネギーメロン大学からスタンフォード大学に移籍したモンテメルロとスランはずば抜けて優秀だ。この2人がエントリーしてきた今、カーネギーメロン大学はもう安泰ではいられない。こうして第2回大会を前に、レッドチームは激しい競争にさらされることになった。

ハードウェアからソフトウェアの戦いに

レッドチームは早い段階で、リスクヘッジのためにロボットを2台投入することにした（これには前例があった。サイオートニクスは第1回大会で車両2台をエントリーさせていた）。この作戦には、サンドストームの開発の後半で衝突しがちだったチームのソフトウェア・リーダーのケビン・ピーターソンとプロジェクト・マネージャーのクリス・アームソンの関係を円滑にするという狙いもあった。2人のサブリーダーが、それぞれ1台ずつロボットの開発に責任を持つという話になった（ただしウィテカーは数年後、ピーターソンとアームソンは両方とも2台のロボットの開発に貢献したと主張している）。この判断には合理的な側面もあった。そもそもAMゼネラルから、ハンヴィーを2台提供されていたからだ。

後にハイランダー（HIlander）と呼ばれるようになる2番目の車両は、サンドストームよりも年式が13年新しい1999年式のモデルだった。AMゼネラルが寄付してくれた車両には、6・5リットルのターボエンジンが搭載されていた。自動運転では、加速とステアリングの制御が大きな課題になるが、当時の車のほとんどは機械的に制御されていて、人間がハンドルを回し、アクセルを踏み、ギアをシフトすることが前提になっていたので、コンピューターに運転させるのは簡単ではなかった。たとえばデジタル制御のアクチュエーターを介してアクセルペダルを抑えようとしても、誤差が生じる余地が残ってしまう。

だがこの新しいハンヴィーにはドライブ・バイ・ワイヤ機能が組み込まれていて、コンピューター制御が可能だった。たとえばスロットルは、エンジン制御モジュールで操作できる。そのため電気モーターとレバーを設置してアクセルペダルを物理的に押す代わりに、コンピューターシステムに介入すればスロットルを電子的に制御できる。当然、誤差が生じる割合も低下し、車両の操作の精度も高まる。

さらに、チームは高精度の位置追跡システムも見つけていた。最初のレースで使ったシステムには、約90㎝の誤差があった。だが新たなスポンサーのアプラニクス社から提供されたシステムでは、誤差は約25㎝以下に抑えられる。

レッドチーム同様、スランのチームにも追い風は吹いていた。ウィテカーは本来、ハードウェアの人間で、アクチュエーターやキャブレター、電気モーター、ソーラー充電器を正確に組み合わせてロボットを動かしていた時代の叩き上げだ。それはレッドチームが第1回大会でとったアプローチにも反映されていた。チームはコンピューターのコードを書くのと同じくらい、eボックスとジンバルのメカニズムの構築作業に時間を費やした。しかし計算能力の向上に伴い、ロボット工学はますます、機械エンジニアではなくコンピューター科学者が解決すべきソフトウェアの問題になりつつあった。ウィテカーはエンジニアだったが、スランのチームはコンピューター科学者ばかりだった。スタンフォード大学のチームが採用したハードウェアのほとんどは、カスタマイズが不要だった。カーネギーメロン大学のチームがサンドストームのジンバルやeボックスを独自開発したのとは対照的に、スランは市販のセンサーを車両に取り付けた――ライダーユニット5台、道路検知を支援するカラーカメラ、遠い距離にある大きな障害物を識別できるレーダー・センサー2機。チームは、「自律走行をソフトウェアの問題として扱う」と考えていた。

「僕は、車から人間を外して、ロボットに置き換えるという発想をしていた。ハードウェアの問題は、大きくはなかった」とスランは言う。「ハンドルを回し、ブレーキを押す方法は理解しなければならない。でも、これはそれほど難しくはないことだ。ハンドルに小さなモーターを取り付ける。それは科学というほど大げさなものではなかった。鍵を握っていたのは人工知能だ。車を操作するために、コンピューターに正しい判断をさせなければならない」

「カーネギーメロン大学は本格的なチームだった。大所帯で、あらゆる専門家が揃っていた」モンテメルロは言う。「僕たちはそれよりもはるかに規模が小さかった。そして、みんなソフトウェアの人間だった」

とはいえ、スランはウィテカーの下で働いた経験から多くを学んでいた。2004年9月、モンテメルロのプレゼンテーションの直後に、スランは前回のウィテカーの方法に倣って第2回のDARPAグランドチャレンジへのエントリーを開始した。まずウィテカーと同じく、大学の講義という形でボランティアを募集した。呼びかけには、「人工知能プロジェクト」という言葉を用いた。初めての会議に集まった40人の学生に、ウィテカーばりの熱い演説をぶった。「このクラスには、シラバスも、コース概要も、講義もない。目指すのは、ロボットをつくることだけ。そう、オリジナルのコースを自走するロボットだ」

課題を与えて学生のやる気を引き出していたウィテカーの方法を真似て、クラスには明確な目標を定めた。2カ月のセッションの終わりまでに、第1回大会のコースを1マイル自走できる車を開発すること。「人間としてのタイプはまったく違うけど、レッドから学ぶべきことは多い。僕がレッドから学んだのは、学生に目標を与えると、たとえそれがどんなに困難でも、その難しさを知らないが故に、やればできると思い込むということだ。そして、最後には文字通り目標を達成してしまう」

クラスには、ベース車両を購入する予算がなかった。フォード社に寄付を依頼したところ、承諾はしてくれたが、貸し出したときと同じ状態で返却する、という条件をつけられた。アームソンのチームの転覆事故のことを思い出したスランは、フォードの申し出を断った。幸い、スランの友人で、グーグルに勤めているAI研究者のジョセフ・オサリバンには、パロアルトにあるフォルクスワーゲン（VW）の研究所でエンジニアとして働いているセドリック・デュポンというサッカー仲間がいた。デュポンは会社にかけあい、スランのチームに2004年式のトゥアレグR5 TDIを1台提供するよう手配してくれた。しかも、VWのエンジニアが、車両のコンピューターシステムへのアクセス方法をサポートしてくれる。「神様からの贈り物みたいだった」とスランは言う。ハイランダーと同じく、トゥアレグのインターフェイスもドライブ・バイ・ワイヤだった。VWの助けを得て、難なくコンピューターシステムをハッキングできた。

時間の経過とともに、スタンフォード大学のチームに本腰を入れて参加することを決意したメンバーは20人程度に絞り込まれた。スランはこのメンバーを小さなユニットに分割した。ハードウェアを担当し、学校名からとった「スタンレー」というニックネームが付けられたトゥアレグへとセンサーを取り付けるグループ。マッピング担当のグループ。ナビゲーション担当のグループ。

2カ月後の学期末、学生たちをモハーヴェ砂漠に連れて行き、第1回大会のコースでスタンレーを走らせた。チームは、走り始めたロボットを見守った。スランは、スタンレーが目標の1マイルを通過したのを見て喜んだ。さらにカーネギーメロン大学のサンドストームの前回記録である約12kmを超えたときは、興奮を隠しきれなかった。数分後、13・5km地点で、スタンレーは大雨の後でできた深い轍に嵌まって立ち往生した。

スランは天にも昇るような気分だった。今日、ロボットをスタックさせたような轍は、レースの前にDARPAの大会運営者がならすことになるはずだ。つまりこれがレース本番だったら、スタンレーはさらに先に進んでいた可能性が高い。「信じられなかった」とスランは回想する。「僕たちには勝てる可能性がある。そう確信を抱いた瞬間だった」。初心者のチームがわずか2カ月で、優勝候補最右翼のカーネギーメロン大学のチームの前回記録を超えることができた。しかも、第2回大会まで時間はまだ1年もある。このチームの可能性は計り知れない――スランはそう思った。

2度目の大惨事

レッドチームの今回の戦略は、最初のレースで試みたことを改善しつつ、前回よりも徹底して行うということだった。

正直に言えば、チームは前回のレースでは大会運営者に少しばかり騙されたと感じていた。DARPAからの事前情報は、ロボットが荒れた地形や過酷なオフロードを走らなければならないと想像させるものだった。だが蓋を開けてみれば、実際のルートにはトンネルや狭いフェンスゲートなどの手強い箇所はいくつかあったものの、走行するダートロード自体には問題はなかった。それは言わば、砂漠の大通りのようなものだった。日本製や欧州製の市販のコンパクトカーでも走れるようなコースだ。だがレッドチームはロボットがオフロードに対処できるようにするために、膨大な時間を無駄にした。しかも、起伏の激しいコースをただ走るのではなく、高速で走ろうとした。だから、緩衝装置やバネを使ってeボックスやジンバルを突き上げや振動に耐えられるようにした。チームの誰もが、もし過酷な状況下での走行テストはせずに、あるウェイポイントから次のウェイポイントまでロボットを走らせることに集中して開発をしていたら、第1回大会のレースは完走できたはずだと考えていた。当然、優勝して賞金を手にする可能性もあった。

今回、ウィテカーはレッドチームがすでに開発していた機能の改良に集中した。前回と同じく、本番を想定した試運転も行った。2005年8月には、サンドストームとハイランダーをネバダ州に持ち込んだ。チームのロボット工学エンジニアたちは、今回、DARPAはレースの難易度を高めるのではないかと見込んでいた。ネバダ自動車試験センターのM1エイブラムス戦車コースは、国内でも屈指の過酷なコースとして知られている。本番を3カ月後に控えたチームは、この場所をレース本番のコースと見立ててリハーサルを行った。DARPAのスタッフが着用する特別なコスチュームまで用意する徹底ぶりだった。

チームは2つのルートを使って車両をテストした。1つは「ポークチョップ」と名付けられた全長48㎞の周回コースで、未舗装路、舗装路、「キャトルガード」と呼ばれる牛の脱走を防ぐために地面に設置された鉄格子、高圧送電線、踏切と構成物はバラエティに富んでいる。もう1つのルートの「フーテン・ウェルズ」は、1世紀前の馬による郵便速達サービス「ポニー・エクスプレス」で使われていた道を辿る85㎞の片道コースで、乾燥した湖底や砂利道、狭い峡谷が特徴だ。

このテストではトラブルにも見舞われた。スパイカーはカーネギーメロン大学の口座でつくったクレジットカードを持っていて、月に10万ドルを使うことを許可されていた。でもそれは、テスト走行中に損傷した2台のロボットの修理代で簡単に消えてしまった。ネバダ州に到着してからわずか12日後の8月26日、危険なオフロードトレイルを走行中にハイランダーの右前輪が外れ、9月15日にはサンドストームが枝にぶつかってかなりのダメージを受けた。

とはいえ、テストは順調に進んでいた。サンドストームとハイランダーは初めて、極めて過酷な地形での長距離走行を成功させた。累積走行距離は、2台とも1600㎞以上。しかも、レースを7時間以内に完走できるペースだ。チームは大きな手応えを得た。

それでも、ウィテカーは手綱を緩めなかった。チームの起床時間は午前4時。レース本番のスタート時刻と同じ午前6時30分ちょうどにテスト走行を開始した。テストが終わるとロボットをガレージに戻し、その日に見つかった問題点を改善するためにプログラマーとメカニックが夜遅くまで作業する。翌日、再び4時に起き出し、同じルーチンを繰り返す。とてつもなくハードな毎日だった。「みんな、疲れ果ててげっそりしていた」ウィテカーは回想する。

ウィテカーは疲弊したチームを休ませ、リフレッシュした状態でレースに臨めるように、２００５年9月28日にカリフォルニア・スピードウェイで催される予選会の前の1週間を休暇期間にすると決めていた。予選会には43のチームが参加し、２００５年10月8日の本大会に進出する23チームがＤＡＲＰＡによって選ばれる。

テスト最終日の９月19日は、１周約50㎞のコースを10周、合計約５００㎞を走行する。これは、レース当日に走る距離の約2倍だ。無事に完走できたら、チームはソフトウェアをこれ以上修正するのを止め、ロボットを安全な場所に保管して解散し、メンバーそれぞれがレース前の休暇を過ごすための地に向かうことになっていた。

19日の午後、テストを終えたサンドストームは、本番のためにタイヤとオイルを交換するだけの状態だった。一方のハイランダーはテスト走行の最終ラップに近づいていた。ＡＭゼネラルから提供された2台目のハンヴィーを、チェイスカーが追う。助手席にはピーターソン、運転席にはソフトウェア・エンジニアのジェイソン・ジグラーが乗っていた。ジグラーがハイランダーに追いつくために必死にハンドルを切り、アクセルを踏む。ハイランダーが最終ラップに入った。すでに総距離は４３５㎞を超えている。ピーターソンは、ピッツバーグで追い込み作業をしているレッドに電話をかけた。「車は順調に走ってます。でも、テストで相当に酷使してきたので、状態が心配です」。万一のことが起こるかもしれない。ピーターソンはウィテカーに、最終ラップの中止を提案した。「もう、テストで得られるものはすべて得ていたように感じていた」ピーターソンは回想する。

だが、達成を目前にした目標を放棄することなど、ウィテカーの辞書にはなかった。最後まで走り遂げるようにという指示が出され、チームはテストを続けた。ほどなくして、ハイランダーが勢いよく砂埃を上げ始めた。チェイスカーの助手席からはロボットの姿が見えなくなった。それでもピーターソンは、Ｗｉ－Ｆｉ接続したノートパソコンのおかげで、ハイランダーがモニターから得ている映像と同じものをチェイスカーのモニターで見ることができた。左カーブに近づいたロボットはいったん減速し、再加速しながらカーブに入っていく。アルゴリズムで指定した通りの挙動だ。だが、このときは少し右に寄りすぎ、道を外れてしまった。ピーターソンのディスプレイが赤い砂埃に染まり、何も見えなくなった。砂埃が収まったとき、道路の右側の小山のような盛り上がりに気づいた。スタントカーを片側2輪走行させる直前に勢いをつけるために使うような、かなりの傾斜だった。時速50㎞弱でこの小山に右側から乗り上げたハイランダーは、勢い余って横転し、逆さまになって静止した。

前回の二の舞となる、転覆事故だ。

すでに同じトラブルを体験していたチームは、迅速に行動をとった。今回は、誰も途方にくれて涙を流したりはしなかった。スパイカーはこの事態を想定していた。ハイランダーの修理に必要な部品の多くは、ネバダ州自動車試験センターの整備工場にある。残りの部品は、ピッツバーグからネバダに配送するよう手配した。

翌週に予定していた休暇は、あえなく消えた。代わりに待っていたのは、チーム史上もっとも過酷な作業だった。

ラリー・ペイジとの運命の出会い

スタンフォード大学のチームが13・5kmのテスト走行に成功した後、スランはチームの主要メンバーを4人に絞り込んだ。まずはスラン自身と、同じカーネギーメロン大学からの移籍組であるマイク・モンテメルロ。3人目は、ロボット工学の講義を受講していた凄腕のプログラマー、ヘンドリック・ダルカンプ――スランと同じドイツ人で、コンピューター・ビジョンの専門家だ。4人目は大学院生のデイビット・ステーブンズ。

4人という人数には意味があった。それは、スタンレーのベース車両となるトゥアレグに快適に乗車できる最大の人数だったからだ。4人はモハーヴェ砂漠に向かい、1週間かけてテスト走行を行った。まず、スタンレーを砂漠の道で自走させる。やがて、ロボットは自身で解決できない問題に直面する。その後、問題を解決するためにプログラムを修正する。このプロセスを数十回、数百回と繰り返すことで、ロボットは洗練され、自己学習ができるようになっていく。この段階では、まず人間の操作でスタンレーを砂漠で走らせる。荒れた道や起伏の激しい場所では減速し、平坦な直線では加速する、といった望ましい運転をする。数日後、スランは大学に戻る。その間、スタンレーは夜通しで砂漠を走り回り、人間の運転時に蓄積されたデータを遡及的に解析しながら、最適な運転をするための自己学習を行う。つまり、ロボットはこう思考する――〝この地形に直面したとき、スランはこんなふうに運転した。だから自分も同じことをしよう〟。「ロボットはこうして夜に砂漠を走りながら、既存のデータを整理し、混沌から秩序をもたらしていった」とスランは言う。

4人目のメンバーである大学院生のステーブンズは、ロボットに速度の加減を教えるアルゴリズムを開発した。モハーヴェ砂漠の道には、雨轍や水たまり、穴ぼこなどがある。このような地形を高速で走れば、振動はロボットが耐えられないほど激しくなる。そこでステーブンズは、ロボットのセンサーが検知した振動や路面の勾配、道幅に基づいて、車の速度を制御するプログラムを開発した。このプログラムをロボットに読み込ませた状態でモンテメルロがスタンレーを運転し、この走行によって蓄積されたデータをプログラムが解析して、ロボットの挙動を導くルールを作成する。

だが問題もあった。モンテメルロの運転が、慎重すぎるのだ。リスク回避型の傾向があるとも言えるが、とにかく細かいことにこだわりすぎる。「車の窓にはステッカーを貼った」とスランは回想する。「モンテメルロに車のスピードを気づかせないようにするためさ」。モンテメルロはチームの仲間に、時速約8km以上の自動運転車には乗りたくないとこぼしていたこともある。モンテメルロが運転するスタンレーは、砂漠を這い回り、丘をゆっくりと登り、がれきや石の上をノロノロと進んだ。この慎重な走行データに基づいて機械学習アルゴリズムによる自己学習を行ったスタンレーは、ゆっくりと自走するようになった。ドイツのアウトバーンでの高速運転に慣れているスランは、これが気に入らなかった。そこでモンテメルロが休暇で不在にしていた1週間のあいだに、スタンレーを20％速く走らせるように設定した。

その後の2005年、スランのスタンフォード大学のオフィスに予期せぬ訪問者があった。スランが見上げると、戸口に男の姿があった。「やあ」前に進んできた男は、自己紹介をした。「ラリー・ペイジという者だ」。もちろん、スランはペイジのことを知っていた。驚いたことに、ペイジはこのプロジェクトに興味津々だった。「ラリーはずっとロボットが好きだった」。スランは、もしペイジがグーグルを起業していなかったら、ロボット工学の博士号を取得していただろうと言う。スランのプロジェクトに魅了されていたペイジには、尽きることのない質問があった。このテクノロジーにどれくらい現実味があるのかを知りたがっていた。自動運転が実現するのは来世紀なのか？　数十年先なのか？　それとも数年後なのか？　第2回のグランドチャレンジのレース本番も、現地観戦するつもりだという。ドライバーレス・カーの面白さに魅了されているスランとペイジは、たちまち意気投合した。その後も、この友情は深まっていった。2人には、誰もが不可能だといって見向きもしなかった仕事に挑戦するという共通点があったからだ。スランはこのとき、ペイジとの出会いが自分の人生を変えることになるとは思いもしなかった。

紙一重の栄冠

迎えた2005年10月8日のレース本番。午前4時30分、DARPAの大会運営者が、レッドチームにUSBメモリを渡した。中に格納されているコンピューター・ファイルには、2935個のウェイポイントが記載されている。ルートの発着点はネバダ州プリム。合計約210kmのコースだ。

直後にすべきことは、前回のレースとほぼ同じだった。USBメモリを受け取ったメンバーが、チームのコマンドセンターがある場所に全力疾走する。別のメンバーが、ルートネットワーク定義ファイルをレッドチームの共有ハードドライブにロードする。コンピューター・プログラムがウェイポイントを解析し、さらに数千個のウェイポイントを追加する。これで元は70m強ごとに指定されていたルートから、1m～2m弱ごとにドットで区切られたルートが作成される。次にこのルートを分割して、それぞれを担当のメンバーが分析する。事前計画チームがこのルート情報を元に、新しいウェイポイントに沿ってサンドストームとハイランダーが支障なく走行できるようにするための確認を行う。

この作業が無事に終わるのを不安な気持ちで見守りつつ、ウィテカーとアームソン、ピーターソンが戦略を練る。1年半前のレースで味わった苦い経験は、まだ全員の記憶に新しい。前回、チームはスピードを追求した。その結果、サンドストームに無理をさせることになった。

そのため、チームは2台の車両に〝ウサギとカメ〟のアプローチをとらせることに決めていた。すなわち、2台のうち1台は確実に完走を目指すために余裕を持ったスピードで走らせる。他のどのチームもフィニッシュできなければ、優勝が手に入るという算段だ。

テスト走行では、サンドストームの速度は常にハイランダーよりも1割ほど遅かった。エンジニアはその理由を、eボックスの緩衝装置での支え方の関係で、このロボットが自身の正確な位置を特定するのを少し難しくしているためだと考えていた。そのため、ハイランダーをウサギに、サンドストームをカメにすることが決まった。

ウィテカーはコース全体のうち、事前計画チームが「適度に困難」と評価した地域では、ハイランダーをサンドストームよりも2割速く走らせることにした。「非常に安全」な地域では、サンドストームは時速43km、ハイランダーはそれよりも12・5%速い時速約48kmで走らせられると判断した。ハイランダーの目標は、平均時速約34km、6時間19分での完走。チームの保険的な存在であるサンドストームも、7時間1分で完走できるはずだ。

アームソンたちは、一番見晴らしのいい位置にあったスタンフォード大学のテントからレースを見守った。1番手でゲートから出発したハイランダーは、最初の数kmで後続を引き離したが、約27km地点で失速した。エンジンが止まり、車はいったん動きを止めたのちに再始動した。だが丘の上で再び失速。傾斜の上でわずかに後退した後、なんとかふんばって登り切った。テスト走行では起こったことのないようなエンジントラブルだった。

コース上に設定されたビューポイントに待機していたチームのメンバーから、約87km地点で再度エンジンストールが発生したかもしれないという報告が入ってきた。このストールで、エンジンはセンサー用の電気を生成する発電機を回せなくなった。バックアップ用のバッテリーはあったが、メインライダーユニットに供給するには電力が足りない。ヘリコプターのカメラクルーによる映像が映し出した、ロボットの移動方向に対して90度の角度で固定されているジンバル上のこのユニットは、もはや機能していなかった。

ハイランダーの速度は低下し、2番手でゲートを出発したスタンフォード大学のスタンレーに、120km地点手前で追いつかれた。DARPAは参加者に、ロボットが走る環境が静的なものであることを保証していた。つまり、ロボットの視界には動く物体があってはならない。スタンレーとハイランダーが互いの存在を検知することで混乱が生じないように、DARPAは無線機を使用してスタンレーを2分45秒間「一時停止」させ、2体のロボットの間隔を確保するためにハイランダーを前進させた。だが、走行を再開したスタンレーは、またしてもハイランダーに追いついた。今回、DARPAはスタンレーを6分35秒間停止させた。しかし、約163km地点、スタートから5時間24分45秒の時点でスタンレーがハイランダーに三度(みたび)迫ろうとしたとき、DARPAはついにハイランダーを一時停止させ、スタンレーを先行させた。「スタンレーがハイランダーを逆転」とDARPAのディレクター、アンソニー・テザーがテントで発表すると、スランは飛び上がって喜んだ。

その直後、スタートから6時間53分58秒が経過した時点で、スタンレーはDARPAグランドチャレンジを初めて完走したロボットになった。スタンレーがフィニッシュラインを通過すると、テザー自らがチェッカーフラッグを振った。

サンドストームは、ディーゼルエンジンの特徴的なノック音を響かせながら午前6時50分頃にスタートした。ソフトウェアのバグでライダーが壁を検出できなかったが、3つのアンダーパスを無事に通過した。スタートから6時間30分の時点で、コースでもっとも道幅が狭い部分で渓谷に車体を擦ったが、それ以外は完璧な走行だった。結局、7時間4分でフィニッシュ。エンジニアが設定したタイムとの誤差はわずか1%。求められた仕事を驚くほどの精度で実行し、2位となった。ハイランダーは3番手でなんとかフィニッシュ。タイムは7時間14分で、チームが設定した時間より55分遅かった。結局、全体で5台のロボットが完走を果たした。

スランはもちろん大喜びした。その日の午後、チームメイトと共に壇上に登り、200万ドルの小切手を受け取った。同じくらい嬉しかったのは、この勝利によってロボット工学分野全体が評価されたように感じられたことだ。それから10年以上が経過した現在、この分野に対する世間一般の態度は大きく変わっている。だが2005年当時のロボット工学が置かれていた状況は、スランが1998年の博物館のツアーガイド・ロボットをつくったときと大差なかった。それは、人々の日常生活にはさしたる影響も与えないような、目新しい、好奇心の対象にすぎないと見なされていた。しかし、自動運転車は違った。たしかに第2回のDARPAグランドチャレンジは、コース上に動く物体がないという前提になっているという意味で、現実世界のシナリオとは切り離されていた。とはいえ、これがロボットカー実現のための大きな一歩を示していることは間違いなかった。誰もが、もしこの技術が現実化すれば、社会に変革をもたらすものになるであろうことを理解していた。大勢の関係者や観衆が、この偉業を褒め称えてくれていた。自分の言葉を熱心に書き取ろうとする記者たちに囲まれ、カメラマンやテレビ局のクルーに無数のカメラを向けられた。スランたちは嬉しかった。これは世の中がようやく自分たちが選んだ分野の可能性を認めてくれたという証しなのかもしれないと思えた。

スランはこの勝利を謙虚な気持ちでとらえていた。「レースを完走できる車を5台も開発できたのは、この分野に携わるすべての人々の努力の賜だ」スランは言った。「これは、私たち全員の勝利だと言える」

だが、レッドチームの面々はそうは感じていなかった。これまでの数カ月間、地球上でもっとも過酷な道路でサンドストームとハイランダーをテストするために費やしてきた。それなのにレース当日、コースは第1回のグランドチャレンジのあの平坦なコースよりも簡単だということが判明した。予選会のパフォーマンスに基づけば、ハイランダーが本調子なら優勝できていたはずだったし、サンドストームもチームの幹部が保険をかけてスピードを制限していなければスタンレーに勝てていたかもしれない。スランも、それが事実であることを認めて、後にこう回想している。「スタンレーが勝ったのはまったくの運だ。カーネギーメロン大学のエンジンが故障したから、僕たちは勝てた。それ以上でもそれ以下でもない」

「あれはまさに勝者総取りの大会だった」とアームソンは10年以上後に回想している。「最悪だった。2位のチームに賞金はない。チームはそれまで3年間もこの大会のために心血を注いできたというのに。残酷だった。僕はあのときほど、ウィテカーがやさぐれているのを見たことがない」

「人生最悪のミスをしたおかげで、すべてを逃した」とウィテカーは敗北のすべての責任を引き受けたかのように言った。「私はチームを失望させた。多くの人を失望させた。多くの点で、大きな意味で、コミュニティ全体を、世界を失望させた。このテクノロジーとムーブメントの最善の部分を、何が可能かというビジョンを示せなかったからだ」

「不思議な気分だった」アームソンは言う。「それは5台の自動車がそれまで不可能と思われる何かを成し遂げた日だった。僕たちのチームは一丸となり、不可能を達成した。それなのに――僕たちは敗者だった」

第3章

歴史はビクタービルでつくられた

内向的なエンジニアは話をするとき、自分の靴を見る。外向的なエンジニアは話をするとき、相手の靴を見る。

——出典不明

第2回のDARPAグランドチャレンジはさまざまな意味で成功だった。賞金の200万ドルは、移動ロボット工学分野の進歩を促す費用対効果の高い方法だと見なされた。レースには大勢のチームが参加し、世間とメディアの注目を集め、荒れた砂漠のなかを約210km も自動走行できる5台の車両をもたらした。軍全体からも、効果的な投資だったという評価を得た。

だがDARPA内部には、ミッションはまだ果たされていないという感覚があった。イラクやアフガニスタンのような混沌とした都市環境を自走できるロボットはまだ開発されていない。今後、前回と同じような大会を催したところで、ロボット工学分野の進歩に拍車をかけることにつながるだろうか？

このような議論のなかから、砂漠ではなく都市を舞台にした「DARPAアーバンチャレンジ」のアイデアが生まれた。同組織のディレクターであるアンソニー・テザーが、2006年4月に大会概要を発表した。レースの実行日は2007年11月3日。すぐに世界各地の多様な分野から89チームの参加申し込みがあったが、その数は前回の半分以下だった。おそらく今回のチャレンジが以前よりもはるかに難しいと感じられたからだろう。

レースの条件のいくつかは、レッド・ウィテカーのチームが前の2回の大会で先駆けた、技術者がレース前に想定されるレースコースの地図情報を作成してロボットに与えるという作戦を防ぐために変更されたと思われる。DARPAは今回、動く障害物があるコースを用意した（ハリウッドのスタントマンやプロのドライバーが運転する車が、レースコースを走る）。同じく、これまでのように1台ずつ距離をとって走行するのではなく、複数のチームが同時に都市部のコースを走る。

このレースでは、ロボットにはDARPAが定めた走行基準をコース全体で達成していくことが求められる。DARPAは、レース開始の5分前までコース情報を開示しなかった。大会前のレース会場に関する情報の扱いにも神経質になり、しばらくはどの州で大会が催されるかさえ秘密にしていたくらいだ。「その時期になれば屋外は寒くなるだろうから、おそらく温暖な気候の土地で開催されるのではないかとは思っていた」とある参加者は回想する。「でも、私たちに予測できたのはそれくらいだった。DARPAは、事前に細かいルート情報をチームから与えられた状態のロボットに出走されるのを嫌っていた。各チームに、インテリジェンスとルート計画、ロボットの制御だけで戦ってほしかったからだ」

大会は、ロボットにカリフォルニア州のドライバーズハンドブックに規定された交通ルールに従って、都市環境を6時間で100km弱走行することを要求した。またロボットは、一般的な駐車場で空きスペースを見つけて駐車しなければならない。レース本番では歩行者も自転車もコースに入らないように規制されるが、ロボットは人間のドライバーにとっても極めて難しい〝全方向に「一時停止」の標識があり、他の車も同時に進入しようとしている交差点を進む〟という局面にも対処しなければならない。

「アーバンチャレンジでの車に対する要求は、それ以前のチャレンジよりもはるかに難易度が高かった」とアームソンは回想する。「最初の2大会で僕たちが開発したアルゴリズムは、動く物体のない世界を前提にしていたからだ」

ＤＡＲＰＡが想定していたのは、戦場での輸送用車列の自動運転だった。アフガニスタンやイラクでは、軍用トラックが遠くの村まで食糧を輸送する。ＩＥＤ（即席爆発装置）が前方で爆発したとき、自動運転車列は医療従事者や民間人などにぶつからないようにしながら、混乱を回避して前に進まなければならない。これほどダイナミックな環境はない。

カーネギーメロン大学がレースに参加するのは間違いなかった。だがウィテカーが今回もチームを率いるかどうかは定かではなかった。これまでのレッドチームのメンバーは、来る者は拒まずの精神で集められた学部生やボランティア、大学院生、フィールドロボットセンターの臨時フルタイム従業員で構成されていた。だが今回は、ＤＡＲＰＡはトップクラスの数チームに１００万ドルの研究資金を事前に提供することを約束していた。カーネギーメロン大学も、この資金を手にする。今回は、勝利によって手にするものも大きかった。優勝賞金は２００万ドル。国内トップのロボットセンターとしての評判を争う立場にあったカーネギーメロン大学にとっては、負けられない戦いだった。「賞金が大きかったので、大学側はチームをなんとしても勝たせたがっていた」とアームソンは回想する。結局、ウィテカーはアーバンチャレンジに向けたチームのリーダーに就任したが、チームにはロボット工学研究所で教員を務める他の大物メンバーも参加していた。いわば、これはドリームチームだった。

新チームの性質が前回までと大幅に異なるために、チーム名を変えるべきだという意見もあった。「レッドチーム」という名前は、前回までは適切だった。チームは、レッド・ウィテカーの子供のようなものだったからだ。しかしこのアーバンチャレンジでは、カーネギーメロン大学えり抜きの最高のチームが結成されている。レッドチームのベテランメンバーの一部は、チーム名の変更に立腹した。「僕たちにとって、それはナンセンスだった」当時ウィテカーのアシスタントだったミケーレ・ジットルマンは回想する。「誰もがレッドチームを知っていた。チームのブランドはすでに確立されていた。僕たちにはチームのロゴをあしらった帽子も、Ｔシャツも、ジャケットもあった」。しかし今回のチーム編成が新しい取り組みであり、大学の全面的な支持を受けているという感覚を表すために、チームは大学のスポーツチームにちなんだニックネーム、

「タータン・レーシング」に改名された（"タータン"は、大学の創設者アンドリュー・カーネギーの出身地であるスコットランドの格子柄の織物からとられている）。

この新たな取り組みには、100万ドル以上の資金が必要になる。2006年にウィテカーがゼネラルモーターズ（GM）のテクニカルセンターに勤めていた私のもとを訪れたのも、出資を要請するためだった。「君たちがこのチャンレンジに勝てると見込んでいる理由は？」私は尋ねた。「埃さ」ウィテカーは答えた。他のチームが開発したロボットは、目の前で粉塵が舞うとそれを不透過性の障害物と見なすので、通り抜けられない。だがカーネギーメロン大学のロボットに搭載されたソフトウェアとセンサーは、埃は障害物ではないと認識できる。実際のアーバンチャレンジでは、埃で前が見えなくなるような状況はめったにないはずだったが、それでもその答えには説得力があった。私は会った瞬間からウィテカーのことが気に入った。軍隊経験者ならではの振る舞い、アメリカ人特有の前向きな態度、創意工夫と努力があればどんな問題でも解決できるという溢れるような自信は、まるで100年前に自動車産業を開拓した人物がタイムスリップして目の前に現れたような印象を抱かせた。私はGMがタータン・レーシングをさまざまな方法で支援するよう手配した。結局GMは、200万ドルの資金を提供する、ウィテカーのチームのメイン・スポンサーになった。社内のトップエンジニア数人にも協力させ、そのうちの1人ウェンデ・チャンをピッツバーグにあるタータン・レーシングの拠点に常駐させた。今回、タータン・レーシングがロボットのベース車両として使うことになった2007年式のシボレー・

タホには、「ボス」という呼称がついた。これはGMの研究開発担当バイスプレジデントとしての私の大先輩にあたるチャールズ・〝ボス〟・ケタリングからとったものだ。このチームの他のスポンサーには、建設機器メーカーのキャタピラー社や、自動車部品サプライヤーのコンチネンタル社、GPSシステム・メーカーのアプラニクス社などが名を連ねた。

タータン・レーシングの新しい顔となる人物の1人が、ソフトウェアチームのリーダーに抜擢されたブライアン・セルスキーだ。セルスキーは以前、カーネギーメロン大学ロボット工学研究所から派生した全米ロボット工学エンジニアリング・センターに勤めていた。同大のロボット部門で開発した技術を商品化するために、NASAからの250万ドルの出資を得てウィテカーが1994年に共同設立した機関で、ピッツバーグのアレゲニー川沿いに位置するローレンスビル地区にある、19世紀に建設された製鉄所の跡地を所在地にしていた。同機関はジョンディアやキャタピラーなどの企業と提携して、自動運転の収穫機や自律操縦型の掘削機などの商業プロジェクトに従事していた。セルスキーはアーバンチャレンジに関わるようになるまで、米陸軍向けの自律航法システムの開発に取り組んできた。だが、プロジェクトは遅々として前に進まなかった。セルスキーは政府関連の仕事にありがちなこの進捗の遅さに、不満を感じていた。

まだ26歳のセルスキーは、一見すると、ウィテカーのチームの主要メンバーとは毛色が違った。スペンサー・スパイカーやケビン・ピーターソン、クリス・アームソンなどの面々は、ライダーセンサーと同じくらい溶接トーチや空気圧レンチを扱うのに慣れていた。だがセルスキーは、修理工場よりもコンピューターラボにいるときのほうが落ち着くタイプの人間だった。とはいえチームのメンバーとはすぐに打ち解けた。特にアームソンとは馬が合った。おそらくそれは、2人が中西部出身者に特有の、飾り気のない気質を共有していたからだろう。

のっぽのセールスマン

2006年、全国のチームがアーバンチャレンジに向けて準備を進めるなか、モビリティの分野での破壊的イノベーションの主役となるさまざまな人物たちが巡り合うようになる。たとえば、デイブ・ホールとアンソニー・レヴァンドウスキーだ。当時55歳だったホールは、筋金入りの凝り性のエンジニアで、独創的な発明家でもあった。まずその名を知られるようになったのはハイエンドのオーディオ業界だ（ホールには4歳のときにアンプを自作したという伝説がある）。父親が原子力発電所の設計者、祖父が物理学者というコネチカット州の技術一家に育ち、機械工学を学ぶために大学に入ると、すでに電子回路図の読み方を熟知していたホールは、ホイールやプロペラなどの回転速度を測定する一種のタコメーターを発明した。この発明で特許を取得してまとまった金を手にすると、卒業後は就職せずにボストンに移り、小さな技術工房を開業した。しばらくのあいだは政府が出資する研究プロジェクトの動向に目を光らせ、大手の防衛関連企業のプロトタイプを開発することで生活の糧を稼いだ。70年代には、ステレオシステムでクリアな重低音を響かせることができる特殊なスピーカー「サブウーファー」を発明した。ほどなくして、祖父から25万ドルを借りてカリフォルニアに移住し、いとこと一緒にサブウーファーの製造会社を設立した。1979年のことだった。会社は21世紀を迎える頃になると、従業員60人、年間売上数百万ドル規模にまで成長した。生活は豊かになったが、ホールは退屈していた。そのせいで一時期は、ロボット同士にお互いを殺すまで戦わせるテレビ番組『バトルボット』に出場させるためのリモコン・ロボットの開発に熱中した。第1回のDARPAグランドチャレンジでは、道路を感知するために、ライダーではなく立体視カメラを搭載したことで注目された、トヨタ・タンドラでエントリーした。第2回大会の準備期間中にはライダーの可能性に魅了され、根っからの凝り性らしく、1台の機械に64個のレーザーを詰め込むという前例のない方法を採用した。だがそれよりも革新的だったのは、このライダーが回転式だったことだ。それまでのレーザー距離計は固定式で、レーザーは限定的な視野を得るために投射されていた(人間にたとえるなら、首や眼球を動かさず、前方のみに視界を限って世界を見ているようなものだ)。そこでホールは、車両の上に取り付けたライダーを1秒間に10回、360度回転するように設計し、このメカニズムによって車両周辺の完全なイメージをつくり出すことに成功した。この新しいテクノロジーによって実質的に世界を3次元でとらえることができるようになったホールのロボットは、第2回のグランドチャレンジのレース本番でも途中まではライバルよりも速く進んでいたが、惜しくも機械の故障によって完走を逃した。

DARPAがアーバンチャレンジの開催を発表すると、ホールはこのレースでは自分のライダーを売り込むチャンスだと考えた。このデバイスを搭載したロボットは360度の視野を獲得し、あらゆる方向からやってくる対向車を検出できるようになるはずだからだ。そこでホールは、経営するサブウーファーの製造企業ベロダイン社内に専用の製造部門を立ち上げると、過去2回のグランドチャレンジを通じて知り合った優秀な人材の1人を、このデバイスをアーバンチャレンジに参加するチームに売り込むためのセールスマンとして雇った。その人物は、第1回大会に出場した自動運転オートバイを開発した、身長2mを超えるひょろ長い体型をしたカリフォルニア大学バークレー校の卒業生、アンソニー・レヴァンドウスキーだった。

レースを約1年後に控えた2006年後半、現在ではロボットシティと呼ばれることの多い、ピッツバーグにある古いコークワークスのテスト施設に、レヴァンドウスキーが姿を現した。タータン・レーシングは約7万5000ドルという大枚をはたいて、ベロダイン社から同社のライダーを1台購入していた。アームソンらによる設置作業を補助するためにペンシルベニアまで飛んできたレヴァンドウスキーは、〝ボス〟ことシボレー・タホのルーフに固定された他のセンサーが設置されている金属製の格子上にこのデバイスを取り付けた。レヴァンドウスキーがセンサーを固定して作動させると、この瞬間を一目見ようと集まった大勢のコンピューター科学者やエンジニアが、デバイスが正常動作に必要な回転運動量を生成するのを見守った。傍に置いたコンピューターの画面に、デバイスの出力を表す幽霊のようなドット状のマトリックスが表示された。印象的な映像だった——それは駐車場の縁石から人間の顔まで、100m先にあるあらゆるものを認識できる、無数のデータポイントだった。

その直後、ライダーの何かが緩み、デバイスの部品が回転運動量によって勢いよく室内に放り出された。幸い怪我人はいなかったが、一歩間違えば大惨事になっていた。ショックで誰もが沈黙した。次に聞こえてきたのは、レヴァンドウスキーの声だった。

「あとで直しておくよ」のっぽのエンジニアは言った。

グーグル・ストリートビューの誕生

数年後にウェイモとウーバーのあいだで起こる重要な訴訟の鍵を握る人物として知られることになるレヴァンドウスキーは、その聡明さと野心的な性格で、人が利害の対立とみなすような状況にも進んで身を置くようなところがあった。その時代でもっとも知的興味をそそるプロジェクトに取り組むトップクラスの頭脳と実績を誇るグループに取り入るのも得意で、それをビジネスにも利用していた。最終的に、アーバンチャレンジに出場する7チームにベロダインのライダーを売った。カーネギーメロン大学とスタンフォード大学のチームもそれぞれ2台購入した。レヴァンドウスキーは、この重要な技術をできるだけ多くのチームに売り込もうとしていたのと同時期に、スタンフォード大学のチームにアーバンチャレンジを戦うためのアドバイスもしていた。この時点では、彼が非倫理的なことをしているという兆候はなかった。スタンフォード大学のチームは、ベロダイン社のセールスマンというレヴァンドウスキーの役割をはっきりと理解していた。それでも、彼はスタンフォードにとってのライバルチームに最先端のテクノロジーを販売しなければならない立場でもあった。これはたしかに利害の対立とみなされる可能性がある。さらに事態を複雑にしていたのは、グーグルのストリートビューが、ロボットレースで大きな役割を担うようになろうとしていたことだった。

2006年、セバスチャン・スランはスタートアップ企業を立ち上げたくてうずうずしていた。スタンフォード大学でAIを専門とする教授として、グーグルの共同設立者であるラリー・ペイジやセルゲイ・ブリンと親しくなるにつれ、シリコンバレーの雰囲気に感化されたということもある。でも、そのスタートアップは何を目的としていたのだろうか?

スランは、スタンレーの第2回のグランドチャレンジのテスト中に、マイク・モンテメルロと共に集めたデータに心を奪われていた。スタンレーに運転を教えるためにモハーヴェ砂漠周辺を走りながら、スランたちは車のルーフに異なる方向を向いた複数のカメラを固定するというアイデアを思いついた。センサーとして使うのではなく、取得した画像をスタンレーのプログラムのバグを引き起こした状況を再現するのに役立てるためだ。しばらくして、スランはこの多方向のルーフトップ・カメラで収集した画像は、ただ見ているだけでもとてつもなく面白いものであることに気づいた。

偶然にも、その年にスタンフォード大学でコンピューター・ビジョンの講義を担当していたスランは、クラスで1番優秀だったジョアキム・アルダビソンに、カメラ映像を簡単につなぎ合わせて、無限に広がる視野を持っているような錯覚に陥る映像を生成するプログラムの開発というタスクを与えた。スランはもしプログラムによって注文通りの映像が実現できれば、それは実際にその場所にいるような感覚が得られるものになるはずだと考えていた。アルダビソンはサンフランシスコの道路を撮影し、その映像をつなぎ合わせるコンピューター・プログラムを開発した。このプログラムがつくり出す映像は、見ている者が本当にサンフランシスコの路上に立っているような感覚を与えるものになった。「見上げることも、見下ろすこともできる。とにかく驚いた」

スランはアルダビソンに「Aプラス」の成績を与えた。２００６年の夏、スランはスタンフォード大学のＤＡＲＰＡアーバンチャレンジ・チームを監督すると同時に、もう1つチームをつくった。目的は、スマートフォン上で動作するストリート・ビジュアライゼーション・ソフトウェアの開発だった。メンバーには、ヘンドリック・ダルカンプ、アンドリュー・ルッキングビル、アルダビソンらがいた。このスタートアップのＣＥＯは、カーネギーメロン大学で人工知能の博士号を取得した親友のアストロ・テラーに任せた。

２００７年の前半には、レヴァンドウスキーもチームに加わった。スランは、シード資金を得るためにＶＣ（ベンチャーキャピタル）向けに準備していたこの技術のデモンストレーションを強い印象を与えるものにしたかった。そこで、ＶＣがサンフランシスコのあらゆる通りの映像を見られるようにしたいと考えた。これを実現させるには、カメラを装着した車でサンフランシスコのすべての通りを隈無く運転する必要がある。レヴァンドウスキーが、それを迅速に行う方法を考案した。レンタカーを月単位で借りると料金が格安になることを調べ、コミュニティサイトのクレイグスリストに求人広告を出して大勢のドライバーをかき集めた。マップの完成に要したのはたったの2週間。「レヴァンドウスキーは本当に凄い男だ。どんなに面倒な仕事でも成し遂げてしまう」とスランは回想する。

2007年3月、スランは資金調達のためにVCにアプローチした。そのための準備には大変なエネルギーが必要だった。「ベンチャーキャピタリスト向けの戦略を練るのは、実に過酷なゲームだった」とスランは言う。「全力を尽くさなければならなかった。人間らしい暮らしは望めなかった。妻も呆れてたよ」。その努力の甲斐もあり、トップクラスのVC2社、セコイア・キャピタルとベンチマークが興味を示した。スランは2007年4月8日の日曜日に入札を設定した。入札価格はすぐに上昇した。500万ドルのシード資金が1000万ドルになり、1500万ドルになった。

その夜、どのVCを選ぶかを迷ったスランは、ペイジの自宅に押しかけ、夕食を共にした。ブリンもやって来た。3人はスランが「VueTool」と名付けたこの新技術ついて議論した。ペイジはすでに、グーグル内部で同じような技術の開発に投資していた。本人自らも、過去にブリン、マリッサ・メイヤーと共に屋外で映像を撮影し、それをつなぎ合わせたことがあった（スランによれば、カメラで撮影した画像をつなぎ合わせ、クリックで移動できる没入感のある連続的な映像をつくり出すというアイデアは、すでに1979年にアンドリュー・リップマンというマサチューセッツ工科大学［ＭＩＴ］の科学者によって考案されていた）。ペイジとブリンがグーグルで実施していた同様のプロジェクトは、クリス・ユーヒルクという男が責任者を務めていた。夕食後、スランはスタンフォード大学の自分のオフィスに２人を連れて行き、サンフランシスコの通りの映像を見せた。２人のグーグルの共同設立者はこのデモに感銘を受けた。スランのチームのほうが、グーグルのチームよりも一歩も二歩も先んじていた。しかも、はるかに安く、短時間でそれを実現させている。ワイアード誌のマーク・ハリスの記事によれば、グーグルのストリートビューのチームは1台25万ドルのカスタムメイドのカメラリグを使用していたが、スランとレヴァンドウスキーは、1台1万5０００ドルの市販のパノラマＷｅｂカメラのデフォルト設定を用いて、同等の質の画像を撮影していた。

翌日、さっそくグーグルの合併買収部門の責任者から電話があった。スランはＶｕｅＴｏｏｌテクノロジーをグーグルに売却することに同意した。契約条件として、ストリートビュー・プロジェクトを加速させるために、スランやレヴァンドウスキーらはストリートビュー・プロジェクトにメンバーとして加わることになった。「かなりの額のボーナスを手にした」と語るスランは、意欲的な目標を設定してチームを鼓舞するレッド・ウィテカー式のアプローチに倣い、ストリートビューで非重複の道路を１００万マイル（約１６０万㎞）分マッピングできたらグーグルから追加のボーナスを得るという取り決めを交わした。レヴァンドウスキーが編み出した手法を用い、大量の車を走らせ、チームはわずか7カ月でこの目標を達成した。

スランがストリートビューの目標達成に入れ込んでいたので、スタンフォード大学のＤＡＲＰＡアーバンチャレンジへのエントリーに関する日常業務の陣頭指揮はモンテメルロが執ることになった。

過酷な開発現場

一方、アメリカ大陸の反対側では、モンテメルロの元オフィスメイトのクリス・アームソンが、カーネギーメロン大学のロボットカー開発の現場を率いていた。アームソンはこのレースを人生最大の勝負だととらえ、全身全霊を捧げていた。時折、４年前に妻のジェニファーと交わした〝第１回の砂漠でのチャレンジが終わったら、家族を支えるために大学を離れて就職し、十分な生活費を稼ぐ〟という約束の言葉が頭に浮かんできた（その後、ジェニファーは２人目の男の子を出産していた）。最初のレースでは、直前にサンドストームが転覆していなかったら優勝できていたはずだという思いがあった。２回目のレースでも、ハイランダーが不可解な機械的トラブルに見舞われなければ、チームは喉から手が出るほど欲しがっていた勝利を手にすることができたはずだった。今回の都市を舞台にしたレースは、おそらく自分にとって優勝できる最後のチャンスになる。この最後の勝負で、最善を尽くさなければならない。

レースへの準備を進めながら、チーム内では何度もルールのことが話題になった。「ＤＡＲＰＡはこのチャレンジをどれだけ難しくしようとしてるんだ？」「ＤＡＲＰＡは本当にどこかのチームが優勝するのを望んでいるのか?」。DARPAにとって、どのチームも完走できないほどレースを難しくするのはたやすいことだった。それは、もっとも費用対効果の高い方法にもなる。政府がこのレースを主催する目的が、自動運転車の開発の有能な外部委託先を探し、自動運転車の可能性を証明することなのだとしたら、それを最小限の出資で実現するための方法は、世界中の大学や研究機関をこの問題を解くために駆り立てるレースを開催し、誰も完走できないほどコースの難易度を上げて、賞金を払わずに済ませることだからだ。

3度目のチャレンジに挑むチームにとって、自動運転型ロボットの開発は日常的な作業になっていた。シボレー・タホを自動運転車の「ボス」に変えていくのは、人間が成長する様に似ていた。まず、目が見えず、言葉も発することができず、外界を感知することも、ルートに沿って走行することも、自力で動くこともできない車に、ライダーやレーダーなどのセンサーや、コンピューター・プロセッサを取り付ける。初期のテストでは、ロボットに運転方法を教えるために、砂漠でのチャレンジで同チームの車両が必要だったのと同じように、GPSウェイポイントのリストを与える。ロボットが製鉄所跡の敷地でウェイポイントを辿りながら1マイルの周回コースを走り終えると、さらに長い距離を走らせるテストをした。大会本番の1年前となる2006年11月、ボスは約80㎞のルートを、時速約45㎞で走ることに成功した。

ボスの機械的なテストと並行して、セルスキーのプログラミング・チームが知覚/計画システムの組み込み作業を担当し、ロボットがベロダイン社製のライダーとレーダー・センサーで構成される視覚から得た入力を理解できるようにした。12月の寒い夜、ボスはピッツバーグ川沿いを複数のチェックポイント通りに走るというミッションに成功した。ボスには、運転中に遭遇する状況での車両の挙動を定めるルールも組み込んだ。初期のモジュールでは交差点での走行に対応し、その次にロボットが全方向停止時に遭遇し得るさまざまな状況に対処するための指示も作成した。ボスが交差点に最初に到着し、次に別の車が右側に停止した場合はどうなるか？　ボスが2番目に到着した場合は？　チームは、こうしたシナリオごとにルールを作成した。

同じ頃、チームはロボットの行動を規定するソフトウェアをハードウェアに組み込んだ。人間のドライバーが目や耳を使って頭のなかで現実世界のモデルを構築するのと同じように、各種のセンサーから情報が入力されるタイミングを同期ボードによって調整することで、ボスのコンピューター群は3Dリアリティをシミュレーションできるようになる。これに加えて、ボスが完全な自動運転を実現させるには、都市部のさまざまな交通状況を行き交う歩行者や自転車、スケートボーダー、スクーターなどの行動を予測できなければならなかった。ただしDARPAは、このレースが極めて単純な環境で開催されると事前にチームに伝えていた。大会会場となる郊外のコースで動くのは、他の自動車だけだ。そのためチームのプログラマーの仕事は楽になった。ボスは他の物体の行動についての限られた原則だけを理解すればいい（「他の物体は、路上の曲線に対しては基本的にそれに沿って前後にのみにしか移動しない」など）。ボスにとって、それ以外の物はすべて静止した物体になる。

年が明けて２００７年。私はピッツバーグに飛んでロボットシティで作業をしているタータン・レーシングチームのメンバーのもとを訪れ、ウィテカーやアームソン、セルスキーらチームの面々、そしてチームに駐在しているＧＭのエンジニアに会った。この冬のチームへの訪問のことは、今でもよく覚えている。チームの作業場は工場跡地にあり、傍には列車を格納する円形倉庫が見えた。凍った地面にキャンピングカーが停車している。オフィス内はとてつもなく寒かった。誰もがニット帽をかぶり、冬用のコートを着ていた。吐く息が白い。私は彼らの質素な佇まいに感銘を覚えた。チームはＤＡＲＰＡから与えられた予算を、自分たちが快適に作業するためには使わず、すべて研究開発に注ぎ込んでいたのだ。

このシビアな雰囲気にもかかわらず、私はタータン・レーシングに魅力を感じた。大企業の重役で、ＧＭで数十億ドルの予算を扱っていた私が、この若者たちを羨ましく思った。彼らは象牙の塔で数字ばかりを気にしているような人間ではなかった。チームのメンバーは、世界を変えられるかもしれないという信念に突き動かされている〝地の塩であり、泥のなかで転がり、指を汚す〟エンジニアだった。ウィテカーに率いられていたことで大学の官僚的な物事の進め方に染まる必要はなかったし、ＧＭのような大手企業とは違いお役所仕事的な面倒に悩まされることもなかった。それもあって、チームはＧＭでは決してできないようなことを成し遂げようとしていた。

私は、チームが数週間前にコンピューター・シミュレーションを使ってモデル化したばかりの状況でボスをテストするのを見学した。このデモではまず、信号のない全車一時停止交差点での適切な走行に挑戦する。ボスはデジタルの頭脳にプログラムされたルールに従い、交差点に先に到着した他の車両に道を譲り、自分の番になると問題なく進んだ。チームは大きな安堵に包まれた。さらに、難易度を高めるため、マナーの悪い車がいる状況でのテストも行った。このテストでは、ボスは交差点に白のセダンの後に到着する。その後、3台目の車両が到着する——2回目のグランドチャレンジの前にAMゼネラルから寄付された、2台目のハンヴィーだ。まずセダンが発進し、次にボスがわずかに前進しようとした瞬間、ハンヴィーが順番を無視して交差点に勢いよく入った。ボスはハンヴィーの前を行こうとはせず、一時停止した。適切な行動だ。

気分が高揚していた私は、ボスに乗せてほしいと頼み込んだ。チームは怪訝な顔をした。あまり気乗りしていないのがわかった。だが私は粘り、ボスのコックピットの、コンピューター機器やバッテリーが設置されていないわずかなスペースに身体を押し込んだ。すぐに、このロボットがGMで私たちが設計している類いの車とはまるっきり別物だということがわかった。ボスは一時停止の標識に向かって加速し、止まる直前でブレーキをかける。カーブでは激しくロールし、路面の凹みや小石の前でも減速せず、タイヤをスピンさせる。車体は常にガタガタと揺れ、突き上げが収まらない。乗車して1、2分もすると、数年ぶりに車酔いを感じた。ロボットに乗りたいと言ったとき、なぜ彼らが躊躇していたのかがわかった。試乗を終えると、ウィテカーが、ボスは人間の乗車は想定しておらず、DARPAの3回目のレースに勝つという明確な目的のためだけに設計されていると説明してくれた。ロボットは勢いよく加速し、必要な状況になると激しくブレーキをかけるようにプログラムされていた。荒い動きをするので人間が乗っていたら気分が悪くなるが、その分、速く走れる。

一般公開での自動運転デモを終えたチームは、ボスをトレーラーに積み込み、アリゾナに向かった。同州のメサにあるGMの「プルービング・グラウンド」で、GMのスタッフの協力を得ながらテストを行うためだ。温暖な気候の下、GMのテスト用トラックにある広いオープンスペースを使い、ボスはここでDARPAが今回のアーバンチャレンジの重要なパートだと述べていた、駐車場での走行方法を学んだ。また、人間のドライバーにとっても簡単ではない交差点での左折への対処にも取り組んだ。春になり暖かくなったところで、ボスはピッツバーグに戻り、アーバンチャレンジのプログラム・マネージャーであるノーム・ウィテカー（レッドとは無関係）による、テスト走行の立ち会いに備えた。このテストでの出来次第で、タータン・レーシングがこの年の10月末にDARPAが全米規模で開催する予選会に進出する少数のチームに選ばれるかどうかが決まる。

ボスは、ロボットシティの400mトラックで実施された4種類のテストに合格しなければならなかった。まず、メディアやスポンサーを含む約100人の聴衆は、ボスが危険を察知して緊急停止ボタンを即座に作動できるかどうかを見守った。次にボスは、走行中の他の車両と衝突することなく交差点を通過した。路上駐車車両をうまく避けながら走るテストにも合格した。「初心者ドライバーのお手本みたいな走りだ」ノーム・ウィテカーは称賛した。「実に素晴らしい」

8月上旬、DARPAのディレクター、アンソニー・テザーが、10月下旬の全国予選に出場する35チームを発表した。タータン・レーシングの名前もあった。ウィテカーらには選ばれるという自信はあったが、予期せぬこともあった。テザーが記者に、DARPAが優勝候補と見なしている上位5台のロボットにボスは入っていないと語ったのだ。

その結果、予選前の最後の数カ月間、アームソンとセルスキーは、プログラマーが開発したアルゴリズムのバグをしらみつぶしに見つけ出し、ボスを人間と同等に有能で安全運転のドライバーにするために、徹底的なテストを行った。道路を走行するボスの目の前に、道路脇に隠しておいた車型の風船を突然放り投げるというテストもあった。チーム全員が、ボスが即座に反応できるかどうかを見守った。

ロボットがこうした状況にも難なく対処できるようになったとき、アームソンは実車を使ったテストに踏み切った。夏の終わりのアリゾナで、セルスキーが、ボスの前でレンタカーを運転していた。ボスの助手席に乗っていたアームソンが、トランシーバーでセルスキーに伝えた。「車の速度制御が機能していることを確認したい。ブレーキをかけてくれ」

セルスキーがレンタカーのブレーキを踏むと、後ろを走っていたボスがゆっくりと停止した。だがアームソンは、これよりも急な状況でボスの挙動を見てみたかった。「もっと強くブレーキペダルを踏んでくれ」。セルスキーはボスの前に車を寄せると、強くブレーキペダルを踏んだ。「もっと強く！」アームソンが叫んだ。「タイヤが滑るくらいに！」

これはレッド・ウィテカー式の方法だった。ウィテカーはよく、ロボットの能力の限界を知るには、失敗を承知で高難度の条件でテストをしなければならないと言っていた。

セルスキーは肩をすくめて、ブレーキを思い切り踏んだ。

ボスはレンタカーの後ろに衝突した。セルスキーは慌てて車を降り、リアバンパーを調べた。レンタカーの後部は、使い古した紙のようにくしゃくしゃになっていた。ボスの損傷はさらにひどかった。左右の中距離レーダーユニットを含む多くの精密機器がバンパーに取り付けられていたからだ。「この衝突で、1個10万ドルもするセンサーがいくつも壊れた」セルスキーは回想する。2人は両手を腰に当ててその場に立ち尽くし、事故の被害の大きさにかぶりを振った。「なんでこんなことになったんだ？」セルスキーが言った。

「僕のせいだ」アームソンは言った。

「いや、僕のほうこそ、あんなに強くブレーキを踏むべきじゃなかった」。10年後、セルスキーは当時のことを笑いながら振り返っている。「僕たちは、自分たちがしたことのあまりの無茶さに気づいていた。いくらなんでも車間距離が近すぎた。現場で何時間もテストをしていると、常識的な判断ができなくなるときがある。あのときもまさにそうだった」

GMからのクレーム

この期間、DARPAの担当者が何度かタータン・レーシングのもとに立ち寄った。同機関が提供した資金が活用され、チームが順調にプロジェクトを進めていることを確認するためだ。あるとき、その担当者がアームソンとセルスキーにこう尋ねた。「車を横転させないために、どんな対策をしてる?」

アームソンは固まった。それは馬鹿げた質問だった。DARPAの担当者は、タータン・レーシングのテクニカルディレクターをからかっただけだった。アーバンチャレンジには、オフロードのコースは含まれていない。当然、アームソンは転覆事故につながるような環境でボスをテストしていなかった。今回は、以前の大会でサンドストームが苦しんだような柔らかい砂地での急カーブなどは存在しないし、ハイランダーを転覆させたような傾斜地のある難しいトレイルも走らない。「僕たちの車は横転しません」アームソンは自信たっぷりに言った。

実際、ボスは横転しなかった。テスト期間を通じて最悪の事故は、セルスキーのレンタカーのリアエンドと衝突したことだった。アームソンとセルスキーは何週間もかけて頭を捻り、ボスのコンピューター・アルゴリズムが想定していない状況を考えた。たとえば全方向一時停止交差点の4つの進入経路に同時に車両が到着した場合、ボスはどう対応するだろう? 事故車両などの予期せぬ障害物で、突然道路が塞がれる状況も考えた。この場合、ボスは代替のルートを計算しなければならない。結局、何度かニアミスや直前での衝突回避はあったものの、ボスはほとんどの状況で完璧に機能した。「魔法を見ているようだった」とセルスキーは回想する。

考えてみてほしい。これは2007年のことだ。当時、公道を法定速度で自走するロボットなど、誰も開発したことがなかった。次第に、タータン・レーシングは自分たちがそれを実現しようとしていることに気づき始めた。「当時のロボットが正常に機能していたという事実に、いまだに驚かされる」セルスキーは回想する。「素晴らしかった」

アームソンはボスの能力を示すために、タータン・レーシングのブログに動画を投稿した。ある日、GMの担当者から電話があった。そのミドルマネージャーは、アームソンが投稿した動画を見て啞然としたと言った。あまりにも驚いたので、GMがスポンサーから手を引くことも検討しているという。アームソンは息を呑んだ。もしそうなれば、GMの出資金を必要としているタータン・レーシングにとって大打撃になる。チームにとっての大きな汚点にもなるだろう。

それは興味深い瞬間だった。なぜならこれは、デトロイトの自動車産業と、自動運転車の実現に心血を注いでいたコンピューター科学者やエンジニアとのあいだに見られた、最初の断絶の事例だからだ。この断絶は、後にデトロイトとシリコンバレーのあいだに長年にわたって生じた軋轢においても頻繁に見られるようになる。電話をかけたGMのミドルマネージャーは私の部下だったはずだが、私がこの事件を初めて知ったのは数年後、しかもアームソンを通じてだった。私にはどちらの立場もわかった。1990年代、GMは職場の安全を重視する企業文化を育んでいた。同社のテスト手順も、極めてリスク回避的だった。GMの担当者は、タータン・レーシングの危険なテストによって重傷者が出ることを心配していたのだ。加えて、チームのスポンサーになるという決断をした私の立場を守ろうとしてくれていたのかもしれない。アームソンが投稿した動画に映っていたボスのニアミスのシーンは、このロボットがプログラミングに深刻な問題を抱えている兆候として解釈できるものだった。GMはターターン・レーシングに、金融の不安定化が深刻になっていた時期に多額の投資を行った。なにしろそれは、金融危機の直前である2007年のことだ。私は研究費を少しでも有効に使うためになら、戦わざるを得ない立場になった。ターターン・レーシングがアーバンチャレンジで優勝しなければ、赤っ恥を掻くことになる。GMの戦略委員会からも信頼を失ってしまうだろう。

アームソンは、この利害関係者にきちんと説明をしなればならないと思った。「違うんです。あなたたちは誤解している。僕たちはこのロボットの能力の限界を知るために、ボスがアーバンチャレンジで直面する状況をはるかに超えた範囲のテストをしているのです。決勝では必ず、誰もが驚くような素晴らしいパフォーマンスを見せます」

これで、GMのミドルマネージャーは安心した。2007年10月に向け、ボスの車体の外部には、18個ものセンサーがボルトで固定され、溶接され、接着された。荷室には操縦に関する判断を1秒間に20回も行うことを可能にする、30万行のソフトウェア・コードを処理するコンピューター10台が収容されていた。ほんの数カ月前、ボスはもっとも複雑な走行を時速24㎞で行った。今では、同じ走行を2倍以上の速度で行えるようになっていた。混雑した駐車場にも駐車できるようになった。道路の前方が障害物で塞がれていたら、3点ターンをして進路を逆にし、目的地への新しいルートを人間の力を借りずに自分で計画できるようにもなった。チームは、相当の手応えを得ていた。

第1回大会では、アームソンは誰もレースを完走できないだろうと思っていた。第2回大会では、ウィテカーやピーターソンと共に、完走するライバルチームがいないことを想定して、サンドストームの速度を落とした。それが裏目に出て、結局チームの2台のロボットは2位と3位に終わった。２００７年のＤＡＲＰＡによる現地訪問のテストでは、ディレクターのテザーに、カーネギーメロン大学は上位5チームに入っていないと言われた。だが最後の2カ月でのボスの改善ぶりは凄まじかった。今回初めて、チームはかつてない自信を抱いて全国予選に参加した。

トラブル続出の予選ラウンド

予選は、２００７年10月25日にカリフォルニア州ビクタービルで行われた。会場のジョージ空軍基地には、建物や道路、家屋、アパート、駐車場など、一般的な町の特徴をすべて備えていた。だが、人だけがいなかった。この空軍基地は、１９９２年に閉鎖されていたからだ。

このチャレンジにエントリーした全89チームのなかから、ＤＡＲＰＡの審査に合格した35チームがこの会場に集まった。ビクタービルに到着した各チームは胸を躍らせていた。前回までは砂漠が舞台だったので、走り出したロボットを肉眼で観察することができなかった。だが今回は、チーム全員がレースを目の前で観戦できる。ＤＡＲＰＡが前日の夜に大テントで催した歓迎イベントには、いくつもの馴染みの顔があった。大半の出場者は、以前のチャレンジに参加していた。もちろん、スタンフォード大学のチームも、タータン・レーシングもいた。ＭＩＴやカリフォルニア工科大学、コーネル大学、プリンストン大学の面々もいた。日中は保険会社に勤務しながらロボットの開発に情熱を注いでいるチーム・グレイは、前回のグランドチャレンジではスタンフォード大学とレッドチームに次ぐ4位になり、今回はＤＡＲＰＡから資金を提供されていないにもかかわらず、このレースに参加していた。また、ウィスコンシン州の防衛関連企業チーム・オシュコシュは、今回も例によって圧倒的な存在感のある車両をエントリーさせていた。米軍の中型戦術車両の４輪車をベースにした「テラマックス」だ。

予選のテストは3種類。混雑した交通状況のなかを走るエリアＡの一番の難所は、人間が運転する車が行き交う道に左折進入しなければならない箇所だ。エリアＢは約４・５㎞の周回コースで、道路の両側の路上駐車で道幅が狭くなっている箇所が含まれている。人間のドライバーにとっても目の前の状況に合わせてうまく進路をとるのが簡単ではない場所だ。このエリアには、駐車場で駐車スペースを見つけ、停車中の他の車両（エリアＢには路上を走行する車はいない）にぶつけることなく安全に停止し、再発進するという課題もあった。最後のエリアＣでは、全方向一時停止の交差点を交通ルールに従って進行する。エリアの最後には、ロボットの進行方向に突然、障害物が配置される。ロボットは障害物を検知し、停止して、3点ターンで進路を逆に取り、新しいルートを自分自身で計算して目標に到達しなければならない。

ＤＡＲＰＡはまずタータン・レーシングにエリアＢを割り当てた。ボスはこの約４・５㎞の障害物のある周回コースでプログラムのバグを起こし、突然動かなくなってしまった。DARPAのレースオフィシャルが、無線信号でボスの動作を一時停止させた。幸い、これでボスは実質的に再起動され、バグの影響が解消された。トラブルには見舞われたものの、ボスはこの初日、エリアBをどのロボットよりも優れたパフォーマンスで走行した。その後、タータン・レーシングチームはエリアCに向かい、最大のライバルであるスタンフォード大学の状況を観察した。2006年式フォルクスワーゲン（VW）・パサートのステーションワゴンをベース車両にしたスタンフォード大学のロボット「ジュニア」は、交差点を首尾良く進み、Uターンにも成功した。だがチェックポイントに向かう途中で道路に障害物が設置されると、新しいルートを計画できなかった。ボスならもう数カ月前からできていたことだった。

翌日にボスが挑むことになったエリアAでも、問題が多発した。他のチームは、人間のスタントドライバーが運転する車で混雑する道路に左折で進入しなければならない箇所で躓いていた。ジョージア工科大学のロボットはまったく左折できずにコンクリート製の防護柵にぶつかってフロントバンパーをへこませた。MITのロボットは交通量の多い道路になんとか合流はできたが、時間がかかりすぎた。第1回大会へのエントリー資金をチームディレクターがテレビ番組の『ジェパディ！』で獲得した賞金でまかなったカリフォルニア大学ロサンゼルス校のゴーレム・グループのロボットは、フィードバックエラーを起こして制御不能の状態で加速し、DARPAに無線で緊急停止させられた。

数々の事故を目の当たりにしたアームソンとセルスキーは、このエリアは手強いと感じた。エリアAを走り始めたボスは、問題なく左折で交通量の多い道路に進入したが、その後で深刻な問題が発生した。対向車を検知して停止し、動かなくなったのだ。そのまま20秒が経過した。このときボスは、エラー回復モードと呼ばれるモードに入っていた。

エラー回復モードとは、ボスに搭載された実に興味深い機能だった。この作業を主に担当したのは、クリス・ベーカー、ジョン・ドーラン、デイブ・ファーガソンのプログラミング・チームだ。ロボットに世界を認識させるためにライダーやレーダー・センサーの調整方法をプログラマーが試行錯誤していた自動運転車開発の黎明期には、ボスのようなロボットには酔っ払いの人間と多くの類似点があった。ロボットは時々、外界をうまく認識できないことがある。実際の世界を必ずしも反映していないものを検知するためだ。人は酔うと、物が二重に見えるときがある。そんなとき、左右に首を振ったり、目を細めたり、広げたりする。目を閉じて、頭を振り、再び目を開く。そうすると視力がリセットされ、さっきまで二重に見えていた世界が元に戻ることがあるからだ。

ベーカーやドーラン、ファーガソンは、エラー回復モードに入ったボスに、世界が二重に見えてしまう酔っ払いがするのと同じような、頭や身体を揺さぶり、角度を変える動きをするようにプログラミングしていた。目の前の状況が不確かだと判断したボスは、いったんその場に停止してからわずかに前進、後退し、わずかに斜めを向く。こうすることで、別の角度から外界を捉え直すことができる。このボスの動きは、「シェイク＆シミー」と名付けられていた。

予選のエリアAでボスが直面したのは、道幅が狭すぎると誤って判断したことだった。過去2回の大会と同じくDARPAは事前に、参加者にレースコースのデジタルマップを提供していた。DARPAは事前に、タータン・レーシングチームはこのレースルートを徹底的に分析し、マップに細かな注釈を付けてロボットに与えた。これは実質的に、コースの難所を事前に走行するのと同じことだった（スタンフォード大学チームも同じようなアプローチをとっていた）。この注釈の作成時、あるチームメンバーが誤って当該の道路の道幅は2台の車両がすれ違うには狭すぎると定義してしまった。このため路上にもう1台車両があることを検知したボスは、自分が進むための十分なスペースはないと判断し、停止してしまったのだ。「シェイク＆シミー」モードに入ったボスは、酔っ払いが、ありもしない2つ目のドアハンドルを探して手を前に伸ばしているように、ゆっくりと前進し始めた。しばらくして世界を正しく捉え直し、問題なく進めることを理解したボスは、再び正常に走り始めた。エリアCでも順調に走行したボスだったが、前方に突き出していた木の枝と粉塵を目の前にしたときに、一時的に立ち往生した（これは、ウィテカーの話とは違ってボスが埃にうまく対処できなかった、稀なケースだった）。ボスはこのときも「シェイク＆シミー」モードのおかげで命拾いをした。

スタンフォード大学のジュニアがボスに続いてエリアAを出発した。ライバルの走りが気になるタータン・レーシングの面々は、その様子を観戦した。ジュニアはコースの終盤、ソフトウェアが原因と思われるトラブルのために停止し、貴重な数秒間を失ったのち、なんとか再び走り始めた。交通量の多い通りへの左折進入も成功したが、動きはぎこちなく、DARPAが定めた10秒を優に超えてしまった。そう、2007年はスランがストリートビューの開発に入れ込んでいたため、ジュニアの開発は主にモンテメルロに任されていた。ジュニアの慎重すぎる動きには、リスクを嫌うモンテメルロの個人的な志向がおそらく反映されていた。予選を終えたアームソンらは大きな手応えを感じていたが、予選をトップで通過できるかどうかはDARPAの採点基準にかかっていた。重要なのは、安全性なのか、それとも走行性能か。DARPAが安全性を重視するなら、ジュニアの慎重な走りや、丁寧な左折進入が評価されるかもしれない。スピードや自信、時間の短さが重要なら、ボスはジュニアをはるかに上回るだろう。「レースの出来が主観的に判断されることに、僕たちは苛立っている」とタータン・レーシングのコンピューター科学者ドーランは家族宛のメールに書いている。「よほどの事故が起こらない限り、もうスタンフォード大学とカーネギーメロン大学が決勝に進出するのはまず間違いない。スピードやさまざまな状況に対処する能力が重要なのであれば、僕たちがトップ通過するだろう。でもDARPAがキャッチフレーズのように口にする安全性がカギを握っているのなら、スタンフォード大学や他のチームのほうが高く評価されるはずだ」

最終ラウンドへ

予選ではいくつも悲劇が起こった。エリアCを快調に走っていたバージニア大学のチーム・ジェファーソンのロボットは、踏切で遮断機に激突した（このロボットのセンサーは地面に接地している物体しか検出しないように設定されていた）。オシュコシュの巨大なトラック、テラマックスは駐車場でぶつかった他の車を2・5mほど引きずったところでDARPAのストップがかかった。頭上に張り出した物体に衝突し、首を斬られるようにして高価なベロダイン社製センサーを台無しにしたロボットもあった。

ボスが3つのエリアでの走行を終えると、DARPAのテザーがアームソンに、決勝進出に相応しい走りをしたのでタータン・レーシングの予選は終了だと伝えた。一方のスタンフォード大学はDARPAからエリアAの再試行を求められ、ジュニアがもっと積極的に走るように調整をして臨んだ。結局ジュニアはエリアAをパスするのに合計3回の走行が必要だった。

11月1日、テザーが全35チームを集め、最終ラウンドに進出するチームを発表した。当初、DARPAは最大20チームが決勝に進出すると公言していた。「残念ながら、20チームは決勝を走らない」テザーがマイク越しに言った。「今回予選を突破したのは11チームだ」

まず、スタンフォード大学、オシュコシュ、MIT、コーネル大学、バージニア工科大学が名前を呼ばれた。さらに、ドイツから参加した2チーム、フィラデルフィアのベンフランクリン・

レーシング、セントラルフロリダ大学、デルファイ、フォード、ハネウェルの共同チーム「インテリジェント・ビークル・システム」も予選を突破したと発表された。最後の11番目にテザーが口にしたチーム名は、「タータン・レーシング」だった。テザーはウィテカーのチームが開発したボスが、予選で最優秀の成績を収めたと述べた。これで決勝は、本命のカーネギーメロン大学を他のチームが追う構図になった。

ありえない事態

翌日、私はボスの晴れ舞台を応援するために、決勝の会場に到着した。そこには予想以上に壮観な光景が待っていた。メディアやチーム関係者、自動運転に好奇心を抱いている一般のファン約3000人がビクタービルを訪れていた。グーグルの創業者ラリー・ペイジとセルゲイ・ブリンもいた。2人はスタンフォードのチームを応援するために同社の管理職を飛行機1機分ほども引き連れていた。何より、このテクノロジーの可能性を探ろうとしていた。私も、自動運転に何ができるのかを詳しく知りたかった。レース会場に大勢の管理職が押し寄せたグーグルと、デトロイトの自動車産業の温度差は大きかった。GMのCEOは会場にいなかった。戦略委員会のメンバーも私以外誰も来ていない。私は、アーバンチャレンジを観戦したGMの唯一の幹部だった。これは当時のデトロイトの自動運転への関心の低さを物語っていた。ソフトウェアの力をよく知っていたグーグルは、自動運転車の実現は世の中が考えているよりもはるかに近いことを理解していた。だが、ハードウェアを基準にして物事を見ていたGMは、自動運転技術はまだ実現は遠い先にあるSFの世界の話のようなものとしか見なしていなかった。

レース前日の11月2日、出場11チームが、ロボットをスターティングシュートに並ばせ、スタートの予行演習をした。スタンフォード大学のジュニアは問題なく発進したように見えたが、直後にUターンし、スターティングシュートにぶつからんばかりの勢いで戻っていった。ボスは11チーム中、まったく問題なくスタートを成功させた唯一のロボットだった。

コンクリート製の防護柵で囲まれた駐車スペースにすぎないスターティングシュートが、広大なアスファルトの上で横1列に並んでいる。ボスは予選をトップ通過したので、一番端から一番手という有利な立場で決勝をスタートできる。先行車が少なければ、それだけ自動運転ソフトウェアが対処すべき障害物も減るからだ。

開会式は見ものだった。ヘリコプターが頭上を旋回し、騎兵隊が観覧席の前をパレードするなか、誰かが国歌を斉唱した。ボスのシュートは、観客に競技の模様を映像で伝えるために設置されていたソニーの大型映像表示装置「ジャンボトロン」の近くにあった。ヘルメットをかぶったプロ・ドライバー47人がコースを走行し始めた。

スターティングピットで、ボスのルーフトップにあるライダーセンサーが回転を開始した。参加者であることを示す青いベストを着たセルスキーが、コンピューター画面から顔を上げた。崇拝するスティーブ・ウォズニアックが、セグウェイスクーターで前を通りかかったのだ。アップルの共同設立者であり、伝説のプログラマーとして知られるウォズニアックは、「やあ、みんな」と言って、セルスキーに手を振った。だがセルスキーは敬愛するヒーローから声をかけてもらったという信じがたい事実についてじっくりと考えることはできなかった。午前8時のスタート時刻まであと少ししかない。アームソンと共にチェックリストを睨みながら、ロボットのあらゆる側面が意図通りに動作していることを確認しなければならない。第1回のDARPAグランドチャレンジで、18カ月かけて開発した2輪自動運転車「ゴーストライダー」の直立状態を維持するために不可欠なジャイロ機能をオンにし忘れていたために、スタート直後に転倒させてしまったレヴァンドウスキーの大失態が脳裏をよぎる。

「ソフトウェアのバージョンは合ってるか?」アームソンが尋ねる。

「合ってる」セルスキーが答える。

「エンジンは起動したか?」

「OK」

「サイレンは接続されているか?」

「OK」

「GPSが作動してないぞ」アームソンが言った。「いったい何が起こったんだ?」。ロボットカー用に接続されたノートパソコンの画面に、GPS信号が検出されていない。

ボスがコース上で自分の位置を特定するにはGPSが必要だ。それがなければ、ボスは空間内での自らの座標を正確に把握できなくなり、何かにぶつかる確率が高まってしまう。ボスにとってGPSは命綱だ。チームがこの問題を解決できなければ、転覆事故と同じレベルのトラブルは避けられない。

これまで、このようなトラブルが起きたことはなかった。昨日の予行演習でも、予選を通しても、何も問題はなかった。全地球測位システムは、地上約2万kmの高さで地球を周回している衛星24個の働きで機能している。理論上、ボスのGPSモジュールは、これらの多数の衛星から必ず信号を受信できるはずだった。

問題はGPSモジュール自体にあると考えたアームソンが、チームの設計リーダーに「代わりのGPSを探してきてくれ！」と叫ぶ。

メンバーが、スペアモジュールを取りにいくために全力疾走した。アームソンが問題を報告すると、ものの数秒後には5、6人のメンバーがボスを取り囲み、アンテナからコンピューターに至るGPS受信メカニズムのあらゆる側面を調べ始めた。

ハードウェアに詳しくないセルスキーは、傍でじっと考えるしかなかった。（この車は、この2週間ずっと問題なく走っていたはずだ）セルスキーは考えた。（それどころか、この1カ月、完璧といっていい状態だったじゃないか）。

「クリス」セルスキーは言った。「これはハードウェアの問題じゃないぞ」

アームソンはセルスキーを一瞥して「だったら何の問題なんだ？」と言い返すと、黄色のベストを着たDARPAのレースオフィシャルのところに駆け寄り、「午前8時にスタートできそうにありません」と伝えた。無線で本部にいるテザーらに状況が報告された。ボスのドアがすべて開けられ、タータン・レーシングのピットクルーが車内に乗り込んだ。ボスのトランクの周りに黄色のベストのDARPAのレースオフィシャルと青色のベストのチームスタッフが集まった。

「これまでは、何もかもが順調だったんです」アームソンがレースオフィシャルに言った。「なのに突然、GPSが駄目になった。受信機が3つとも動作しない」

「他のチームにはGPSの問題は起きていない」レースオフィシャルが言った。

アームソンの携帯電話が鳴った。妻のジェニファーからだ。アームソンの両親と一緒に、数千人の観衆とともに観客席からレースが始まるのを見守っていた。ポールポジションにいるカーネギーメロン大学のチームの混乱を見て、心配して電話をかけてきたのだ。なぜボスはスタートしないのか？

「どうしたの？」

「わからないんだ」アームソンは緊迫した声で答えた。「いま解決に取り組んでる」

運命のスタート

DARPAはボスが当面スタートできないと判断し、まずバージニア工科大学のチームをスタートさせた。数分後、依然としてGPS問題の解決の糸口をつかめないタータン・レーシングを横目に、今度はスタンフォード大学のジュニアのスタートが許可された。

ライバルのＶＷパサートがシュートから発進するのを目にしたアームソンの胃がキリキリと痛んだ。「僕たちはこの日のために懸命に頑張ってきた。自分たちが優勝候補の筆頭だということも知っていた」。若きテクニカルディレクターは、手中に収めたと確信していた歴史的な勝利が、指の間からこぼれ落ちていくのを感じていた。

私は同情しながらチームを見守っていた。広々としたアスファルトの上にいるボスとクルーが、周りからポツンと取り残されたみたいにひどく孤独に見えた。青いベストを着たメンバーが、ますますパニックに陥っているのがわかる。観客席からも、何か大きな問題が起きている気配が感じとれた。だが、具体的にどんなトラブルに見舞われているのかは誰にもわからなかった。それはタータン・レーシングのメンバーにとっても同じだった。

アームソンはセルスキーやテザー、ノーム・ウィテカーなど、一握りの中心メンバーを呼び寄せた。「何を変えた？」みな、古くからエンジニアリングの世界で使われてきた手法に従い、問題の根本原因を切り分けようとした。「前と何が違う？」

ふと、テザーが頭上の巨大なジャンボトロンのスクリーンを見上げた。予選をトップ通過したボスは、どのロボットよりもこの大型ビジョンの近くに位置している。

「おい」テザーは上を指差して叫んだ。「このスクリーンの電源を切ってくれ！」。ジャンボトロンの画面が暗くなってから数秒後、ボスのＧＰＳ信号が戻った。

これが原因だったのか？　ターターン・レーシングのピットクルーは、ＧＰＳ信号がはっきりと確認されるのを、息を呑みながら見守った。どうやら、ジャンボトロンから発信されていた電波干渉が、ボスのＧＰＳ信号の受信に何らかの影響を与えていたようだった。チーム全員が、チェックリストの確認を始めて以来、初めて大きな安堵のため息をついた。「あと1、2分確認の時間がほしい」アームソンはテザーに言った。「問題の原因を突き止めてくれて、ありがとう」

チームが問題を解決したとき、時刻は8時半になっていた。すでに11チームのうち8チームがスタートしている。先頭でスタートすることの優位性はすでに消えていた。だがＧＰＳの問題を解決したことで胸をなで下ろしたアームソンたちは、心を弾ませていた。「さあ、ボスが他の車のなかでどんな走りをするのかを見守ろうぜ！」とアームソンが叫んだ。ボスがシュートから発進すると、スタンドから大歓声が湧き上がった。

「あのときほど――」セルスキーは回想する。「感動してパンツを濡らしそうになったことはないよ」

真の勝者は誰だ

本番のレースは、カーネギーメロン大学のチームにとってもどかしいものだった。無線で車両と通信ができないので、コンピューターの画面上でその走りをモニターできなかったからだ。観客席に座り、度々コース上の死角に入って姿が見えなくなるボスの走りを遠くから眺めたメンバーもいた。ピットにとどまり、ボスの特徴的なサイレン音に耳を澄ませたメンバーもいた。この音が鳴り続けている限り、ボスがコースを走っていることがわかるからだ（11台のロボットはそれぞれ、独自の特徴的なノイズを発しながら走っていた）。「僕は6時間ずっと地面に跪き、顔を両掌で覆って、ボスの音をただ聞いていた」セルスキーは回想する。

ボスは何度か問題に遭遇した。まず、未舗装路から舗装路に移動する際に、その変化を障害物と解釈したらしく、停止してしまった。それから、先行車のロボットが車線変更して目の前に割り込んできたときにも、過剰に反応してハンドルを大きく切り、同時にブレーキをかけて衝突を避けようとした結果、コースを仕切っているコンクリートの防護柵に接近した。ボスは、これ以上安全な操縦を続けるには防護柵が近すぎると判断して、前進を停止した。

どちらのケースも、「シェイク&シミー」のエラー回復モードが作動し、その場で位置や角度を微調整することで外界を正しく認識し直すことに成功した。最初のケースでは、未舗装路から舗装路への移行を、支障なく進行できる道だと判断した。2番目のケースでは、前輪を前後に動かし防護柵から数cm距離を取ることで、安全に操縦できるようになった。3番目のトラブルもあった。これはカーネギーメロン大学のチームの優勝を脅かしかねない、イレギュラーなトラブルだった。交差点の一時停止の標識で先行車両が停止した。それを見たボスは人間のドライバーと同じように、数m後ろに停止した。しかし、前のロボットが交差点を通過したにもかかわらず、動こうとしない。そのまま数秒が経過した。突然、ボスはUターンした。

何が起こったのか？　チームは後に、これはルート計算ソフトウェアの不具合であることを突き止めた。ボスは先行車を障害物だと見なしたが、そのロボットが交差点を通過したことを認識できず、障害物がそのまま道路を塞いでいると考え、目的地への代替ルートを計算した。だから、Uターンをしたのだ。そのため、2・7㎞を余分に走ることになってしまった。ただし重要なのは、最終的には目的地に辿りついたということだ。

フィニッシュラインを最初に通過したのはジュニアだった。タイムは4時間29分28秒。スタンフォード大学のロボットが観客席からの大きな拍手を浴びてゴールする光景は、私を含めたカーネギーメロン大学を応援している人々をがっかりさせるものだった。次にボスがフィニッシュ。だが私たちは、ボスのスタート時刻がジュニアよりずっと遅かったことに気づいた。ボスの正味のタイムは、ジュニアより20分ほど早く、ネットタイムは4時間10分20秒だった。ただしタイムは、この大会のパフォーマンスを評価する基準の1つにすぎない。ロボットは、カリフォルニア州の交通ルールに従って走行しなければならなかった。もちろん、速やかにフィニッシュすることはジョージ空軍基地のコースを効率的に計画し走行する能力を示すことになるが、同じく重要なのは、交通ルールに従った走行をすることだった。センターラインを越えないこと、信号機や一時停止の標識に従うこと、左折禁止の交差点で左折しないこと。

その夜、アームソンやセルスキーらカーネギーメロン大学のチームのメンバーは、ボスが満足できる走りをしたことを確信してベッドに入った。優勝のチャンスが目の前にあるのはわかっていた。翌朝の閉会式、全11チームが見守るなか、テザーがステージに上がった。セルスキーの脳裏に、このプロジェクトに賭けてきたこれまでの日々が走馬燈のように蘇った。チームの主力メンバーであるアームソンやピーターソンと共に、この1年はすべての週末をこのプロジェクトに捧げてきた。「僕の2007年は存在しないも同然だった。振り返ると、それは弟が高校を卒業し、両親が町から引っ越した年だった。どちらも大きな人生の出来事だが、ほとんど記憶がない。弟が卒業する？　おめでとう。でも、僕には仕事があるから」

壇上に立ったテザーはまず、ボスのスタート時の遅延はジャンボトロンの電波が干渉したことが原因であること、ジュニアの次にフィニッシュしたボスが、実際のタイムでは他のチームを20分から30分以上引き離していたことを説明した。客席のアームソンは安堵のため息をついた。ボスが優勝するのではないかと思えたからだ。もしそうでないなら、テザーは最初にこんなふうに長々とボスについての説明をしないはずだ、と。

「ご存じのように、残念ながら賞金は3位以上のチームにしか与えられません」テザーは言った。「しかし、賞金を受け取れないチームも含め、ここにいるすべての人々が勝者と呼ぶに相応しい。みなさんは、実に素晴らしかった」

テザーは、ジャッジの採点基準を説明した。採点では、レース中に頭上を飛行していたヘリコプターから撮影した動画も使用された。最初にフィニッシュした3チームは、どれも重大な交通違反を犯していなかった、とテザーが付け加えた。アームソンの胸は高鳴った。ボスもジュニアも交通ルールを破っていないのなら、タイムが一番早かったロボットが優勝するはずだ――。テザーが発表した。３位は――バージニア工科大学。チームリーダーが壇上に登り、ノーム・ウィテカーから「50万ドル」という額面が記載された特大サイズの小切手を受け取った。

２位の小切手は茶色のクラフト紙で覆われていた。「１００万ドルを手に入れるのは？」テザーは大声を上げ、固唾を呑んで２位の発表を見守る観客をじらした。「ジュニア！」テザーが叫び、特大サイズの小切手のクラフト紙を引き剝がした。

これでカーネギーメロン大学の優勝が決まった。アームソンやウィテカー、セルスキーは、歓喜に沸くというよりも、むしろほっと胸をなで下ろしていた。大きな目標を成し遂げた。ついに、優勝を勝ち取った。私はステージに走り寄り、タータン・レーシングのチームが小切手を受け取る瞬間をカメラに収めた。偉業を成し遂げたチームは、みな顔を輝かせていた。

「真の勝者は――」テザーがしばらくして言った。「このテクノロジーだ」。その通りだった。このレースは、コネクテッド、シェアド、ドライバーレスな車両の未来が可能であることを示す、ターニングポイントになった。後に私は、次のレースが開催される可能性はあるかとテザーに尋ねた。「ない」ＤＡＲＰＡのディレクターは答えた。「ミッションは達成されたからだ」

レースの関係者全員が、高揚した気分で会場を後にした。

ラスベガスの空港で、ＤＡＲＰＡアーバンチャレンジの帽子を被ってフライトを待つレッド・ウィテカーを見つけたティーンエイジャーが声を掛けた。「あのレースに出たの？」

「優勝したのさ」ウィテカーは言った。

アームソンはテレビ番組の『トゥデイ』にボスと共に出演し、視聴者に史上初の自動運転車の都市型レースに優勝した車両を披露した。私は2008年の初めにボスをラスベガスに連れて行き、コンシューマーエレクトロニクスショーのGMブースで展示した。ウィテカーやアームソン、セルスキーらチーム全員の仕事に強い感銘を受け、その努力に心から感謝していた私は、DARPAがチームに与えたものよりも大きなトロフィーのレプリカを、メンバー1人ひとりに授与する特別な授賞式を催した。「タータン・レーシングチーム、カーネギーメロン大学、そしてGM、コンチネンタル、キャタピラーらパートナーの皆さんの素晴らしい業績に感謝する」私は式典で言った。「あなたたちとボスは歴史を作った。このレースを極めて意義深いものにしているのは、出場したボスをはじめとするロボットが、自動車の新しいDNAを表しているからだ。これは将来的に、今日の自動車に取って代わる新しいDNAになる」

私はこのチームが成し遂げたことに感激していた。この1年を通して彼らをよく知ったことで、その能力や特性、勝利への情熱を尊重するようになった。このレースで優勝できたことは、GMにとっても喜ばしいことだった。生き残りのために戦わなければならない時代を迎えていた私たちの会社にとって、どんな良いニュースも士気を高める材料になったからだ。

ラスベガスに戻り、GMのスタッフがメディア向けにボスのデモをしたとき、記者の1人から、米国の道路を自動運転車が走り始めるまであとどれくらいの時間がかかると思うかと尋ねられた。「10年」と私は答えた。根拠があったわけではない。ただ、頭に浮かんだ数字を口にしただけだった。

記者は私の頭はおかしいと思ったようだった。それは2008年1月のことだった。

それからわずか10年後、私の思いつきの予測が正確だったことが判明する。

第Ⅱ部

自動車の新しいDNA

第4章

陸に上がった魚

不適合者は、みな似ている。
――出典不明

ビクタービルからデトロイトに戻ったとき、私の気分は高揚していた。DARPAが開催した3つの自動運転チャレンジによって、エンジニアとコンピューター科学者のコミュニティが誕生した。このコミュニティが、今後の自動運転技術が大幅に進歩する原動力になることが期待できた。DARPAは一部の物好きな研究者や愛好家が熱中したニッチなプロジェクトをうまく活用して、社会変革への道のりを切り開いた。数年後には、アンソニー・テザーが開催した3つの大会は、大きな波及効果をもたらしたと称賛されることになるだろう。DARPAは2005年の第2回大会に約980万ドル、アーバンチャレンジには2500万ドルを費やした。これは賢明な投資だった。新しい形の輸送市場の創造に貢献したからだ。この投資は、人々が望む場所に望むタイミングで移動するための、安全で安価で効率的な方法を新たに開発することに拍車をかけた。しかも、環境への影響を最小限に抑え、数兆ドル相当の資源を節約できる方法で。

この新たな市場を実現するのは、自動運転技術だけではない。同じく重要な役割を果たすであろう潮流が、他に2つある。1つは車両の電動化だ。これによって製造が容易になり、石油エネルギーに依存しない自動車が登場する舞台を整える。もう1つはウーバー(Uber)やリフト(Lyft)に代表される移動のサービス化だ。これは消費者を自動車の個人所有から、さまざまな方法でモビリティを利用するライドシェアリング・サービスに移行させるための舞台を整える。ユーザーは使用回数や走行距離、毎月のサブスクリプションといった形で料金を支払えるようになる。

これらの潮流が結びつくことで、大きな転換期が訪れようとしている。これは自動車業界のみならず、人々の移動手段そのものを再定義する、100年に一度の大変革だ。未来の世代は、20世紀から21世紀初頭にかけての人間の移動方法が、とてつもなく無駄だったと思うはずだ。彼らは、映画やテレビなどを通してこの時代の人々の生活様式を知り、ショックを受けるだろう。

2016年に制作されたミュージカル映画、『ラ・ラ・ランド』のオープニングを例にとろう。この映画は、ロサンゼルスのドライバーにとってお馴染みの、大渋滞する片側4車線の高速道路という光景から始まる。退屈したドライバーたちは窓側に身をもたれ、ラジオを聴き、他の車の様子を覗いている。1人の女性が歌を歌い始める。車から降り、路上で踊り出す。すぐに他のドライバーたちも加わり、賑やかな大合唱と踊りが始まる。大勢がキャッチーな歌をうたい、派手な振り付けでダンスを踊る曲の終盤の盛り上がりのなかで、突然トラックの荷台が開いてケトルドラムの演奏家が出てきたり、どこからともなくモトクロスの自転車やスケートボーダーが現れたりもする。未来の世代の人間は、このシーンを理解することはできるだろう。しかし高速道路でたくさんの車が止まっているという事実は理解できず、「交通渋滞って何?」と尋ねるはずだ。未来ではコンピューターで管理されたロボットカーが効率的に道路を行き交うので、渋滞を経験したことがないからだ。「なぜこの時代の車はあんなに大きかったの? なんであんなに車が大きいのに1人しか乗っていないの?」。そして彼らは2人乗りの自動運転電気自動車をアプリで呼び出し、1、2分で到着した最高速度時速約70kmの車に乗り、目的地に移動していくだろう。

私自身も、この破壊的イノベーションの推進に尽力してきた。カーネギーメロン大学とスタンフォード大学のチームがDARPAチャレンジに取り組んでいたとき、私はゼネラルモーターズ(GM)の研究開発・計画部門の長として、車はもっと合理的で持続可能なものになるはずだと各所で提唱してきた。私はこの本の冒頭に記した数字に突き動かされていた。個人所有車は95%の時間稼働しておらず、稼働する場合も7割は1人しか乗っていない。そのほとんどは化石燃料で動き、そのわずか1%のエネルギーしかドライバーを直接移動させるために使われていない。完全に非合理的だ。

この非合理の理由を理解するには、過去に目を向ける必要がある。

その歴史は1876年、ドイツのニコラウス・オットーが4ストロークの内燃エンジンを発明したことから始まった。元従業員のゴットリーブ・ダイムラーがこの装置を小型で強力なものにして客車を引っ張れるようにしたのが1885年。同年、同じくドイツでカール・ベンツが自動車を開発し、1893年、マサチューセッツ州スプリングフィールドでチャールズとフランクのデュリア兄弟が米国の道路で初めてガソリン自動車を走らせた。1863年にデトロイト郊外の農家に生まれたヘンリー・フォードは、1903年6月16日にフォード・モーター・カンパニーを設立。それまでは富裕層しか手にできなかった自動車を、大量生産という手法を用いて低価格を実現、一般に広めた。

そして〝車は誰もが所有すべきもの〟という彼の考え方のもと、この国を人々が車を所有することを望める場所ではなく、誰もが車を所有しなければならない場所にした。収入のかなりの部分を、5人乗りの車の購入費や維持費に費やすのは理にかなっているのか？　しかも乗車するときはたいてい1人で、1日30分しか乗らず、ほとんどの時間は交通量の多い場所をゆっくりと進むだけなのに？　だがモデルTくらい安く買えるのなら、そんな疑問も気にならなくなる。

カーガイ、ビーンカウンター、リフォーマー

自動車はいつから米国の同義語になったのだろう。自動車工場が軍隊向けに飛行機や戦車をつくっていた第2次世界大戦中？　ホットロッド（エンジンむき出しのスタイルでパフォーマンスやファッション性を競うモデル）やフィンテールのセダンができたばかりの州間高速道路を走り

回っていた50年代？　中流階級の家族が都市部を離れ、人間より車のために設計されたような2台分の車庫付きの郊外の家に移住した60年代？　どの時代も、自動車を米国の文化と密接に結び付けていった。ＧＭのＣＥＯチャールズ・ウィルソンは、アイゼンハワー大統領の国防長官に任命されるための公聴会で、「米国にとって良いことは、ＧＭにとって良いことだ」と述べた。マスコミはこれを逆さまにして、「ＧＭにとって良いことは、米国にとって良いことだ」と報じた。おそらくどちらも真実だ。当時のＧＭは米国最大の雇用主で、従業員数はデラウェア州とネバダ州の人口の合計よりも多かった。それだけに、「デトロイトにとって良いことは、米国にとって良いことだ」という風潮も見られた。デトロイトは米国であり、米国はデトロイトだった。

デトロイトを理解するには、その住人たちを知る必要がある。この都市と自動車産業を牛耳っているのは「カーガイ」だ。運転が好きで、車が好きで、馬力とエンジンとオイルが好きな人たちのことだ。内燃エンジンの振動や、アクセルを踏み込んだときにシートに背中を押しつけられる感覚を何よりも愛し、排気ガスを肺いっぱいに吸い込み、手をエンジンオイルまみれにしているときに幸せを感じるタイプの人間。カーガイは、自動車会社の幹部にも、組み立てラインで働く労働者にもいる。新車に関する細かな最新情報を絶えず頭のなかに叩き込んでおくことが生き甲斐になっている熱烈な車好きも、派手なバンパーステッカーをピックアップトラックやホットロッドに貼り付けて町を走り回る人たちもカーガイだ。

ジャーナリストのデイビッド・ハルバースタムが自動車産業の歴史を描いた『The

Reckoning』［邦題『覇者の驕り――自動車・男たちの産業史』（新潮文庫）］の中に登場するある人物は、「この手の輩の問題は、頭の中を開くと脳みその代わりにキャブレター（燃料と空気を混合する装置）が入っていることだ」と言う。カーガイたち（そのほとんどは男性だ）が考えているのは、愛車の馬力を少しでも上げ、ボディをクロムめっきでピカピカにして、どこまでも快適に、思いのままに運転できるようにすることだけ。少しばかり燃費が悪かったとしても、ガソリンの値段が安く、道が空いている限り、何の問題もなかった。「小型で燃費の良い、窮屈な外国車に乗る米国のインテリ層は、国産車の粗さや派手さを馬鹿にした」とハルバースタムは書いている。「リベラルな知識人にとって、デトロイトは米国の生活の過度な物質主義を象徴するものだった。（中略）だがデトロイトは、この手の批判などどこ吹く風だった」

GM時代の私の身近にも、典型的なカーガイがいた。たとえば葉巻をくわえ、ヘリコプターを操縦し、GMの製品開発部門を率いていた、ボブ・ルッツという銀髪の荒っぽい幹部だ。業界イベントでは必ず腰巾着のようなメディアに取り囲まれていた。ルッツのようなカーガイは、5億ドルの追加予算を運良く手にすると、凄まじい馬力の16気筒のキャデラックを開発しようとする。決してその予算を排気ガスの削減やエンジンの燃料効率の向上のために使ったりはしない。ましてや、ガソリンに取って代わる新しい推進技術を開発するための資金にすることなど微塵も考えない。

デトロイトには他にも典型的なキャラクターがいる。たとえば、数字ばかりを気にしているために、「ビーンカウンター」(豆を数える人)と揶揄される人たちだ。代表格は、フォード一族以外の人間として初めてフォード・モーター・カンパニーの社長に就任したロバート・マクナマラだ。後に国防長官を務め、ベトナム戦争での米軍の増強を推し進めたことでも知られているマクナマラは、他のビーンカウンターと同じく数字にめっぽう強いが車には関心がなく、金を稼ぐことばかり考えていた。カーガイはビーンカウンターを嫌う。だが、カーガイがもっとも忌み嫌うのは、「リフォーマー」(改革者)だ。

リフォーマーは、自動車産業の行き過ぎに歯止めをかけようとする人たちだ。ガソリンを無駄遣いして排気ガスをまき散らす自動車のあり方に異を唱え、高速道路の建設のためにこれ以上農地をアスファルトで覆ったり、ブルドーザーで自然を開拓したりするのを止めさせようとし、交通事故の死者数を減らすための法律を議会で可決させようとする。それは、リフォーマーのなかでも極めて影響力が大きい、ワシントンDCで活動したコネチカット州出身の弁護士ラルフ・ネーダーが意図していたことでもあった。ネーダーの1965年の画期的な著作『Unsafe at Any Speed』は、自動車産業に安全な車を製造することを促し、この類いのテーマの本としては異例のベストセラーになった。この本は、デトロイトが製造する自動車はブレーキ性能の悪さやステアリング系の材質の悪さ、衝突保護機能の欠如など、安全性の面から改善すべき点が多いと警鐘を鳴らした。この本がきっかけとなり、自動車事故の死者数を減らすだけでなく、事故そのものを防ぐことを目的とするNHTSA(National Highway Traffic Safety

Administration／米国運輸省道路交通安全局）が設置された。ＮＨＴＳＡによれば、ネーダーの本が出版された時点で走行距離1億マイル（1・6億㎞）ごとに約5人だった交通事故の死者数は、現在では1人に減っている。自動車業界を批判したことで、ネーダーはデトロイトから猛烈な反発を食らった。ＧＭは民間の調査員を雇い、ネーダーの評判を落とすようなスキャンダルを探させた。それから数十年間、ネーダーはデトロイトで友人をつくれなかった。それでも、自動車の安全性に対するその主張がもたらした効果には異論の余地はない。『Unsafe at Any Speed』が刊行されてから50年以上が経過し、ネーダーは米国だけで数百万人の命を救った。その功績が称えられ、２０１６年には米国の自動車殿堂入りしている。

ネーダーの登場後、現状を分析し、未来を予測し、現在の傾向が地球温暖化やエネルギー危機などの問題を引き起こす理由を指摘するリフォーマーが数多く出現した。リフォーマーは、自動車産業の外側からの批判者であるケースが多い（自動車業界がユーザーに提供している「自由」などのメリットを無視する傾向もある）。

ＧＭでＣＥＯリチャード・ワゴナー率いる戦略委員会のメンバーだった私は、インサイダーとしてデトロイトに関わっていた。自動車業界の幹部でありながら、持続可能性に反するデトロイトの傾向については反対していた。私は２つの世界を生きていた。大量のガソリンを消費する肥大化した車をつくるのを止め、もっと小さな〝都市型〟の車を製造すべきだと訴え、燃料電池やバッテリーを用いた新しい推進技術の開発に取り組んでいた。その一方で、ボブ・ルッツのような究極のカーガイと同じ会議室で時間を過ごしていた。私はルッツよりもネーダーとの共通点が多かった。なぜ自分がこのような特異な立場をとるようになったかを説明するために、ここで私自身の個人的な物語に少し触れさせていただきたい。

デトロイトに生まれて

私の故郷はミシガン州デトロイト。自動車王国として知られる街だ。当然、自然に車好きになってもおかしくはなかったが、自分のことをカーガイだと思ったことは一度もない。父と大叔父は、デトロイト郊外のポンティアック（今は無きGMのブランド名の由来になった場所だ）にあるサギノー・ストリートで24時間営業の食堂（ダイナー）を経営していた。客の大半は、近くのポンティアック・モーター工場で働く3交代制の労働者だった。１９６２年、11歳の私は、学期中の週末と夏休みの週5日、この食堂で兄と父、大叔父と一緒に働き始めた。午前5時から午後1時まで、料理を運んだり、注文をとったり、調理を手伝ったりした。一番面白かったのは日曜日の朝だった。兄と一緒に食堂で仕事を始めると、最初の数時間は、ポンティアックのルーズベルトホテルで一晩中飲み、ギャンブルをしていた男たちがやってくる。それから、夜勤明けの労働者が店に入ってくる。私は食堂での仕事を通じて勤勉な人々と接したことで、自動車業界に親近感を覚えるようになった。

10代の頃、金曜の夜になると友人たちはポンティアック・GTOやフォード・マスタングでデトロイトのウッドワード・アベニューを走り回っていた。私も人並みにエンジン・パーツをいじくり回していた。近所に住む友人の父親が自動車ディーラーのチーフメカニックをしていて、パーツをよく家に持ち帰ってきていたからだ。機械を分解して元に戻すのは好きだったが、エンジンをいじって馬力やスピードを上げることには興味が湧かなかった。ホットロッドのエンジンをさらに強力にするのは、ドライバーを大惨事に導くのと同じだと思えた。ボブ・ルッツはよく「ドライバーを殺すのはスピードじゃない。突然の停止だ」と冗談を言っていた。私には、どちらも危険だと思えた。

1969年に高校を卒業したとき、すでに兄はイースタン・ミシガン大学に、姉はセントラル・ミシガン大学に通っていた。食堂を営んでいた家族は決して貧しくはなかったし、中流階級として十分な暮らしをしていた。だが、3人目の子供を大学にやる余裕はなかった。そこで私は、ミシガン州フリントにあるゼネラルモーターズ・インスティテュート(GMI)を進学先に選んだ。自動車産業で働きたかったからではない。この学校が、働きながら学べる「コープ・モデル」で運営されていたからだ。学生は1カ月半講義を受け、次の1カ月半はGMで良い給料をもらいながら働く。私は現在ケタリング大学と呼ばれているこのGMIで、銀行口座にお金を貯めながら大学を卒業することができた。学校では、数学に夢中になった。GMIで教わった問題解決の方法、エンジニアリング思考の美しさに心を奪われた。問題を定義し、分析とデータでそれを解決していくのが大好きだった。学校に通いながら労働の現場で経験を積めるのも、とても効率的だと感じた。私は5年間のプログラムを4年で終了し、1973年にクラスで2番目の成績で卒業した。

当時は、GMIを卒業しても世界最大の自動車メーカーで働くのは必ずしもお決まりのコースではなかった。私の徴兵抽選番号は283番だったので、ベトナム戦争に駆り出されることはまずなかった。それでも戦争は、私の心にも重くのしかかっていた。デトロイトには1967年に起きた暴動の爪痕が残り、進行中のウォーターゲート事件は米国政府に対する国民の疑念を引き起こしていた。この年の秋、アラブの石油禁輸措置によって原油価格は1バレル3ドルから12ドルへと4倍に急騰した。デトロイトの自動車産業は、ネーダーの本の長引く影響と同様に、厳格化が進む排出量規制にも苦しんでいた。こうした状況下で、自動車業界は必ずしも人気の就職先ではなかった。

GMIを優秀な成績で卒業した仲間の多くは、MBAの学費をGMが支払ってくれるハーバード大学院に進学した。だが私は、車を売って金を稼ぐ方法以外のテーマを研究したかった。興味があったのは、交通システムや、多くの人々が自動車を移動手段に選んでいる理由だった。私は、公共政策を学ぶためにGMから奨学金を得てミシガン大学院に進学し、エンジニア向けの経済学と政治学のプログラムを受講した。1975年に修士号を取得した後、GMの研究開発部門でエンジニアとして働き始めた。だがすぐに、GMで本当に自分のしたいことを追求するには博士号が必要だと気づいた。そこで、カリフォルニア大学バークレー校に入学し、工学と経済学、政策の観点から交通システムを研究すると決めた。人々の移動方法だけではなく、そのシステムそのものをどうすればもっと効率的にできるかを知りたかったからだ。

当時の愛車は花柄模様がペイントされたフォルクスワーゲン・ビートルだったが、バークレーに移動するためにシボレーのバンに乗り替え、キャンプ用にカスタマイズした。1975年の秋、西海岸に向けて出発した。あごひげを伸ばし、毛むくじゃらの髪をして、ヒッピー同然の身なりだった。GMから教育休暇をもらっていたので、その年の夏の間は雇用された状態のままだった。会社はカリフォルニアへの往復の旅費を負担してくれた。私は飛行機には乗らず、チケットを売って金に換え、車で移動することにした。ロッキーマウンテンやイエローストーン、グランドティトン、ヨセミテ、グランドキャニオンなどのいくつもの国立公園を通り抜け、大自然の中でキャンプをしながら西を目指した。1978年にバークレー校を卒業した後、マサチューセッツ工科大学（MIT）から助教授の口の誘いがあった。だがGMからもオファーがあった。高校を卒業して以来ずっと雇ってもらってきた会社への義理があると感じた。博士論文を締め切り直前に提出すると、バンに飛び乗り、ミシガンに戻った。1978年7月、数年経ったら転職しようと心に決めてGMの研究所で働き始めた。結局、この会社に30年間勤め続けることになる。

聞こえない日々を変えてくれたテクノロジー

世界最大の自動車メーカーで働き始めた私は、自動車業界の非合理性を最前列で観察することになった。社内では、数学を駆使して難しい問題を解決できる研究者として知られるようになった。1988年、GMの技術部門を統括し、後にクライスラーを経営することになるボブ・イートンにオフィスへ呼び出され、今後のキャリアの望みを尋ねられた。大学で学んだリサーチをしているときが一番楽しい、と答えると、「そうか。だが我々には他の考えがある」と返された。

私はイートンから、ビュイック、オールズモビル、キャデラック・グループの資源計画と生産管理を任された。上司は、無愛想だが心根の優しい幹部、ドン・ハックワース。後に私のGMでの親友の1人となる男だ。

GMの製品開発のアプローチは非生産的で、品質も競合他社に比べて劣悪だった。第2次世界大戦後、自動車産業は急速に成長した。莫大な利益が転がり込み、非効率や低品質は自動車に対する世間の大きな渇望によって覆い隠されていた。その後、1973年と1979年に石油危機が起こり、自動車が大気汚染に及ぼす影響についての社会的な問題意識も高まった。80年代は好景気だったので、無駄や非効率性に対処しなくても輸入車と戦えた。だが90年代初頭の景気後退で需要が鈍化すると、デトロイトは窮地に追い込まれた。特にGMは火の車になった。ハックワースの試算では、会社は必要な労働者の2倍の人数を雇っていた。UAW（全米自動車労働組合）との契約によって雇用が保証されていたことが、状況をさらに難しくしていた。私はハックワースに命じられ、閉鎖する工場を決定する秘密の委員会のメンバーになった。選定プロセスは非常に物議を醸すものであったため、閉鎖候補の工場のリストは手書きのものを1つだけ作成し、私がその用紙を肌身離さず持ち歩いていた。ある日、デラウェア州ウィルミントンの工場を閉鎖する計画があるというニュースが流れた。メディアは私たちを、純真な労働者から生活の糧を奪う冷血な企業側の人間として描いた。翌朝、ハックワースはひどく落ち込んでいた。新聞記事が原因なのかと尋ねた。「ラリー、そうじゃない。昨夜、ニュースが報じられた後、ウィルミントンの時給労働者が1人、自殺したんだ」。この一件は私にも堪えた。平然と受け止められるような出来事ではなかった。それでもGMが難しい局面を迎えていたことに変わりはなかった。工場を閉鎖してコストを削減しなければ、破産してしまう。

実際、私は90年代前半の不況時にGMは倒産すべきだったとすら思っていた。UAWと契約していたために、この会社はたまたま自動車を製造している医療会社のようなものになっていた。破産をすれば新しい労働契約の交渉が可能になり、それまでのように医療や年金の義務を過剰に背負わなくてもよくなる。だが現実的には、GMはなんとか危機を乗り越えた。90年代半ば、私は当時GM北米の社長だったリチャード（リック）・ワゴナーの下で、計画部門の責任者としてGMの効率化を図った。どんなふうに製品を開発し、品質プロセスを改善すべきか――。何であれ、リックは私に課題を投げかけた。私が取り組んだことのなかには、振り返るといささか常軌を逸していたと思えるものもある。たとえば私たちは毎年、丸1年をかけて会社の10年計画を作成していた（私はその後、これを5年計画に変更した。10年先の将来について細かな計画を立てるのは時間の無駄だと思えたからだ。同じく、必要に応じて1日単位で計画を更新できるプロセスも開発した）。

同じ頃、私は個人的な試練に遭遇し、それがきっかけでテクノロジーの力についての考えを改めることになった。20歳のとき、突然右耳の聴力を失ったのだ。不安になり医者に診てもらったが、原因はわからないと言われた。しばらくすると片耳だけで音を聞くことに慣れ、そのまま特に何も考えずに数年が経った。1993年のある木曜日の夕方、テレビでコメディドラマの『となりのサインフェルド』を見た後、ベッドで横になった。夜中に目が覚めたとき、両耳がまったく聞こえなくなっていた。妻のセセに病院に連れて行ってもらったが、医者は原因不明だと言う。セセは金曜日に私の上司のハックワースに電話して事の次第を伝えた。ハックワースは月曜日にオフィスで私に会うと答えた。私にはその答えが、少し冷たく思えた。自分が最後に耳にした言葉が、あのコメディドラマの登場人物、ジェリー、ジョージ、クレイマー、エレインのかけあいになるかもしれないと思うと動揺した。だが結局は、ハックワースの対応は、まさに私が必要としていたものだった。私は耳が聞こえない状態に留まるべきでも、それについて憂鬱になるべきでもなかった。私はすぐに、耳が聞こえなくなったという事実を受け入れ、人生に正面から取り組み始めた。月曜日の朝に出社すると、ハックワースが週末に速記者を手配していてくれたことがわかった。会議に出席して、私のために他の参加者の発言を書き取るためだ。ハックワースは私の秘書にもこの変化に対処するための準備をさせ、部門のスタッフにもどんな対応をすべきかを伝えた。私は、読唇術の講義も受けた。それは同僚とのコミュニケーションに役立った。例外は、GMのスタンピング工場の責任者だったトム・ブレイディだ。口ひげを生やしていたので、口元の動きが私には見えなかったのだ。ある昼食会で、ブレイディがガムを噛みながらつまようじをくわえていた。私はただでさえ口ひげがあるから君の唇を読むのは難しいが、ガムとつまようじが加えられると完全にお手上げだ、と冗談を言った。ブレイディは笑い、ガムとつまようじをゴミ箱に捨てた。そして翌日、口ひげを剃って職場に現れた。私が彼の唇の動きをよく読めるようにするためだった。

私がテクノロジーについて楽観的な考えを持つようになったのは、耳が聞こえなくなってから1年後に手に入れた人工内耳のおかげだった。おそらく当時、世界でも人工内耳を使っているのは1000人もいなかったと思う。機器を初めて装着すると、強烈な感覚に襲われた。忠実度はそれほど高くなく、音質もチューニングの外れたAMラジオから聞こえてくるようなレベルだった。数カ月間も沈黙のなかで暮らしてきた後だったので、久々に聞く現実世界の音は不協和音を奏でるノイズのように感じられた。5分後、セセと聴覚学者のいる場所から離れてトイレに行った。トイレの前に立ち、用を足したとき、はっきりとその音が聞こえた。「うまくいきそうだ」部屋に戻り、セセに伝えた。翌月の1994年6月、初めて人の言葉を認識できた。カーラジオから聞こえてきた、O・J・シンプソンが白いブロンコで逃走した一件を伝えるニュースだった。驚異的なテクノロジーによって聴力を取り戻した私は、人類の難題を科学が解決する方法を直接的な体験を通じて理解できた。自動車産業の不合理性も、科学の力で乗り越えられるはずだと思えた。人々の暮らしは、テクノロジーによって改善できる――。1年間、聴覚を失った状態で生きたことで、障害者が自立のためにどれほど懸命な努力をしなければならないかという現実についての理解も深まった。誰もがそうであるように、障害者は自由を獲得することを何よりも尊重していた。自らの自律性(オートノミー)を――。

EV1プログラムでの挫折

1998年、GMに勤めて20年が経過したとき、当時の社長兼COO(最高執行責任者)、リチャード・ワゴナーから研究開発部門の責任者に命じられた。年間予算は約7億ドル。驚きの昇進だった。北米の計画部門の責任者の仕事はとても気に入っていたので、継続させてもらうことになった。新しい役職は、研究開発・計画部門のコーポレート・バイスプレジデント。わくわくした。これは、会社の遠い将来のビジョンを描く役割を担う仕事だ。当時のGMは世界最大の自動車メーカーだったので、業界の方向性に大きな影響を与えることにもなる。

私が研究開発部門を率いるようになったとき、GMはちょうどEV1プログラムを中止したことで大打撃を受けていたところだった。このプログラムは、大手自動車メーカーが大量生産した初めての電気自動車を一般ユーザーにリースするという画期的なものだった。ＥＶ１についてはすでに多くが語られてきたし、『誰が電気自動車を殺したか？』という優れたドキュメンタリー映画さえある。だから、ここでは細かな説明は省略させてもらう。

私が研究開発部門の責任者として仕事を始めたときの状況を説明しておこう。ＥＶ１は、カリフォルニア州による排気ガス規制への自動車業界の対応策として生まれた。90年代初頭、カリフォルニア州は「州で販売される車の一定の割合はゼロエミッション車にしなければならない」という法律を制定しようとしていた。そこで当時のＧＭのＣＥＯだったジャック・スミスが、ガソリンを一切使わないバッテリー式の電気自動車を製造するので、ゼロエミッション車に関する法律の施行を遅らせてほしいと州にかけあった。

カリフォルニア州は同意した。ＧＭのアドバンスト・テクノロジー・ビークル・グループは、革新的な2人乗りのクーペ型車両を開発した。搭載した鉛蓄電池によって、8時間の充電で約80㎞走行できる。現在の基準からすれば、たいしたことはないと思うかもしれない。シェビー・ボルトは9・5時間の充電で約３８０㎞移動できるし、テスラのモデルＳも、テスラが独自開発した壁用コネクタとデュアル充電器を使用すれば約6時間の充電で約５５０㎞走行できる。だが当時はこれでも画期的だった。私が研究開発部門を率いる2年前の１９９６年からＧＭがリースを開始したＥＶ１は、ユーザーに大好評で迎えられた。私もこの車をとても気に入っていた。ＥＶ１は空力特性が極めて優れていた。空気抵抗係数はわずか０・14（従来型のガソリン車の場合、優秀なものでも0・3程度)。車両用の動力に使う電力を残すために、ヘッドライトや冷暖房などのアクセサリーの電気効率もとてつもなく高い。電気自動車には、ガソリン車のようなアクセルを踏んでから実際に車が動き出すまでのわずかなタイムラグがない。人々はこのEV1で初めて、電気自動車の驚異的な反応の良さを体感した。アクセルペダルを少し踏むだけで、車は力強く前進する。

問題は、EV1の製造コストが恐ろしく高いことだった。1996年から1999年にかけて顧客にリースした1000台以上の車両の設計やエンジニアリング、製造には10億ドル以上が費やされていた。1台あたり100万ドル近くものコストだ。1991年と1992年にGMが破産しかけてからまだ数年しか経っていなかった。社内でも、EV1への投資は浪費であり、すぐに、少なくとも1年や2年先には利益をもたらすものに金を使うべきだという意見が多かった。80kmの航続距離を備えた2シーターの電気自動車の需要は大きくはないときに、年間数億ドルもの製造コストがかかるEV1をこれ以上生産し続けることはできなかった。リックはEV1プログラムへの投資を停止することを決定した。研究開発のVPに昇進を告げられたのと同じ会話のなかで、私はリックからアドバンスト・テクノロジー・ビークル・グループで他のプログラムに取り組んでほしいと頼まれた。

リックは後に、EV1プログラムを中止したのは自らがGMで犯した最大級の失態だったと回想している。リックは私にとって良き友人だ。今でも定期的に会っているし、心の底から尊敬している。その意見にも同意する。EV1を中止したとき、GMはバッテリー式の電気自動車でライバル社の5年は先を行っていた。2世代分の改良型バッテリーの開発も予定していた。生産開発用のニッケル水素蓄電池や、技術開発用のリチウムイオン蓄電池などだ（ニッケル水素蓄電池は鉛蓄電池の半分の重量と2倍のエネルギー貯蔵密度を特長としていた）。

EV1プログラムを停止したことで、GMは新たな困難に直面した。鉛蓄電池を一般向け乗用車の電気モーターに採用したのはEV1が初めてだった。私たちはこのバッテリーが安全だと確信していたが、念のため、販売ではなくリースという形態で世に出すことを選んだ。リースの期限が切れたら、車両をユーザーから引き取ることにした。それはメーカーとして、安全と責任の観点から賢明な判断だと言えた。だが、メル・ギブソンやトム・ハンクス、エド・ベグリー・ジュニアをはじめとするEV1の大ファンだったカリフォルニア州の著名人からは不満の声が上がった。加えて、回収した1000台のEV1をどうするかという問題もあった。研究開発部門の外部の人間がリサイクルのために車両を粉砕することを決定し、誰かが車両が壊される様子をカメラで撮影した。その映像は前述したドキュメンタリー映画『誰が電気自動車を殺したか?』でも使われ、それを観た人たちはGMが電気自動車を抹殺しようとしているかのような印象を抱いた。これは会社の広報的には大打撃だった。私たちはこのテクノロジー分野のリーダーシップを取るために、多額の投資をしてきた。それなのに、プログラムを頓挫させたことで、環境に優しい企業とは正反対のイメージを世間に植え付けてしまったのだ。

今にして思えば、私たちはＥＶ１プログラムを土台にしてハイブリッド車の開発に向かうべきだった。数年後、トヨタはハイブリッド車の「プリウス」を１世代目のモデルでは利益を上げられないと割り切ったうえで開発し、２世代目以降で改良を重ねていった。もしあのときのＧＭがこれは長期的に取り組む価値のあるプロジェクトだという認識のもとに、数世代の先のモデルまでは収益を見込めないことを受け入れていたら、ハイブリッドのガソリンエンジンとモーターを組み合わせたパワートレインを開発してＥＶ１のプラットフォームに搭載し、後部座席を加えた新型のハイブリッド車を、プリウスが登場する数年前に米国市場に投入できただろう。だが実際は、ＧＭよりも数世代分の経験を先に積んでいたトヨタが、エコロジカルな自動車メーカーとして世界に知られるようになったのだった。

私たちはＥＶ１を台無しにした。正直に言えば、その原因は短期間で利益を株主に還元しなければならないというプレッシャーや、90年代前半にＧＭを苦しめた医療や年金のコスト、経営再建のために重点的な事業に資金を投じなければならないという必要性のためだった。テスラが初めて発売した「ロードスター」も、15年も前にＥＶ１が登場したときほど革新的な車ではなかった。もしＧＭがあのプログラムを継続していたら、電気自動車のテクノロジーは現在よりもはるかに進んでいただろう。

自動車の未来を模索

GMは歴史的に、自動車業界の技術的リーダーだった。1999年にEV1で大失態を演じたリックは、再びこの地位を取り戻したがっていた。千年紀(ミレニアム)の変わり目も近づいていた。自動車が誕生してすでに100年以上が経過し、ゼネラルモーターズ（GM）も2008年に創設100周年を迎えようとしていた。GMは90年代前半に直面した苦境を乗り越えていた。SUVやピックアップトラックの販売は好調で、少々の非効率を許容できるだけの体力も取り戻していた。GMを再び業界の盟主として復活させるための方法は何か――。

ある日、リックと昼食をとりながら、自動車という乗り物がその誕生以来ほとんど変わっていないことについて話をした。燃料はガソリン、エンジンは内燃機関、4本のゴム製タイヤ、乗員を守るフロントガラスと4つのドア――というモデルTで用いられたパラダイムは、現代でもまったく変わっていない。リックは、自家用車を所有することのマイナス面を解消しながら、好きなときに好きな場所に個人の判断で自由に移動できるという、自動車のモビリティがもたらす真の価値――すなわち車を持つことで人が手にする自由――を維持する方法があるのではないかと考えた。デメリットを省き、メリットだけを顧客に届けるにはどうすればいいだろう？

リックから尋ねられた。次の100年に登場する車は？ もし現在のテクノロジーを駆使してまったく新たに自動車をつくるとしたら、今初めて自動車が発明されるとしたら、それはどんな形態のものになるだろう？

こうして、これまでの私のキャリアのなかでもっとも胸躍る研究と、モビリティ革命の第一歩を表す車両の開発が始まった。それは、米国人が移動する方法を根本から再考する機会だった。長年、自動車業界の非効率性や無駄を嘆き悲しんできた私は、ＧＭの多額の研究開発資金を扱う責任を担うことになった。それは、モビリティガイがカーガイとビーンカウンターに挑むことのできる、一生に一度のチャンスだった。

第5章

画期的なアイデア

それは目の錯覚ではない。実際にその通りに見えているのだ。
――スティーブン・ライト（ナックルボールで有名なMLBの投手）

「自動車を再発明する」という私たちの取り組みの成果は、9／11のアメリカ同時多発テロの4カ月後にデトロイトで行われた2002年の北米国際オートショーでデビューした。GMはこのイベントを重要視していた。それは大勢の聴衆に向けて、最大のビッグニュースを発表する場だった。メディアや業界幹部をはじめとする聴衆は会社にとってもっとも重要な人々だ（その多くは前日の派手なパーティーの酒がまだ抜けきっていない）。私もこの晴れの舞台に相応しい、最高のものを用意していた。自動車産業がそれまでに目にしたことがないような、不思議なコンセプトカーだ。

満員の聴衆が見つめるステージに向かってリチャード・ワゴナーが歩いていく。カーテンの後ろに立つ私の隣には、この2年間取り組んできた研究の成果が置いてあった。長年の研究結果を土台にして、私たちが開発した車だ。４つのホイールが、一般的な車との唯一の類似点だ。そのあいだにあるのは、厚さ20㎝ほどの平らで滑らかなシャシー（車の基本となるベース部分）。タイヤは通常の自動車用タイヤよりも幅が狭く、高さは60㎝とわずかに高い。シャシーは地上から見るとロングボードのスケートボードに似ているが、上にＳＵＶのボディを乗せられるほど大きい。

「本日――」カーテンの向こう側にいる私の上司がスピーチを始めた。「私たちが発表するコンセプトカーほど、ＧＭがこれまであらゆる展示会で発表してきたもののなかで重要なものもないでしょう」

この話を聞くまで、カーテンの反対側にいる聴衆のほとんどは、たとえばシボレー・マリブの新型や、せいぜいシボレー・コルベットの未来的なバージョンがステージに登場するのを期待していたはずだった。場内がざわめき立った。世界最大の自動車メーカーのＣＥＯ（最高経営責任者）が、ここまで大げさな予告をした。いったいどんなものが発表されるのか？　風呂敷を広げたリックは、それに見合うものを提示しなければならなくなった。

私は伸ばした手を、シャシーの滑らかな表面に走らせた。

「これから――」リックが言った。「革新的なコンセプトカーを発表します。文字通り、自動車を再発明できると言っても過言ではないほど革新的なものです」

リックは、私も執筆を手伝った原稿に沿って、しばらくスピーチを続けた。私は人工内耳のバッテリーが残っていること、ズボンのファスナーが上がっていることを再確認した。リックが言った。「それでは紹介します……オートノミー（Autonomy）！」

シャシーがカーテンを通り抜ける。紫色の光が、灰色の複合材料でできた筐体にきれいに反射した。

沈黙。次の瞬間、全員が一斉に息を呑んだ。好奇心が聴衆の心を奪う。ステージに登場した車と同じサイズの奇妙なスケートボードを見た聴衆の興味のそそられ具合は、私たちを満足させるのに十分だった。皆、これがいったい何なのかについての説明を待っている——。私はタイミングを見極めて、ステージに歩み出た。

「私たちはこのコンセプトカーを〝オートノミー（自律）〟と名付けました」と私は言い、ためをつくると、咳払いをした。「なぜなら、自動車にとって自由こそがすべてだからです。それは、好きな場所に、好きなときに、好きなモノや人と一緒に移動できる自由です。今日の最新テクノロジーに基づいて自動車を再発明するために、私たちは白紙の状態からスタートしました。だからこそ、まったく新しい、論理的で刺激的なデザインをゼロから作成できたのです。その結果、20㎝の厚さのスケートボードのようなシャシーを持つ、革新的な車体のアーキテクチャを創造しました」。数m離れた壇上では、このシャシーが水平方向に回転している。「4つのホイールには電気モーターが搭載されています。燃料電池スタック、水素貯蔵システム、制御装置、熱交換器も組み込まれています」

次に、オートノミーにはないものを挙げていった。「この車には、内燃機関エンジンがありません。トランスミッションも、ドライブトレインも、車軸も、排気システムも。ラジエーターも機械式ステアリングもブレーキもアクセルリンクもです」少し間を置いて、こう続けた。「電子、陽子、水、空気以外に動いているのは、ホイールとサスペンションだけです！」

このコンセプトカーの肝は、水素燃料電池を中心に設計していることだ。オートノミーは他に先駆けて、代替の推進システムが持つ可能性を車の設計に活かしていた。この新技術は、このプロトタイプの開発に携わったエンジニアやデザイナー（GM社内の燃料電池の専門家、科学者のバイロン・マコーミック、オートノミーのプログラム・マネージャー、クリス・ボローニ＝バード、GMの設計チームなど）を解放した。その外見から「スケートボード」と名付けられたシャシーの内部には、機械とパワートレインの部品がすべて格納されていた。車両に必要な部品のほぼすべてをデジタル化、小型化し、厚さ20㎝の厚板のようなシャシーに詰め込んだため、機械的な何かを搭載する必要はなかった。このシャシーの内部にある高純度の水素ガスのタンクが燃料電池のエネルギー源になる。燃料電池は水素と酸素を反応させ、電気エネルギーと水に変換する。車は各ホイールに1つ、合計4つ設置された電気モーターの力で前後に動く。

この直後、ステージにオートノミー・コンセプトカーの別バージョンが登場した。最初のコンセプトカーに比べると、車らしく見える。シャシーの上に光沢のあるグレイの車体が乗せられた、フロントにエアインテイクを備えたF1のレーシングカーのようなスタイルをしている。次に、この軽量の車体をシャシーから持ち上げ、別の車体に簡単に交換する方法を示した。そう、オートノミーでは、シャシー上に好みの車体を着せ替えることができるのだ。オーナーは、たとえば夕食に出かけるときにはスポーティなクーペ・タイプの車体を選択し、翌日に大勢の子供たちを乗せてサッカーの練習場に向かうときには積載容量の大きなSUVタイプの車体に交換できる。

水素燃料電池技術は、1842年に英国のアマチュア科学者の弁護士、サー・ウィリアム・グローブによって発明された。GMには燃料電池技術関連の車両の開発に長い歴史があり、1966年には史上初の水素燃料電池市販車「エレクトロバン」を発売している。だがエレクトロバンは大量の物理スペースが必要なバッテリーを採用していたため、人を乗せるスペースが少ないという欠点があった。オートノミーの開発メンバーである科学者のマコーミックは小スペース型の燃料電池の存在を知っていた。それは過去に、GMがジェミニ計画やアポロ計画などの宇宙開発ミッション向けに発明したものだった。

私はこのデトロイトのオートショーの舞台で、燃料電池車の利点を説明した。この車を動かすことで生じる副産物は水と熱だけ。二酸化炭素も窒素酸化物も発生せず、煙も出ない。テールパイプから滴り落ちる水は、人が飲めるほど純度が高い。スケートボード型の車両設計のアプローチによって、製造も合理化できる。ベースとなるスケートボードは、バージョン数を絞り込める。2人乗り用、4~6人乗り用、人と荷物をたくさん運べる大型のピックアップトラックやSUV用くらいの区分でいい。これらのスケートボードの上に取り付ける車体には、無限のバリエーションが考えられる。

「自動車の発明から100年が経過した現在――」私は言った。「パーソナル・トランスポーテーションがもたらす自由を享受しているのは、世界人口のわずか12%です。オートノミーは、この自由をもっと多くの人に届けます」

聴衆はオートノミーのコンセプトを気に入ったようだった。メディアにも好評で、ニューヨーク・タイムズ紙は「カール・ベンツが1885年に初めてのガソリン自動車を製造して以来の自動車技術のもっとも劇的な変化」、エコノミスト誌は「未来の車」と報じた。ブッシュ政権はこのショーで、米国の外国産石油への依存を減らすために燃料電池技術に投資する「フリーダム・カー」計画の全容を明らかにした。翌年、ジョージ・W・ブッシュ大統領が2003年の一般教書演説で燃料電池車の重要性を訴えたことで、オートノミー・プロジェクトへの注目はさらに高まった。「我が国の科学者とエンジニアは、水素自動車の市販化に向けた障害を克服しようとしている。今日生まれた子供が大人になり初めて運転するのは、水素で動く、無公害の車になるだろう」ブッシュは、オートノミー・プロトタイプの写真の前でポーズもとった。

ニューヨークの環境ライター、エリザベス・コルバートも燃料電池車を絶賛した。「SFの世界を別にすれば、このタイプの自動車はこれまで想像されていたなかでもっとも革新的な自動車の再発明であろう。この車は電源にもなる。オーナーは夜、電気で家を照らすことができる」

コルバートは、オートノミーのプロトタイプは「既存のものを改良するだけではなく、まったく新しい何かを実現することでさまざまな改良の可能性を一気に飛び越える、〝馬跳び（リープフロッグ）〟のようなテクノロジーの試み」だと書いた。私はこの表現が気に入り、後に同じような急進的なプロジェクトに関わったときに、よく思い浮かべた。

並べられた部品

２００２年のデトロイト・オートショーの後、私はオートノミーのプロジェクト・マネージャーであるボローニ＝バードにマコーミックのチームと協力してもっと実用的な車両を開発するよう依頼した。その結果として誕生したのが、「ＧＭハイ・ワイヤー」だ。燃料電池技術とドライブ・バイ・ワイヤ制御（電気アクチュエーターとソフトウェアを用いてステアリングやブレーキ、速度をコントロールする制御機構）を組み合わせたものとしては世界初の実際に動くプロトタイプ・カーだった。公開は２００３年9月。今回もスケートボード型のデザインのアプローチを採用し、主要なパワートレイン・コンポーネントを備えたシャシーの上にボディを着せ替えるという方法をとった。このため人間が乗り込む部分になるボディの設計には、制約がほとんどなかった。フロントガラスは巨大で、ミラーはなく、それが一般的になる10年も前にビデオカメラによる３６０度ビューを実現していた。ステアリングのメカニズムはビデオゲームのドライビング・コントローラーに似ていて、コラム部に2つのハンドルが時計の9時と3時の位置にあり、そのうちの1つを回転させると速度を制御できる。足元のスペースは広大で、プロバスケットボール選手4人が乗り込んでも快適だ。車両の中央にはセンタートンネルと呼ばれる出っ張りがないので、中に座ると、まるでたまたま椅子としてバケットシートが置いてある部屋でくつろいでいるような気分になれる。

私は燃料電池自動車に入れ込んでいた。マコーミックの研究室にも毎月のように招かれ、新しいイノベーションを実演してもらった。この研究室では、わずか数年で燃料電池スタックの出力密度を7倍に増やすことに成功した。つまり、スタックを小さくしながら、多くの電力を供給できるようになったのだ。当初、燃料電池は低温時での動作に不安があった。これはミシガン州のような寒い地域では大きな問題になる。だがマコーミックは、燃料電池の電力供給温度の範囲を改善していた。テクノロジーのコストも急速に低下していた。

燃料電池をはじめとする代替推進システムを支持したことで、私はデトロイトの自動車業界から変わり者と見られるようになった。カーガイのボブ・ルッツは「地球温暖化は完全なたわごと」と主張して話題を呼んでいた。だが私は、気候変動を認めている稀な自動車業界の幹部だった。2003年の私のプロフィールには、「魅力的で低価格の車で持続可能なモビリティを実現するというGMの目標を背後で支える人物として、自動車業界に名が知られる」と書かれている。「もし気候変動が事実なら」私は2002年にニューヨーク・タイムズ紙に語った。「影響は非常に重大であり、それに対処しないのは無責任だ」

環境問題についてあちこちで語ったことで、GM内部からも批判されるようになった。何しろこの会社の売れ筋の車は大型化する傾向があったし、人気のSUVも特に燃費が良いわけではない。メディアはこの論争に注目した。私は代替の推進技術に対するデトロイトでの最大の擁護者としての評判を得た。おそらくそれが、エコノミスト誌から2004年に、テキサス州ヒューストンの石油業界の重鎮が参加する石油とガソリンに関する円卓会議で講演するよう招待された理由だった。

会議を前に、巨大な獣の胃袋のなかに突入するような不安な心境になった私は、自動車業界の大規模な変革の必要性を説くプレゼンテーションを念入りに準備した。その後何年にもわたって、何度も取り組むことになるテーマだ。「GMは、水素をエネルギー源とし、燃料電池で駆動するパーソナル・モビリティへの速やかな移行を実現することに、多くの魅力的な理由があると考えています」私はプレゼンを始めた。「現在、世界人口のわずか12%しか自動車を所有しておらず、将来的に大きな成長の機会があります。GMは残りの88%の人々にも、好きなときに好きな場所に移動できるという、マイカーがもたらす恩恵を享受してほしいと願っています」。私は目の前にいる石油業界の重鎮に、地球温暖化を悪化させることなくこれを実現させるために、持続可能な車が求められていると説明した。「こうした潮流のなかで、移動のための新たなエネルギー源を開発することが極めて重要になっているのです」

私がヒューストンでスピーチをしているとき、マコーミックらのチームは、公道走行を目的とする燃料電池のプロトタイプ「シークェル」の開発に精力を注いでいた。スケートボード型のシャシーをベースにしているのはこれまでのコンセプトカーと同じだが、他の点では従来型の自動車と似ていた。シボレー・ボルトを大きくしたような外見で、自動車ジャーナリストからは〝スポーツワゴン〟と呼ばれた。リチウムイオン電池と燃料電池の2つの代替推進システムを組み合わせ、1台の電気モーターで前輪を駆動し、それぞれの後輪に動力を与える2つの小型のモーターで加速をする。ブレーキをかけると回転するホイールの慣性によって発電し、それをバッテリーに蓄えて再利用する――現在では「回生ブレーキ」と呼ばれて広く用いられている手法だ。

この数年間、世界は激動の時代を迎えていた。9／11の余波、地球温暖化、アフガニスタンやイラクでの戦争、繊細な海洋生態系での大規模な油の流出事件などの大事件はすべて、何らかの形で自動車の燃料となるガソリンと結びついていた。燃料電池自動車も含む電気自動車こそが、自動車産業が直面する多くの問題に対する答えだと思われた。だがGM内部には、私が代替の推進システムの開発に資金を投じていることを批判する向きもあった。私はずっと、私たちのチームの予算を削減し、廃止しようとさえする取締役会に嫌気が差していた。会社は先端技術の開発に予算をかけることを批判しながら、内燃機関の燃料効率の向上や、温室効果ガスの排出量を削減のために多額の資金を費やしている。たしかに私たちのチームの取り組みには金がかかった。2005年にGMが先端技術の開発に投じた予算は約7・5億ドル。だがそれによって、画期的なアイデアがもたらされたのも事実だ。たとえば、オートノミーやハイ・ワイヤー、シークェルの基礎となったスケートボード型のアーキテクチャは、テスラが現在車を開発する手法ととてもよく似ている。

私たちの先端技術研究からは、GMと自動車産業全体にとってさらに厄介な画期的アイデアも生まれた。それは、私たちが開発した車を購入し、使用するユーザーにとっては素晴らしいことだった。

2005年頃にこの画期的アイデアが持つ意味を私に最初に示してくれたのは、当時「Eフレックス」と呼ばれるアーキテクチャを開発していたマコーミックだった。これはバッテリー式、ガソリン+モーターのハイブリッド式、燃料電池式など、さまざまな電気自動車に対応する単一のスケートボードを開発するという試みだった。マコーミックから、プロトタイプを考案したので会いに来てほしいと頼まれた。問題はなかった。私はマコーミックのためになら、いつでも時間を割く用意をしていた。

だが指定された場所は普通ではなかった。それは車両評価センターだった。自社製か他社製かを問わず、GMが興味を持った車を、その仕組みを理解するために分解するための巨大な倉庫型の施設で、フットボールコート5面ほどの敷地面積がある。たとえばBMWがミニクーパーを新発売したとする。GMはディーラーで1台を購入してこのセンターに運び、小さなナットとボルトに至るまで徹底的に分解する。メカニックは、分解した部品を車両の骨格の周りに整然と並べていく。すべてを並べ終えると、その光景は計算し尽くされた方法で爆破された車のように見える。

現地を訪れると、マコーミックに3つのベイがあるエリアを案内された。1番目のベイでは、完全に分解されたシボレー・マリブの部品が並べられていた。フロントとリアのバンパーやシート、4枚のドア、分解されたラジエーターやピストンなどの小さな部品だ。1万個もの部品があるように思えた。

「わかった」と私は言った。マリブの仕組みならもともとよく理解している。マコーミックが何を伝えようとしているのかがよくわからなかった。

次に見せられたのは、分解された第2世代のトヨタ・プリウスだった。このハイブリッド車は、いくつかの点でマリブよりもさらに複雑だった。従来型の内燃機関ガソリンエンジンに加えて、電気モーターと電力を供給するバッテリーパックを搭載しているからだ。プリウスを組み立てるために必要な部品の山は、マリブよりも大きかった。

「すごいな」私はマコーミックに言った。とはいえ、ハイブリッド・エンジンのメカニズムを理解している者なら誰でも、プリウスの部品がマリブより多いことくらいは知っている。

「待ってくれ。これからが本番だ」マコーミックはそう言い、私を3番目のベイの場所に案内した。目の前に並べられた部品を見て、マコーミックがなぜ私を評価センターに招いたかという理由がすぐにわかった。

「リックはこれを見なければならないな」私は言った。

「私もそう思う」マコーミックが言った。

そこで私はリックを評価センターに招き、マコーミックに案内されたのと同じ方法でベイに並べられた部品を見せて回った。3番目のベイに到着したとき、リックは私と同じくらいシンプルな反応をした。「これはEフレックスのアーキテクチャを分解したものだろう?」リックは言った。「だから何だ?」

リックの目の前にあったのは、バッテリーから燃料電池、ハイブリッドまで、さまざまなパワートレインに対応するように設計されている、「Eフレックス」と私たちが呼んでいる車両の部品だった。評価センターで分解したEフレックスは、水素燃料電池を搭載し、ドライブ・バイ・ワイヤ技術で制御されるバージョンのものだった。シボレー・マリブのような従来型のガソリン車に1万個の部品があるとすれば、この燃料電池自動車のプロトタイプの部品は約1000個。マリブの10分の1だ。バイロン・マコーミックはこの3台の車を分解して部品を並べることで、代替推進技術を用いた車の部品数が従来型の車に比べて桁違いに少なくなることを示そうとしていたのだ。当然それは、GMのみならず、地球上のすべての自動車メーカーやサプライヤーに大きな影響を及ぼすことになる。

自動車業界にはヒエラルキーがある。一番上に君臨するのは、人々が運転する車にブランド名が付いている、GMやフォード、フィアット・クライスラー・オートモービルズ、フォルクスワーゲン、ホンダ、トヨタなどの自動車メーカーだ。これらの企業は車を設計し、組み立てるが、部品をすべて自前で製造しているわけではない。その下には、ロバート・ボッシュやデンソー、デルファイ、ビステオン、コンチネンタル、マグナ・インターナショナルなどの自動車サプライヤーがいる。その企業規模は、自動車メーカーに匹敵する。さらにその下には、メガサプライヤーに部品を供給する小規模サプライヤーがいる。これらの企業が複雑に関係し合いながら、巨大なサプライチェーンが形成されている。

自動車ブランドが頂点にいるのは、車両の設計とエンジニアリングの仕様をコントロールしているからだ。この2つが、車を顧客にどうアピールするか、車をどう製造するかを決める。自動車のように複雑な機械を、製造10年後も動き続けるように組み立てることは、悪魔のように難しい仕事だ。従来型の自動車は加速やステアリング、ブレーキ、トランスミッションなどメカニズムを機械的に制御しているため、数種類もの可動部品がある。これらを1万回の使用に耐えうるように開発し、テストし、加工し、調達し、設計しなければならない。そのためには多くのノウハウが必要だ。

このような高度な製造技術が求められる業界はほとんどない。航空業界は自動車より部品の多い飛行機を製造している。造船業も同じだ。しかし製造される飛行機や船の数はとても少ない。自動車メーカーは、この複雑な機械を大量に生産する。排出ガス規制、燃費基準、安全性を満たしながらレスポンスとパワーを感じさせるガソリンエンジンを開発し、何千もの部品を正確に組み合わせるのは至難の業だ。精密な自動車を製造するには大量のエンジニアが要る。車を設計し、イノベーションを起こし、単なる部品の集まりではなく運転していて楽しいと感じさせる車をつくるためには、これら優秀な技術者の頭脳が欠かせない。

私たちはリックに、現物を用いて電気自動車の構造のシンプルさを示した。部品数が従来の自動車の10分の1なので、はるかに簡単に製造できる。特に、可動部品が激減することが大きい。ガソリンを使わないので、シリンダー内で発生する爆発を抑えるための重たいシリンダーブロックは不要になる。排気ガスを浄化するマフラーや触媒コンバーターを備えた排気システムも、点火プラグやキャブレター、バルブやファンベルトも、燃料噴射装置も、オートマチック・トランスミッションも必要ない。

このEフレックス・アーキテクチャには、車のフロントに電磁石とボールベアリング、回転軸を備えた電動モーターがあり、リアの各ホイールには同様のコンポーネントを備えたホイール・ハブ・モーターが搭載されていた。中央には燃料電池スタックと水素貯蔵容器、熱交換器があり、可動部品は比較的少ない。バッテリー式の電気自動車バージョンの場合、同じスペースにはバッテリーと充電機器が設置される。「コントローラー」と呼ばれるものもあった。簡単に言うと、車のメカニズムを連動させるための、ソフトウェアで制御するコンピューター・チップだ。

「必要な部品はこれだけか?」リックが尋ねた。

「そうです」私は言った。

リックは唸った。電気自動車とガソリン車の製造規模が大きく異なることを理解したのだ。

電気自動車は従来の10分の1ほどの労働力で車両を組み立てられる。製造が容易なので、全米各地の企業が参入できる。つまり、デトロイトの独占的な状況は失われる。

それだけではない。私はＧＭの研究開発部門の研究を通じて、自動車の製造費や価格を押し上げている真の要因は部品の数の多さであることを突き止めていた。ガソリン車と同じくらい大量に生産すれば、電気自動車ははるかに安価になる。かつ、信頼性も高まるはずだ。リックが瞬時に把握していたことは他にもある。それは、代替推進システムを搭載した車の肝となる部分だった。リックは目の前に並べられた部品が、従来の自動車で見慣れたものとは違うことに気づいた。電気自動車では、重要な専門知識はもはや機械的なものではなくなった。それは電気エンジンでもなく、ドライブ・バイ・ワイヤ制御でもない。

重要なのは、ソフトウェアだった。それ故、代替推進システムに移行するにはＧＭには根本的な変革が求められる。外注するサプライヤーの数も減り、販売する車の価格も下がり、ビジネスの規模は小さくなる。プロジェクトのエンジニアリングを担当するのは、複雑な内燃エンジンの専門家ではなく、コンピューターやテレビ、電子機器を動かすソフトウェアを開発しているプログラマーだ。

「これは、私たちが知る自動車産業に終止符を打つものになるな」リックがゆっくりと言った。

その場にいた私たちは、新しいテクノロジーがデトロイトに大きな変革を迫っていることを実感した。それは１９８０年代のコンピューター業界で、企業がミニコンピューターを使用・所有するという形態から、個人がパーソナル・コンピューターを使用・所有するという形態に移行したときにＩＢＭが直面した状況に似ていた。そのときＩＢＭは、コンピューター・チップの生産をインテルに、ソフトウェアのコーディングをマイクロソフトに外注した。コンピューターの真の価値がチップとコーディングにあることを見抜けなかったＩＢＭは、これによって凋落した。

電気自動車を製造するとなれば、ＧＭは重要な専門知識をサプライヤーに外注することを避けなければならない。これまでと同じようなビジネスを続けていれば、他社が開発した重要な専門知識をそのまま使い、パッケージを変えるだけで製品を販売する、パッケージ屋に成り下がってしまうリスクがあるからだ。私はこの評価センターで初めて、テクノロジーがデトロイトと自動車産業全体に変容をもたらそうとしている未来を目の当たりにしたのだった。

電気自動車の可能性

とはいえ２００７年当時、内燃機関が主流のデトロイトを代替推進技術が脅かすまでには、乗り越えなければならない壁がいくつもあった。私たちは5月15日の朝に、その1つに挑戦しようとしていた。ニューヨーク州ロチェスターの空には不気味な雨雲が浮かんでいた。傍にはジャーナリストとＧＭのエンジニアが数人。私たちは、水素燃料電池搭載車による史上最長のドライブに挑戦しようとしていた。世間は、代替推進技術を搭載した自動車に対して走行距離の面で不安を覚えていた。そのため私は、満タンまたは充電なしで４８０㎞以上走行できる車を開発しなければならないと常にチームに発破を掛けていた。これは当時の一般的なガソリン車が満タンで走行できる距離だ（現在の燃費の良い車ならもっと長い距離を走れるかもしれないが）。

5年という時間はかかったが、チームは新開発のシボレー・シークェルのプロトタイプで、480㎞という目標を計算上、水素タンク1つで実現できるところまで漕ぎ着けた。私たちはシークェルを2005年の北米国際オートショーで発表した。「オートノミーとハイ・ワイヤーはコンセプトカーでしたが、シークェルは私たちのビジョンが現実であり、高価格という問題はあるものの、間違いなく実現可能であることを実証するものです」私は聴衆に向けて語った。

ここニューヨークで、マコーミックらの試算が正しいかどうかをテストするために、ロチェスターの南、ハニーオイ・フォールズにあるGMの燃料電池活動センターから、ウェストチェスター郡タリータウンまでの480㎞を走行する。

私は屋外にいる100人ほどの人々を前に、シークェルをデモンストレーションする際のお決まりのスピーチをした。「私たちのビジョンは、内燃機関やガソリンを用い、大半を機械システムに拠っているという自動車の現在のDNAを、新しいDNAに置き換えることです。私たちは、機械的なものから電気的なものへと車が移行する動きは、馬からエンジンに移行したときと同じくらい革新的なものだと確信しています」

8時間半後、シークェルはタリータウンにあるリンドハースト邸までの489㎞を走り切った。タンクにはまだ2ポンドの水素が残っていた。あと64～80㎞程は走れた計算だ。

私はゴールを見届けるために集まった少数の人々に向けてスピーチをした。「この480kmのドライブによって発生した唯一の排出物である水で、ぜひ皆さんと乾杯をしたい」

2002年にオートノミーがデビューした直後、私は「GMが2010年までに燃料電池車の商用化を実現するのを期待している」と発言した。かなり背伸びをした目標であることはわかっていた。私のような自動車メーカーの幹部はよく、開発者をやる気にさせるためにこうした高い目標を口にする。それでも、もし2008年の金融危機や、オバマ政権が燃料電池自動車からバッテリー電気自動車へと重視する対象を移行させたことなどの重要な出来事が起こらなかったとしたら、GMはこの目標にかなり近づけていたはずだ。私の監督下でGMがこの目標にもっとも近づいたのは、現実世界で使用される燃料電池車を研究するために全米各地のユーザーに水素駆動のシボレー・エクイノックスを100台提供した、2007年の「プロジェクト・ドライブウェイ」の実施時だ。他のメーカーは、〝2010年までに燃料電池車を商用化〟という私の予想を実現しつつあった。ホンダは2008年に米国で燃料電池車の「クラリティ」のリースを、メルセデス・ベンツは2010年に4ドアセダン「F-Cell」のリースを開始した。ヒュンダイ自動車やトヨタも、水素ステーションが利用できる地域で燃料電池車を展開し始めた。

にもかかわらず、私たちのチームが研究開発を通じて蓄積した知見は、2010年後半に販売された、ガソリンエンジンとの併用で航続距離を伸ばせるプラグイン・ハイブリッド車、シボレー・ボルト（Volt）、さらにはGMが2016年後半に発売した、ガソリンエンジンに匹敵する航続距離を実現した初めての手頃な価格のバッテリー電気自動車、シボレー・ボルト（Bolt）などの他の電気自動車の開発に応用できた。

電気自動車は、北米ではまだその潜在能力を十分に発揮できていない。電気自動車を新車で購入するのはコストが高く、2、3年で手放すユーザーが多い。しかしモビリティの世界で生じた破壊的イノベーションのおかげで、電気自動車の初期費用がそれほど問題にならない時代が近づいている。そう遠くない将来、パーソナル・モビリティでは、今日のウーバーやリフトなどのライドシェアリング・サービスの自動運転版のような、サービスとしての輸送モデルが主流になるだろう。運送業者は、50万km弱の使用サイクルを通じて車両を所有するようになるはずだ。この未来は、私たちが考えるよりも早く近づいている。

それは、内燃機関の支配の終わりを意味するかもしれない。

第6章

〝あと少し〟では意味がない

ボクサーが一番辛いのは、グローブを嵌めたまま爪楊枝を使わなければならないことだ。

――フランク・〝キン〟・ハバード(アメリカの漫画家)

DARPAアーバンチャレンジの開催1カ月前の2007年10月、私はゼネラルモーターズ(GM)のCEOリチャード・ワゴナーと昼食をとった。リックはご機嫌だった。会社が困難な時期を乗り越えたばかりだったからだ。GMはここしばらく、強い影響力を持つUAW(全米自動車労働組合)から、デトロイトの自動車メーカーを代表する交渉相手として標的にされていた。議題の中心は、GMの従業員への医療費負担義務についてだった。60年代から70年代にかけて外国の自動車メーカーが米国市場に進出してきたとき、デトロイトはトヨタや日産、ホンダ、フォルクスワーゲンなどの外国企業の工場には自分たちのような従業員に対する義務がないので、競争は不公平だと文句を言った。たとえば2007年のトヨタの人件費は、年金と医療費負担義務を含めて1時間あたり約50ドルだったが、GMは80ドルだった。この1時間あたり30ドルの差に

GMの国内労働者7万3000人を掛ければ、当然製造コストは上がり、GM車の価格は数千ドル単位でアップする。これでは、消費者にとって魅力的な新製品を製造するのは難しい。過去2年間で会社は120億ドルを失い、数万人の雇用をカットしていた。こうした状況にうんざりしていたリックは、2007年9月末の交渉に向けて医療費負担義務の重荷を外す術を探るべく、チームに指示していた。私たちはUAWと協力して医療保険基金、「VEBA（任意従業員福利厚生基金）」を設立した。GMはこの組合が管理する新しい事業体に数十億ドルを支払うことで、時間給で働く従業員の医療費負担の義務を免除される。義務から解放されれば、私たちはようやく、良い車を売って金を稼ぐことに集中できるようになる。

労働交渉は難航し、UAWの代表ロン・ゲッテルフィンガーはGMの従業員に1970年以来となるストライキを命じた。労組側もGM側も、ストが長期化した事態に備えた。もしそうなれば、会社に大打撃を与えかねない状況だ。3日目の深夜、両者は合意に達した。GMが385億ドルを現金と株式で支払い、医療基金を設立する。時給労働者の採用時の時給も、28ドルから14ドルへと半減させる。メディアはこれを画期的な契約と呼んだ。「大きな一歩」と評価した専門家もいた。

GM側の人間は押し並べてこの合意に満足していた。会社の株価は1株あたり9ドルも上昇し、3年ぶりの高値となった。直後の戦略委員会では、それまでに見たことのないほどの喜色満面の笑みを浮かべているメンバーもいた。「この契約は、我が社が直面していた競争上のギャップを埋める」リックは声明で述べた。その昼食時のリックは饒舌だった。「これからは、順風満帆に航海ができるぞ」。会社の役員になって以来、リックの仕事は低下するGMの市場シェアと売上を食い止めることだった。これからはむしろ、会社の軌道を急上昇させる仕事に取り組める。戦略委員会の面々も今後の展開に前向きだった。ようやく売上を増やし、利益を生み出し、リックが築いてきたチームの本領を発揮できるときが来たのだ。私にとって何より重要だったのは、テクノロジーの進化によってモビリティの破壊的イノベーションが可能になった状況下で、それを実現させるための予算をついに得られるようになることだった。

だが自動車産業は、それを超える大きな力によって皮肉な状況に置かれてしまう。米国の自動車産業が長いあいだ悩まされてきた持続可能性の問題をようやく乗り越えられる状況が整ったと思われた直後、デトロイトは史上最大の危機に直面した。2008年に向けて、バッテリー技術は電気自動車を実用化に耐えうるだけの信頼性を高めていた。GPS衛星対応のマッピング機能によって自動車は地球上での自らの位置を特定できるようになった。スマートフォンの普及によってライドシェアリング・サービスを実現するインフラも整い、センシングテクノロジーによって自動車は周辺環境の詳細なイメージを取得できるようになった。コンピューターの処理能力は自動運転を可能にするほど向上していた。つまり、パーソナル・モビリティの世界に破壊的イノベーションを起こすためのテクノロジーはすでに実現していたのだ。あとはこれらを組み合わせるだけだった。そして準備が整ったちょうどそのとき、デトロイトは記録的なガソリン価格の高騰とサブプライム住宅ローン危機の影響を感じ始めた。自動車への消費者需要が低下するにつれて、業界で働くエンジニアは、時間との闘いに巻き込まれた。

このレースは、私がGMで過ごした最後の2年間を支配することになる。リックと昼食をとった数週間後、FRB議長のアラン・グリーンスパンは「住宅バブル」について言及した。住宅価格が下落し、住宅ローンの差し押さえが増え、一般人はウォール街のサブプライム住宅ローン危機が米国経済に悪影響をもたらす可能性があることにうっすらと気づき始めた。しかし、ガソリン価格が1ガロンあたり3ドルを超えても、その先に待ち構えている経済的混乱や、それが自動車産業に及ぼす影響をはっきりと理解している者はほとんどいなかった。

リックもそうだった。ハーバードビジネススクールのクラスメートから、セルフバランススクーターの発明で有名なパーソナル・モビリティ企業の「セグウェイ」の買収話を電話で持ちかけられたとき、どうしていいかわからず、私に相談してきた。「ヘルメットを装着して立ったまま街中を移動する、変わり者が乗るような輸送機の製造会社なんてGMが買うべき企業ではない」私は答え、さらにこう加えた。「でも、セグウェイとは別の形で協力できるかもしれない」

私はパーソナル・モビリティに関心を持つ者として、当然ながらセグウェイの動きは追っていた。発明者のディーン・ケーメンや投資家が2001年にこのパーソナル・モビリティ・デバイスを発表したとき、世間は大きく注目した。シリコンバレーのベンチャーキャピタリスト、ジョン・ドーアは、セグウェイの登場をインターネットと比較した。スティーブ・ジョブズも、セグウェイはパーソナル・コンピューターを上回るものになるとさえ言った。ケーメン自身も「馬車の世界に自動車が登場したときと同じように、セグウェイは自動車の世界に登場する」と自信満々に語った。私は自分が長年主張してきたことを口にしているのを知って以来、ケーメンに注目するようになった。「自動車は長距離を移動するのには優れた道具だ。だけど体重70kgの人間を近場に運ぶために1・8トンもの鉄の塊を動かすのは馬鹿げている」ケーメンはタイム誌でこう語っていた。

セグウェイの立ち上げから6年が経過していたが、ケーメンはおそらく事業規模を広げ過ぎていた。9000万ドルとも噂されるベンチャーキャピタル資金の一部を使用して、毎月4万台の生産が可能だと言われる敷地面積約7100平方mの工場を建設した。ケーメンの目標は1年目に5万台のセグウェイを販売することだったが、2007年に私たちと会った時点でもまだその台数を出荷できていなかった。それでも私はセグウェイに魅力を感じていた。パーソナル・モビリティを向上させようとする同社のアプローチには、一目置いていた。いわばGMとセグウェイは、同じ問題にそれぞれ異なる方向から取り組もうとしていた。GMは家族や荷物を乗せて高速で移動できる大型のSUVを、セグウェイは、交通量の多い都会の近距離を移動するための小型のデバイスを製造している。私には、両社が組めば、この中間に位置する製品を開発できるかもしれないという予感があった。

リックとセグウェイの買収話をしたとき、GMは2010年に開催される上海万博の独占的な自動車スポンサーとして、中国のパートナー企業、上海汽車集団と共に契約を結んでいた。私はGM中国支社の代表ケビン・ウェールから、万博のパビリオンでGMが世界に誇る技術力を示す展示をしてほしいと頼まれた。1939年のニューヨークでの万国博覧会で、GMが将来の米国州間高速道路システムのコンセプトを示した「フューチュラマ」と呼ばれる未来的なジオラマ展示に匹敵する何かを期待しているという。上海万博のテーマは「より良い都市、より良い生活」。つまり都市化に関するものだった。それは私が長年探究してきたテーマでもあった。現在、地球には約70億の人々がいる。その半数以上は都市部に住んでいて、毎年さらに大勢が都市部に流入している。それは交通渋滞や大気汚染を悪化させ、地球規模の気候変動の原因になっている。自動車が引き起こすこれらの問題について深く憂慮していた私は、この分野の専門家ビル・ミッチェルに連絡した。元マサチューセッツ工科大学（MIT）の建築学部長で、同校のメディアラボの「スマートシティ」プロジェクトの責任者を務めていたミッチェルと、クリス・ボローニ＝バードなどのGMのスタッフを交えてブレインストーミングを行い、GMの展示を〝20年後に交通量がさらに増加した上海が直面するモビリティの問題への解決策を提示するものにする〟というアイデアを思いついた。しかし2007年の秋の時点では、その解決策が具体的に浮かばなかった。時間が刻一刻と迫ってきたが、中国人の来場者を魅了できる良いアイデアは見当たらなかった。

私はセグウェイを訪問することで新しいアイデアが刺激されることを期待した。その秋、会社のエンジニアたちと共に、GMの社用ジェット機でセグウェイのニューハンプシャー本社に向かった。着陸後すぐに、同社のチーフエンジニア、ダグ・フィールドに会った。フォード社に6年間勤めた経験があるフィールドは自動車業界をよく知っていたが、新しいハイテクカルチャーにもしっかりと足を踏み入れていた。フィールドには、飾らず、自信に満ち、実直な、中西部出身者特有の雰囲気もあった。コンセプトカーの「オートノミー」の話をすると、フィールドはセグウェイ・パーソナル・トランスポーターも同じような設計原理に基づいていることを教えてくれた。各ホイールに1つの電動モーターを設置し、オートノミーのシャシーである「スケートボード」を半分に切ったような形のモジュールに組み込んでいる。

会議室に移動した後、私は〝テクノロジーで自動車業界の持続可能性の問題は解決できる〟と主張するプレゼンをして、セグウェイのチームに新しいタイプの車を想像してみてほしいと頼んだ。セグウェイと同じように電動で動き、都市部で2人を運ぶことのできる車だ。このアイデアは、GMが当時開発に携わっていた最先端技術である〝通信可能な自動運転車〟を、いくらか大型化させたセグウェイ・パーソナル・トランスポーターに搭載するというものだった。目的は、人口密度の高い都市部向けに設計された車を製造することだ。

ダグ・フィールドはこのアイデアを気に入ってくれた。しかも、セグウェイのエンジニアはすでに、少し手を加えればまさに私たちの目的にかなうかもしれない製品のプロトタイプの試験的な開発に取り組んでいるという。

2人乗りのiPod

セグウェイとGMがこのコラボレーションに関する契約を結んだ頃には、クリスマスが近づいていた。とても楽しみだ、とフィールドに伝えると、プロトタイプがある程度出来上がったら電話をすると返事があった。数カ月は連絡してはこないだろうと思った。何事にも時間がかかるのは、GMの仕事で慣れている。だがフィールドの仕事の進め方は違った。

セグウェイでは常に、型破りなプロトタイプをつくっていた。「フロッグ・デー」と呼ばれる、大胆な発想のエンジニアリング・コンセプトだけに取り組む日すら指定されていた。同社の創設者ディーン・ケーメンが、王女がカエルにキスをして王子に変えたというおとぎ話にたとえて名付けたのだ。エンジニアは、何であれ興味が湧いたものを開発できる。フィールドはこのアプローチをGM向けのコンセプトカーの製作にも採用した。トップエンジニアを集め、課題を与えた――小さなハイテク・スタートアップの少人数のエンジニアで、数千人ものエンジニアがいる世界最大の自動車メーカーの幹部をあっと驚かせる何かをつくるにはどうすればいい？

6週間後、2008年の冬の最中に、フィールドから準備ができたと連絡が入った。スケジュールを調整してすぐにニューハンプシャーに飛んだ。半信半疑だった。こんなに短い期間で、いったいどんなものをつくったというのか？

フィールドに見せられたのは、奇妙な形の車だった。セグウェイと同じくホイールは2つ。

パーソナル・トランスポーターのようなバランシング機能を搭載している。同社のスクーターとは異なりホイールベースを広くとり、2人掛けができる幅が確保されていて、ベニヤ板のベースに車のバケットシートが2つ取り付けてある。ステアリングのメカニズムはビデオゲームのコントローラーに似ている。棒状のハンドルをドライバーが前後に操作すると、それに呼応して車体は前後に動く。カーブの場合はハンドルを左右に傾ける。フロントガラスとルーフを支える保護フレームの材料は白いポリ塩化ビニール製の配管パイプだ。

黄の蛍光色ヘルメットをかぶったフィールドからオートバイ用の黒いヘルメットを渡され、運転席に座るよう手招きされた。セルフバランシングのメカニズムは、最初は落ち着かなかったが、すぐに自然に感じられるようになった。ステアリングにもすぐに慣れた。反応が良く、ハンドグリップをわずかにひねるだけで小型のモビリティ・ポッドを左右に操作できる。最初はまっすぐ走るのも難しかったが、少しするとコツをつかめた。何度か練習するうちに、セグウェイラボに設置されているワークステーションのあいだを走り抜けることもできた。スピードを出しすぎて、滑らかなコンクリートの床でホイールが鳴く音を響かせたくらいだ。

わくわくした。フィールドの仕事の速さが信じられなかった。GMなら、6週間の段階ではせいぜいコンセプトカーの部品を購入するための発注書を書いているくらいだろう。フィールドは、同じ期間にテストを繰り返し、完璧に動作するデバイスをつくりあげてしまった。フィールドにこのまま開発を進めてほしいと告げ、デトロイトに戻ると、CEOのリックに、あのコンセプトデバイスに乗ってみるべきだと説得した。リックとニューハンプシャーに戻ったときには、コンセプトデバイスはさらに洗練されていた。今回は、セグウェイが高速度でのテスト走行を実施している、古い倉庫跡に案内された。屋根を支えるI型の鉄柱の周りにはマットレスがダクトテープで貼り付けられている。リックはスーツとネクタイ姿だった。一方、ラバーメイド社製の庭用物置の周りには、ジーンズと半袖シャツを着たセグウェイのエンジニア数人がいた。フィールドがリックにPDAの端末を渡し、ボタンの説明をした。リックがボタンを押すと、ラバーメイドの物置のなかから電子的なノイズとビープ音が聞こえた。しばらくして、なかから誰も乗っていない小さなモビリティ・ポッドが現れた。前回のポッドと似ていたが、フロントガラスとルーフを支えるフレームの材質はより頑丈な金属になっている。バケットシートはロッキングチェアに置き換えられていた。

「この座席に見覚えは?」フィールドが尋ねた。

心当たりはあった。

フィールドがにやりと笑った。「クラッカーバレルのロッキングチェアです」

遊び心のあるセグウェイのエンジニアは、レストランによく置いてあるこのチェアを入手し、モビリティ・ポッドの制御装置に接続した。今回、操作はさらに簡単になっていた。ロッキングチェアに座って身を乗り出せばポッドは前に進み、背もたれに背中を押しつけると速度が落ちる。左右に曲がるときは、前回と同じくビデオゲーム式のコントローラーを用いる。バッテリーの出力が上がり、最高時速は約55㎞になっていた。すぐに操作に慣れ、自由に走り回った。倉庫内をスラローム走行し、ラバーメイドの物置に入ってみる。レスポンスが良く、直感的な方法で意のままに操れた。

リックがフィールドの手を握って言った。「素晴らしい仕事だ」「まるでｉＰｏｄの移動用バージョンだ」私は興奮して言った。このモビリティ・ポッドが小さく、電気的で、楽しく、便利だと思ったからだ。リックと、このモビリティ・ポッドの可能性について熱心に話しながらセグウェイを後にした。上海万博の目玉にするのに完璧に相応しいと思った。後で、このモビリティ・ポッドとｉＰｏｄには他にも共通点があるかもしれないと気づいた。ｉＰｏｄが音楽ビジネスに革命をもたらしたように、これは自動車業界に破壊的イノベーションを引き起こすものになるかもしれない――。

迫り来る危機

一方、サブプライム住宅ローン危機と高騰するガソリン価格のために、自動車業界は困難な状況に追い込まれていた。部品サプライヤーのデルファイは売上が10年ぶりに最低レベルに落ち込み、破産を免れるのに必死になっていた。ＧＭも苦労していた。私はセグウェイと2人乗りトランスポーターを開発する一方で、戦略委員会の他のメンバーと同じようにＧＭを破産から救うために手を尽くしていた。委員会の会議は、月に一度、デトロイトの高層ビル「ルネサンス・センター」のオフィス棟「タワー300」の35階で行われていた。GMの最高幹部13人が楕円形の会議テーブルを囲み、会社の運営のあらゆる側面について議論・検討する。2008年は経済危機の影響で消費の需要が落ち込み、自動車購入用の融資が得られにくくなっていた。会議は回を重ねるごとに、重苦しい雰囲気になっていた。

2007年、GMは全世界で936万台の車を販売し、76年連続で世界一の座を守った。だが2位のトヨタに3000台差と猛追されていた。ガソリン価格が1ガロンあたり3・50ドルに上がると、大型のSUVが売れ筋商品であるGMの旗色は悪くなった。米国の市場シェアは、わずか数カ月で26%から23%未満に低下。ピックアップトラックの販売は1カ月で17%減少したが、トヨタ・ヤリスのような小型車の売上は50%増加した。アナリストはこれを、過去数十年において消費者の好みのもっとも劇的な変化だと表現した。

2008年の初めに催された戦略会議で、GMのチーフセールスアナリスト、ポール・バリューが自動車業界の減速を予測する数字を発表した。過去10年間、米国人は年間1500万から1700万台の新車を購入してきた。だが2007年の後半、サブプライム住宅ローン危機の影響によって販売は低迷し始めた。バリューは2008年の米国での売上は1500万台を下回り、1400万台近くに落ち込む可能性があると語った。過去10年で最低の数字だ。翌月の会議では、さらに1350万台に下方修正した。その時点で、GMは月に10億ドルを失っていた。会社が保有する資金は約250億ドルへと激減していた。部品サプライヤーへの支払いに最低100億ドルの資金が必要になる。私はバリューに、年間売上が1200万台にまで下がった場合のシナリオはどうなるかと尋ねた。バリューは1200万台まで減少するとなれば、米国の自動車販売史上最悪の事態になると答えた。だが実際には、2009年の米国の年間自動車販売台数は1040万台にまで減少することになる。私たちはその時、状況がこれほど悪化するとは思っていなかった。

財務部門は会社の運用コストを削減するためにあらゆる予算を見直し始めた。2008年3月にCFOから社長兼COOに昇進したフレデリック・ヘンダーソンは、過去3年間で90億ドル削減してきたコストを、今後さらに40～50億ドル減らすと宣言した。会社はホワイトカラーの3割を人員削減し、国内の組み立て工場の多くを一時閉鎖し、いくつかの新型モデルの開発を停止した。こうした状況下で、GMのエンジニアリング担当バイスプレジデント、ジム・クイーンは、私たちがPUMA（パーソナル・アーバン・モビリティ＆アクセシビリティ）プロトタイプと呼んでいたものの開発に目を向けた。「PUMAは即刻中止すべきだ。今、我々はこんなものに金をかけている余裕はない」

私の研究費を削減したくなかったリックは、「破産は金が足りなくなることでも起こる。だが、技術力を失うこともその原因になる」と戦略委員会で発言した。とはいえ会社を取り巻く環境は厳しさを増し、どんな予算であれ削減の対象にしないわけにはいかなくなっていた。2008年の第3四半期の段階で、GMの手持ちのキャッシュは160億ドルほど減少した。100億ドルにまで減れば、破産がいよいよ現実味を帯びてくる。私は会社のコスト削減の努力には共鳴しつつ、最先端のイノベーションを人々に示さなければならないという圧力も感じていた。セグウェイとのコラボレーション・プロジェクトを死守するため、GM中国支社の代表ケビン・ウェールを米国に呼び寄せ、戦略委員会に私たちの仕事の重要性を訴えてもらった。ウェールは、それは人々の未来に貢献するといった大きな目的だけではなく、GMにとっての現実的な利益をもたらすとアピールした。すでにGMは2010年の上海万博でセグウェイと開発中の車のデモを行うと約束している。今万博から撤退すれば会社は赤っ恥をかき、GMにとって数少ない好調な市場の1つである中国での売上を確実に落とすだろう。こうした用語や政治的な配慮によって、PUMAプロジェクトはなんとか救われた。それでも毎日、ニュースの見出しは自動車業界のひどい出来事を報じていた。GMのサターンやサーブ、ポンティアックといったブランドは、コスト削減のために完全に死に体になっていた。自動車業界だけではなく、デトロイトのあらゆるものが悲惨な状況に陥っていた。この都市の終末論的な没落を象徴するかのように、地元のNFLチーム、デトロイト・ライオンズは2008年シーズンを16戦全敗で終えた。市長のクウェイム・キルパトリックは偽証罪などの不正行為を認め、秋に辞任した。GMはフォードとクライスラーと共に、連邦政府に救いの手を求めた。リックとフォードのアラン・ムラーリー、クライスラーのボブ・ナデリのCEO3人は、米国財務省や上院・下院議員にロビー活動を行うためにワシントンを何度も行き来した。「破産目前のGM、救済措置を求める」という見出しがニューヨーク・

タイムズの紙面に躍り、株価は65年ぶりの最低水準に落ち込んだ。タイミングも最悪だった。このわずか2カ月後に、1908年に誕生したGMは、創設100周年を祝おうとしていたからだ。

2008年11月18日、自動車業界の救済はクライマックスを迎えた。リックはムラーリーとナデリと共に上院銀行委員会に出向き、破産を回避するために250億ドルの支援を求めた。だが委員会はこの訴えを受け入れなかった。ABCニュースが3人のCEOが社用ジェット機でワシントンDCを訪れていたことを報じると（GMの社用機のコストは360万ドルだと伝えられた）、ワシントンの雰囲気はさらに悪化した。「ビッグスリーのCEOたちが勤勉な納税者が納めた血税を使って救済措置を求めるならば、金ピカの飛行機は会社に置いておくべきだ」とニューヨーク・タイムズは社説で痛烈に批判した。フォードはこれを機に自力で不況を乗り越える方向に舵を切った。翌月、退任間近のブッシュ大統領がGMとクライスラーに174億ドルのつなぎ融資を手配したが、この金が2社を救うのに十分だという幻想を抱く者は誰もいなかった。この融資は次の政権が成立するまで自動車メーカーの命をつなぎとめておくためのものだった。人々は、次の大統領はさらなる支援と引き換えに、自動車メーカーのトップの首をすげ替えることを要求するはずだと予測していた。もしリックがGMのCEO職を解雇されれば、私もどれだけ長くこの会社に居続けられるかわからなかった。

もし私がGMを去ることになれば、自動車業界は都市向けの合理的でゼロエミッションの車を開発する機会を逃してしまう。それだけに、セグウェイと共に開発中の車を一刻も早く一般公開したかった。幸い、良き友人のスコット・フォスガードがGMのショーの責任者を務めていた。マスコミから会社が〝馬鹿でかいガソリン車ばかりをつくっている〟と叩かれているのを知っていたフォスガードは、セグウェイのコンセプトカーを展示すれば、GMが環境問題に興味を持つ企業であることをアピールできるのではないかと考えた。フォスガードがこれを主張したことで、2009年4月のニューヨーク国際オートショーでPUMAを展示するための小規模な予算が得られた。私たちの小型2輪車のコンセプトカーは、まだ一般公開する準備が完全には整っていなかった。でも、他に選択肢などなかった。

親友との別れ

私たちがPUMAで世間の注目を集めるべく準備に邁進していたとき、バラク・オバマが米国大統領に就任した。2009年2月、自動車業界は28年ぶりの売上の落ち込みを経験した。年換算にすれば販売台数910万台。業界全体では前年2月比41％減、GM単体では53％減。業界の意見を代弁するかのように、あるアナリストは「現在の市場が今どれほど恐ろしい状況になっているか、驚くばかりだ」と語った。

GMはオバマ政権にさらに166億ドルを、クライスラーは50億ドルの融資を要求した。3月末が近づき、オバマが任命したGM再建のための作業部会は、融資を行うかどうか、行う場合はどのような条件を設定するかについての最終的な検討に入っていると目された。オバマ大統領はGMとクライスラーに関する長期計画について、3月30日月曜日に正式に発表すると宣言した。

3月の最終土曜日、デトロイト北西のフランクリン・ビレッジの自宅にいたとき、リックのアシスタント、ヴィヴィアン・コステロから緊急のメールが届いた。彼女のメールは、戦略委員会のメンバー全員が翌朝9時の電話会議に出席することを要請していた。日曜日だ。そんなことはこれまでに一度もなかった。メールを読み終えた私は、妻のセセに目を向けた。

「リックが何か問題を抱えている」

セセは私を安心させようとした。「たいしたことはないと思うわ。たぶん融資が得られたことをみんなに報告するつもりなのよ」

日曜日の朝、私は電話会議に参加した。他のメンバーが感じている不安が伝わってきた。リックは電話に出ると、すぐに本題を切り出した。「私は辞任することになった。後任のCEOはフリッツだ。これまでみんなと仕事ができたことに感謝する。ではフリッツに替わる」

私は落胆した。リックが辞める可能性が大きいのは知っていた。オバマ大統領は、救済措置を行う条件としてGMとクライスラーのトップを交替させることが期待されていたからだ。だが実際にそれが現実になると、ショックは大きかった。なにしろ13年以上、直属の上司だった人間だ。過去10年ほどは、年に20回から25回の国外出張をしてきたが、そのほとんどはリックと一緒だった。リックは私にとってこれまでで最高のボスであり、親友のような存在でもあった。

電話会議の終わりが近づき、胃がキリキリと痛んだ。「私も辞める」電話を切り終えると、すぐにセセに話した。「馬鹿な真似はやめて」と彼女は言った。

GMのジレンマ

2009年4月10日、ニューヨーク国際オートショーが開幕した。私たちはプレス向けのプレビューの前日、リックが辞任した1週間後の4月7日に、プロジェクトPUMAを発表した。フォスガードが、オートショーの会場であるマンハッタンのジャビッツ・コンベンション・センターの近くにイベントスペースを借りた。私たちはボローニ＝バードと共にコンセプトカーのデビューに備えた。私は今回の展示に不安があった。現時点のPUMAは単なるコンセプトカーでしかない。通信や自走の機能を組み込み、ガレージからの呼び出しや衝突の回避、交差点や渋滞での自動運転ができるようになることを計画してはいた。だが、今回のデモのバージョンにはこれらの機能は組み込まれていない。フロントガラスに周囲を黄色いテープが貼られたPUMAは、見るからに実験的に製作されたプロトタイプだった。

公式発表の前日、ニューヨーク・タイムズの社屋に赴き、自動車担当の記者にPUMAのビジョンを説明した。厳しい質問がくるのは予想していた。だが、GMのやることなすことに対してこれほどまでに敵意をむき出しにされるとは予想していなかった。私はPUMAの趣旨を理解してほしかった。GMはこのプロジェクトで世界をより良い場所にしようとしている。だがGMに対して冷笑的な記者は、迷わずＰＵＭＡにも批判的な目を向けてきた。

「なぜ今、ＧＭがＰＵＭＡのようなコンセプトカーをつくるのか？」記者の1人が、これまでＳＵＶを売って利益を稼いできた自動車メーカーが、駐車スペースに6台が収まるほど小さな2人用モビリティ・ポッドのコンセプトカーを突然つくった理由を探ろうとした。私は、それが可能だからだ、と答えた。テクノロジーは、この類いのモビリティ・ポッドを実現できるだけ進歩している。加えて、これらはつくらなければならないものでもある、とも言った。35セントの電気料金で航続距離約55㎞、最高時速55㎞が可能なＰＵＭＡは、都市部では移動手段の第1の選択肢になり得る。運転手1人しか乗っていない大きな5人乗りの車で道路を隙間もないくらい大渋滞させるよりも、交通のあり方としてはるかに理にかなっている。

私は、ＧＭは数年以内にＰＵＭＡを市販するだろうと語った（後に「２０１2年までに」と言うようになる）。懐疑的な記者からＰＵＭＡの開発費用を尋ねられたので、ＧＭのエンジニアリング予算全体の０・５％だと答えた。このプロトタイプがＧＭの経営が悪化している原因ではないことも、くどいくらいに説明した。販売価格が従来の車の3～4分の1になることも。

少なくとも支持者は1人いた

火曜日の朝、私は一番にステージに上がり、プレゼンを始めた。聴衆の一部が懐疑的な見方をしているのを感じ取れた。「ＰＵＭＡとは、パーソナル・アーバン・モビリティ＆アクセシビリティの略語です。これは都市型の自動車を根本から変革するものです。都市部に住み、働く人が増えているという世界的な傾向に対処できます」

ＰＵＭＡのビジョンは、マンハッタンのような大都会を自律走行するポッドだった。〝運転手（ドライバー）〟、より正確には〝乗客（ライダー）〟はその間、好きに時間を過ごせる。メールやＳＮＳ、ニュースのチェック、読書、エンターテインメントやスポーツなどの動画鑑賞――。「私たちはＳＵＶで有名な企業でした。それは認めます」私はジャーナリストに向けて喋った。「だが今後は、ＵＳＶ（ウルトラ・スモール・ヴィークル）で知られる企業になりたい」

私の隣に立ったセグウェイのＣＥＯのジム・ノロッドが、このトランスポーターが完全な電気自動車であることを説明した。ＰＵＭＡは標準的な自動車のわずか10％のコストで維持できる。2輪車の特性を活かしてその場で回転できるので、最小回転半径はゼロ。従来型の車よりもはるかに操縦しやすい。

私はプレゼンを続けながら、ジャーナリストの反応を窺った。

「現状からすれば、なぜＧＭがこのようなプロジェクトに取り組んでいるのかと疑問に思う人もいるかもしれません。今後数カ月、さらには今年の残りの期間、ＧＭは会社の変革に全力を注ぐことになるでしょう。ＰＵＭＡプロジェクトは、この取り組みと一致するものです。これは先週、オバマ大統領とＧＭ再建のための作業部会が述べた内容とも一致しています。すなわちＧＭは、将来のためにクリーンテクノロジーやエネルギー効率の高い自動車の開発において、業界をリードすべきなのです」

その後、メディアにＰＵＭＡを試乗させた。記者は乗り心地を楽しんでいたようにも見えたが、記事の内容は好意的ではなかった。ＩＴ系のＷｅｂサイト「Geekologie」は「運転にまったく面白味が感じられない車」、別のＷｅｂサイト「Engadget」は「魅力のない人力車」と酷評。「機能を向上させた車椅子」という意見や、「人間が歩き回るのと同じ仕事ができる。でも、脚ほどシンプルでも便利でもない」というインターネットの書き込みも。ワシントン・ポスト紙は「単なるギミック。本物の車ではない」と手厳しかった。「オタクが買う物」と評価した若い記者もいたが、この記者は例外的にＰＵＭＡを褒めてもいた。「ちっとも進まないタクシー、渋滞で身動きがとれない車。従来型の自動車のあり方は行き詰まりを迎えているようだ。こうした状況を打開するのは、もともとは大学のキャンパスなどの試験的な環境でのみ販売されることが予想されている、ＰＵＭＡなのかもしれない」

リックが退任してから数日が経過していた。ＰＵＭＡは現在の実験的なプロトタイプの段階から進化した姿を上海万博で披露することになる。だが、私は自分が現地でそれを目にすることがないのを知っていた。これまで自分が担ってきた仕事は、ボローニ＝バードらエンジニアに引継がなければならない。ＰＵＭＡの発表は、ＧＭで私が世間の注目を集めた最後の仕事になるだろう。これは最後の仕事にふさわしかったはずだ。たしかにＰＵＭＡはニューヨーク国際オートショーで多くの批判を浴びた。だが私はこの車に秘められた可能性に自信を持っていた。

ニューヨーク国際オートショーの数週間後、オバマ政権は経営破綻したGMの再建計画を発表した。その結果、GMは12～20箇所の工場を閉鎖し、組合員2万1000人を削減し、2400店のディーラーを閉鎖することになった。私にとっては耐えがたい日々だった。自動車業界が抱える問題を解決できるテクノロジーがすでに実現していることがはっきりとわかっていながら、何もできずに指をくわえているしかなかったからだ。大統領が任命したGM再建のための自動車作業部会は、AT&Tの元会長兼CEOであるテキサス出身のエドワード・ウィットエーカー・ジュニアをリックの後任としてGMの新しい会長に迎え入れた。ウィットエーカーは戦略委員会の前に姿を現すと、さっそく「死にものぐるいで逆境を乗り越えろ」式の叱咤激励を開始した。私たちメンバーはそのデリカシーのなさに苛立った。

2009年5月、私はここしばらくのゴタゴタから生じた心労に耐えられなくなっていることに気づいた。それまで35年間、ランニングを日課にしてきたが、階段を上るだけで息が切れてしまう。ある週末、とうとう家のベッドから起き上がれなくなった。そのとき唯一家にいた娘のヒラリーになんとか車で病院まで連れて行ってもらい、緊急治療室の待合室で待機した。洗面所に立った私がしばらく経っても戻らないので、娘が誰かに様子を確認させた。私はトイレで倒れていた。医者が診断したが原因がわからず、とりあえず隔離病棟に入院した。最終的に重度の肺炎であることがわかった。その主な原因が単なる心労だったことは、せめてもの救いだった。

上海で見た未来

9月30日、私は辞任の意志を貫き、GMを退職した。破産(bankruptcy)を意味する大きな「B」の文字が、胸に失格の烙印として刻まれたような気がした。いったいどこの企業が、前の会社を破産に導いた幹部を雇いたいと思うだろうか？ 10代のときに父の食堂で働いていたことを除けば、GMは私にとって唯一の就職先だった。それでも、私はこの会社で成し遂げたことを誇りに思っていた。ニューヨーク・タイムズ紙は私の退職を報じた記事のなかで、「GMにおける電気自動車と水素燃料電池車の第一人者」と評した。記事は「ローレンス・D・バーンズ抜きに、GMの本社の人間の口から〝自動車の再発明〟という言葉が語られるのを想像できない」という書き出しで始まり、GMの研究開発部門を創設したチャールズ・ケタリング以来、同部門の歴代の責任者のなかで、私が誰よりも長くこのポストを務めていたことに触れていた。後に、同紙は私を「サステナビリティを大局的にとらえた人物」と評価している。

自由な時間ができた私は、GMの研究開発の同僚であるクリス・ボローニ＝バード、MITのメディアラボ教授のビル・ミッチェルとの共著、『Reinventing the Automobile: Personal Urban Mobility for the 21st Century』を執筆した。

ビル・ミッチェルは、都市と交通に関して歴史に名を残すようなリフォーマーだ。MITの建築学部長として、都市は移動しやすい空間であると同時に人間にとって快適な場所であるべきだと主張してきた。都市交通の抜本的な変革を提唱するＭＩＴのメディアラボ、スマートシティ研究グループの責任者にも就任し、現代の都市は自動車によって破壊されていると考えていたミッチェルは、「シティカー」（CityCar）と呼ばれる、ＰＵＭＡに似ているが重要な違いもある軽量の小型電気自動車の開発プロジェクトにも携わっていた。ＰＵＭＡは駐車スペースの問題を解決するために、自動車の４つのホイールのうち２つをなくし、横よりも縦に広く空間を使った。一方のシティカーは４輪だが未使用時には折りたたむことで、椅子を重ねて収納するのと同じ原理で複数を小さなスペースに駐車することが可能になる。

私は『Reinventing the Automobile』のなかで、自動車の現状に対する自分の思いをＧＭ在籍時代よりも率直にぶちまけた。この本では、自動車が世界にどれほどの問題を引き起こしているかを説明し、新しい形の自動車を普及させていくことが、これらの問題の強力な解決策になると主張している。従来型の自動車は内燃エンジンで駆動し、ガソリンをエネルギー源にし、機械的に制御され、他の車や外界とは通信しないスタンドアロンの形態をとっている。だが新しい自動車のＤＮＡでは、都市部での使用に合わせた、電動化と自動運転技術を搭載した車両を製造する。

ＧＭにいるあいだは、モビリティの将来についての説明を誰にも聞いてもらえないと感じることがよくあった。しかし退職後、必ずしもそうではないと気づいた。自動車業界は破壊的イノベーションを避けられないという私の意見に同意する人は大勢いて、実際にそれが起きたときにどう対処すればよいかを知りたがっていた。私は運送会社から石油・ガス会社まで、モビリティの将来に関心を持つ幅広い企業を対象にして、コンサルティングを行うようになった。

2010年、万国博覧会でのGMの展示を見るために上海を訪れた私は、未来の具体的なイメージを目の当たりにした。私がGMを去る前に、PUMAはEN-V（electrically networked vehicle）へと名を変え、アヒルの頭の形をしたロボットのようなものに進化していた（私たちは〝イー・エヌ・ブイ〟ではなく、〝嫉妬（envy）〟と同じ〝エンヴィ〟と発音していた）。プログラム・マネージャーとしてこのプロジェクトを率いていたボローニ＝バードは、実用的なロールバーや黄色いテープが特徴的なPUMAのデザインを刷新するために、世界中のGMのデザイナーにアイデアを募集し、デザイナーのデビッド・ランドの助けを借りて3つのデザインを選び、それぞれのプロトタイプを製作した。GMヨーロッパは、マーケティング担当者が中国語で〝誇り〟を意味する「Jiao」と名付けた、流線型の赤いスペースヘルメットをモチーフにしたデザインを、オーストラリアのGMホールデンはアヒルの頭の形をしたロボット風のデザイン「Xiao」を、カリフォルニア州にあるGMのアドバンスト・デザイン・スタジオは映画『トロン』から抜け出してきたようなスモークガラスとネオンを用いたデザイン「Maio」（中国語で〝魔法〟を意味する）を提案した。

私がGMを去った後、ボローニ＝バードはPUMAプロジェクトを見事な手腕で率いた。2010年5月の上海万博、GMが中国の自動車メーカー上海汽車集団と共有したパビリオンで、

ＥＮ－Ｖが展示された。パビリオンでは、2人用の小型モビリティ・ポッドが途中で乗客を拾い、降ろしながら、電気モーターの力で都市部を自在に移動する様子が表現された。米国製の自動車は巨大でパワフルなので、ＰＵＭＡと同じ道を走っている状況を想像しづらかった。だが中国では、小さなＥＮ－Ｖポッドが自転車やオートバイ、モペット（自転車にモーターをつけた乗りもの）などのさまざまな移動手段と一緒に小回りを利かせながら走る様が想像できた。

ニューヨークでのＰＵＭＡの発表とは対照的に、ＥＮ－Ｖのプロトタイプは上海で好評を得た。「まだコンセプトカーにすぎないが、これはＧＭが交通渋滞やガソリンの大量消費などの問題に対処するために、従来の枠を超えてさまざまな種類の車をつくろうとしていることを示している」とオレンジ・カウンティ・レジスター紙は報じた。エコノミスト誌も、「ＥＮ－ＶのサイズはＭＩＮＩの半分以下だ。ホイールが2つしかないことの利点は、車を小さなパッケージに収められること。また自動運転によって、ＥＮ－Ｖはさらに洗練度を高めた」と書いている。上海という舞台で展示された魅力的なデザインは、わずか1年前にメディアに酷評されたＰＵＭＡを万博のスターに変身させた。

上海滞在中のある夜、午前2時に目が覚め、そのまま眠れなくなった。時差ぼけが原因だ。トレーニングウェアに着替えてホテルのジムに向かい、トレッドミルでジョギングを始めた。眼下には上海を東西に分割しながら通り抜ける黄浦江の、茶色い水の流れが見えた。行き交う船から目が離せなかった。ルネサンス・センターにあるＧＭの世界本社からも、デトロイト川を1時間に1艘程度の割合で貨物船が通過していくのが見える。だがここの光景はそれとはまるっきり違う。日曜日の夜中だというのに、砂利や石炭などを運ぶ船が1分に1艘の割合で通り過ぎていく。

私は世界が、GMの内部から見ていたよりもはるかに大きな場所であることに気づいた。米国が不景気からなんとか抜け出そうとしているあいだに、中国経済は年間8~10%程度の成長を謳歌していた。ここにはチャンスが溢れている。大量の人々が、金を稼ぐために精力的に動き回っている。

ホテルから見下ろす上海は、川や高速道路をはじめあらゆる交通手段が活用されている未来の都市のように見えた。私たちはもうすぐそこまできている――と私は思った。地球上のモビリティの問題に対する有効な解決策は、あとほんの少しのところにある。これから数年で、何かが起こる予感がした。そうでなければおかしいほど、現在のシステムは破綻していると感じた。

第Ⅲ部

未来のオートモビリティに向けて

第7章

10万1000マイルの挑戦

自信とは、問題の本当の意味を理解する前に存在するものだ。
――ウッディ・アレン
（米国の映画監督）

ＤＡＲＰＡアーバンチャレンジの直後に自動運転車の世界に起きた唯一の大きな前進は、サンフランシスコのテレビプロデューサーたちが、〝スタジオが辺鄙な場所にあるので、宅配ピザを届けてくれる業者がいない〟という長年の悩みを解決するために起こった。

それから10年以上が経った今でも、この出来事は私の記憶に強く残っている。

ＤＡＲＰＡアーバンチャレンジは成功し、メディアに多く取り上げられたことで、米国の企業が自動運転車の開発にすぐに飛びついてもまったくおかしくはないと思われた。レースはテレビのショーやドキュメンタリー番組で報じられたし、無数の記事も書かれた。企業が自動運転の世界に雪崩を打って参入し始めるのに十分な状況が整ったはずだった。

今振り返っても、その考えは正しかったと思う。だが当時の私は予想外の状況に戸惑っていた。

2007年11月のレースの直後、この勢いを利用して自動運転車の実現に向けた大予算の本格的な取り組みを開始した米国の大手企業は、皆無に等しかったからだ。

こうした事態を招いたことに、私は大きな責任を負っていた。何しろ私は、当時世界最大の自動車メーカーであるゼネラルモーターズ（GM）の研究開発の責任者だった。しかも、優勝チームに出資したいいいいい立場でもあった。それだけではない。カーネギーメロン大学のレッド・ウィテカーとクリス・アームソンからは、アーバンチャレンジを制した研究を継続するために、GMとピッツバーグ大学による合弁事業を立ち上げたいので出資してほしいと頼まれていたにもかかわらず、私は首を横に振った。

なぜか？　2008年当時、GMは記録的な自動車需要の低迷を乗り切ることに必死だった。同僚のGM幹部の大半は自動運転を半世紀も先の技術だと見なしていて、見向きもしようとしなかった。倒産の恐怖が迫るなか、私にはこの技術の開発を推し進めるための予算を集める術はなかった。そのことを、今でも残念に思っている。倒産の危機を免れることに懸命になっていた他の大手自動車メーカーの状況も似たようなものだった。

私に合弁事業の申し出を断られたアームソンは、ロボットのカーレース・リーグを立ち上げようとし、支援者を探してカタールに飛んだりしていた。だが結局、この企画は頓挫した。アーバンチャレンジの後、レースの勢いを利用して画期的な試みに挑んだ米国の大手企業は、建設・採掘機器大手のキャタピラー社だけだった。同社は採鉱現場での自動運転技術を推進するために、カーネギーメロン大学の国立ロボット工学センターを介して同大学の技術者を集め、チームをつくった。タータン・レーシングがアーバンチャレンジ向けに開発したソフトウェアのライセンスも取得した。この複数年がかりのプロジェクトでは、ブライアン・セルスキーが現場で指揮を執り、アームソンやカーネギーメロン大学出身のトニー・ステンツ、元タータン・レーシングのジョシュ・アンハルトらがメンバーに加わった。プロジェクトの目的は、露天掘り鉱山の採鉱現場で掘削機から原鉱を自動的に受け取り、処理施設に運ぶ自動運転ダンプカーを開発することだった。

一方、西海岸のシリコンバレーでは、スタンフォード大学のセバスチャン・スランがグーグルの主要プロジェクトにチームの専門知識を投入していた。スランはストリートビュー用に累計数百万kmもの道路で撮影した画像を収集するという目標をわずか7カ月で達成すると、さらに野心的な課題に挑み始めていた。

グーグルは、このプロジェクトをグラウンド・トゥルース（Ground Truth）と呼んでいた。アーバンチャレンジが行われていた期間、世界最大のデジタルマップメーカー2社、シカゴのNAVTEQとオランダのテレアトラスによる競争が激化していた。大手モバイル企業は、位置情報検索機能（携帯電話で検索を実行すると、現在の居場所付近で利用できる製品やサービスの情報を知らせてくれる機能。たとえば出張中のエグゼクティブは「近場のトレイルランニングコース」を、夜に外出している学生は「最寄りの24時間営業のピザ店」を探せる）の開発を巡る主導権争いを繰り広げていた。ただしNAVTEQとテレアトラスの地図情報サービスは高価だった。グーグルも地図データのライセンス契約に毎年多額の費用を支払っていたが、その使用には厳しい制限が課されていた。たとえば、ある地図情報提供サービスは〝すでに競合他社に販売している〟という理由で、目的地までの道順を指し示す「ターンバイターン方式」の道案内機能を提供してくれなかった。2007年の秋、スランがストリートビューに取り組み、マイク・モンテメルロ率いるDARPAアーバンチャレンジ・チームを監督していた頃、テレアトラスはナビゲーション・デバイスメーカーのTomTomに43億ドルで買収され、NAVTEQも81億ドルでノキアに買収された。モバイルOS「Android」を搭載したスマートフォンの開発を2008年9月の発売に向けて順調に進めていたグーグルにとって、ノキアは競合相手になる。Androidフォンでは位置情報サービスを提供することになるので、TomTomとも競合することになる。地図情報プロバイダー2社が競合他社の手中にある今、グーグルは独自の地図テクノロジーを急いで開発しなければならなくなった。

この問題を解くカギを握っていたのが、スランのチームだった。そのメンバーには今回もアンソニー・レヴァンドウスキーがいた。今日ベンチャーキャピタリストとして名を知られるメガン・クインもプロジェクトリーダーを務めていた。グラウンド・トゥルースというプロジェクト名は、〝地上から見たままの真実を正確に再現する〟という、この地図製作のコンセプトを表したものだ。プロジェクトではまず、米国地質調査所などの機関が提供する地図をベースにして開発を開始した。すぐにスランが、「ストリートビュー」の画像を活用することで、グーグルのデジタル地図開発に革命を起こせると気づいた。それは画期的な発想だった。チームは、スミソニアン博物館を案内するロボット「ミネルバ」の開発時に館内の地図を作製したのと同じ要領で、ルーフトップに機器を設置した数百台の車を用いてデジタル地図用の画像を撮影した。次に人工知能ソフトウェアを用いて、この画像から住所や通り名などの重要な詳細情報を取得していった。ＡＩは、ターンバイターンでの道案内に必要な情報を得るために、交通標識の意味を認識・理解するようプログラムされた。最後は人間がマップを細かく調べ、エラーを修正した。エラーにはさまざまなケースがあった。たとえば、通常の対面通行の通りに面している店舗の看板に矢印マークが用いられていると、ＡＩはこの通りを一方通行の交通標識だと解釈することがあった。こうしたエラーは、人間のオペレーターがしらみつぶしに修正していかなければならない。この作業は、インドのハイデラバードにある数千人規模の技術者を抱える企業に外注した。グーグル内でもスタッフが自主的に地図をチェックした。クインは、エラーを見つけた社内の人間に手作りのチョコレートチップ・クッキーを渡した。結局、８０００枚ものクッキーを焼くことになった。

このプロジェクトでスランの右腕として活躍したのが、レヴァンドウスキーだ。ベロダイン社でライダーの営業担当者を務め、自動運転2輪車「ゴーストライダー」を開発し、ストリートビュー用のカメラリグ・ハードウェア（路上で周囲を撮影し、正確な位置情報に結び付けるメカニズム）開発の中心人物だった男だ。この頃、グーグルとの私欲的な関わり方も顕著になり始めた。グーグル内部の人間はこのハードウェア・リグが日本の光学機器のメーカー、トプコンから供給されていると信じていて、「トプコン・ボックス」と呼んでいた。だがワイアード誌に掲載されたマーク・ハリスの記事によれば、実際にはレヴァンドウスキーが共同経営する５１０システムズ社がこのボックスを設計し、技術をトプコンにライセンス供与していた。レヴァンドウスキーは後に５１０システムズでの自らの役割と、５１０システムズがこの技術を設計したという事実をグーグルに伝えたが、当初の段階はまさに二重取引の典型例だった。グーグル側の代表者として、自身が経営する外部企業から技術を購入していたからだ。

とはいえグーグルは、スランとレヴァンドウスキーの仕事に満足していた。２人が開発したストリートビューによって、わずかな予算で、世界中のさまざまな場所を没入型の３Ｄ画像で撮影できるようになった。グラウンド・トゥルースでも、２人が生み出したイノベーションのおかげでグーグルは高額なライセンス料を節約できた。地図データの精度が向上し、ターンバイターン方式の道案内機能が実現したことで、同社の時価総額は数億ドル規模に膨れあがると見込まれた。レヴァンドウスキーこそが、この躍進の立役者だった。

レヴァンドウスキーはさらに、ストリートビュー用車両の慣性測定ユニットを開発していた。地図データのバグ修正を外注していたインド・ハイデラバードへも頻繁に飛行機で往復していた。前述のワイアード誌の記事によれば、スランの信奉者ジェシー・レビンソンと共に株式市場予測ソフトウェアまで開発していた。２００７年から２００９年にかけてのレヴァンドウスキーの生産性と革新性は、手が付けられないほどに冴え渡っていた。そしてこのレヴァンドウスキーに、自動運転技術を前進させる次の大きな一歩を踏み出すチャンスが巡ってきたのだった。

すべてはピザの配達から始まった

2008年の初め、ディスカバリーチャンネルのテレビ番組『プロトタイプ・ディス！』（この試作品をつくって！）が、一風変わったテーマでレヴァンドウスキーに挑戦状を突きつけた。この番組は、難題を与えられた発明家が、2週間の期限内に大胆なアイデアで問題を解決しようとして試行錯誤する様子を描くというもので、制作会社のオフィスはサンフランシスコ湾に浮かぶトレジャー・アイランドにあった。この人工島と地峡で結ばれたイェルバブエナ島から、サンフランシスコ・オークランド・ベイブリッジを渡って本土に移動できる。立地の珍しい魅力的な場所に見えるが、そこで働く人々にとっては切実な悩みの種があった。サンフランシスコのレストランが、遠すぎるという理由で島のオフィスまで食べ物をデリバリーしてくれないのだ。そこで『プロトタイプ・ディス！』のプロデューサーは、この問題を番組のテーマにした――〝発明者たちに、サンフランシスコの伝説的レストラン「ノースビーチ・ピザ」から、トレジャー・アイランドまでピザをデリバリーしてもらう新たな方法を考え出すこと〟。他の発明家からは、ピザをレールガンで島に向けて発射する、飛行船で配達するというアイデアが出された。レヴァンドウスキーは、ピザをロボットカーでサンフランシスコから島まで運ぶ方法を提案した。

こうして、DARPAアーバンチャレンジのために開発されたテクノロジーは、腹を空かせた人間に奇想天外な方法でピザを届けるというテレビ番組の企画によって初めて応用されることになった。レヴァンドウスキーは番組用の自動運転車を開発するために、まずはグーグルのグラウンド・トゥルース・プロジェクトで採用した設定に倣った。車両のルーフトップのマッピングリグにライダースキャナーや多眼カメラ、GPSユニット、車両のホイールの回転を超高精度で測定するホイールハブデバイスなどを搭載し、ノースビーチ・ピザがあるゴールデンゲート・パーク沿いのスタニアン・ストリートを出発して、州間高速道路80号線を走ってベイブリッジを越え、トレジャー・アイランドにあるスタジオまで走った。マッピングリグでルート上の樹木や建物、オフィスビルの位置をすべて記録し、走行ルートの3Dスキャンが作成された。

ベースとなる車両には、ドライブ・バイ・ワイヤシステムのハッキングが容易であるという理由から、トヨタ・プリウスを選んだ。「プリボット」と名付けられたこのシルバーのプリウスには、510システムズ、トプコン、新興企業のアンソニーズ・ロボッツなどのスポンサーのロゴもペイントした。番組上、とても重要なカスタマイズも施した。ピザを温かく保つために特別な断熱材を用いてトランクに取り付けられた、収納ロッカーだ。

2008年9月7日の日曜日。この日の朝は晴れ渡り、雨の心配もなく、自動運転車のテストに最適な条件だった。番組のプロデューサーが手配した警察のパトカーとオートバイが、プリボットを護衛しながら走行する。ロボットカーが走るベイブリッジ上の交通はすべて封鎖するのが望ましかったが、これが問題をさらに複雑にした。プロデューサーは、上下2層構造のベイブリッジの下の部分だけしか交通封鎖できなかった。そのためプリウスは大量のコンクリートと鋼鉄で製造された橋の上部の真下を走ることになり、その間はＧＰＳモジュールと衛星が通信できなくなる。

これは、サンフランシスコでの初めての自動運転車のテスト走行になるらしかった。プリウスは、先導する警察車両と撮影車両の後ろをスムーズに走り、東海岸沿いのエンバカデロ地区を通過した。ベイブリッジに入ると減速し、最後のＧＰＳ信号を受信すると、ライダーが作成したマップに従い橋の下部を安全かつ静かに進んでいく。番組のホストのマイク・ノースとレヴァンドウスキーは、先行するトラックの荷台に立ち、プリボットの様子を見守った。「アンソニー、君はいま歴史をつくろうとしてるんだぞ。わかってる？」ノースがレヴァンドウスキーに言った。

このルート最大の難所は、ベイブリッジからトレジャー・アイランドに入る出口ランプだ。プリウスは左折のヘアピンで鋭く曲がりすぎ、左の壁に車体をすり寄せて停止した。後にこの事故の原因は、プリウスの正確な寸法がソフトウェアにプログラムされていなかったことだとわかった。レヴァンドウスキーが運転席側の窓から車に乗り込み、なんとかピンチを切り抜けた。その後、車はトレジャー・アイランドまで自走し、番組の撮影場所である倉庫にピザを届けた。「これはとんでもなく凄いことだ」それから10年が経過しても、いまだにこの快挙に驚嘆しているスランは言う。わずか数週間の準備期間で、わずかな予算で、人口密集地を無人運転する車両を開発した。「紛うことなき歴史的出来事さ」

ラリー・ペイジの説得

ロボットカーはベイブリッジの出口ランプの壁でスタックし、人間のアシストが必要になった。だからこれは完全な自動運転走行による初めてのピザ・デリバリーだったとは言えない。それでも、初めて自動運転車でベイブリッジを渡ったことに対しては栄誉を与えてもいいだろう。ただし振り返ると、レヴァンドウスキーの真の業績とは、何かを初めて成し遂げたことよりも、その結果としてもたらされたものの大きさにある。プリボットがピザを配達していたその頃、グラウンド・トゥルースのプロジェクトを完了させたスランは、ラリー・ペイジと次に何をすべきかについての議論を続けていた。スランは当時の会話を回想する。

「セバスチャン、僕たちは自動運転車に取り組むべきだ」

「なぜだ?」

「このビジネスは、成功すればグーグルの検索ビジネスより大きくなるかもしれない。だからうまくいく確率がたとえ1割しかなくても、投資したほうがいい」

しかし、DARPAアーバンチャレンジを終えたばかりのスランには、近い将来に自動運転車を実用化できるとは思えなかった。ビクタービルで開催されたあのレースは、歩行者のいない無人の町が舞台だった。にもかかわらず、出場したロボットカーは障害物にぶつかることもあった。「アーバンチャレンジでのパフォーマンスを見ると、新たな革命が今すぐに起こりそうだとは思えなかった」とスランは振り返る。

自動運転をすぐに実現するのは難しい、それは無理だ、と伝えたが、それでもペイジは翌日、再び食い下がってきた。「自動運転が実用化できない技術的な理由を教えてほしい。社会的ではなく、技術的な理由を」

ペイジは、たとえば〝今日のコンピューターの能力では、自動運転車が高速道路を法定速度内で安全に走行するために必要な量のデータを処理できない〟といった、はっきりとした理由を探していた（実際には、ネックになっているのはコンピューターの処理能力ではなかった）。上司であるペイジに少しばかり苛立ちを覚えたスランは、単に〝無理だ〟という以上の言葉を吐いた。「クソ、だからできないって言ってるだろ！」。10年後、スランはこのとき、自分が自動運転車の世界的権威であることをペイジに思い出させたと回想する。「〝僕はこの分野で世界一の大学教授なんだぞ〟とまでは言わなかったが、ともかく〝信頼してほしい。僕は専門家なんだ〟という意味のことは伝えた」

それでもペイジは引き下がらず、翌週、再びスランの前に姿を見せた。

「教えてくれ。セルゲイ・ブリンとエリック・シュミットに自動運転は実現できないと説明したい。でも、彼らは技術的な理由付けがなければ納得できないと言っている」

スランは帰宅し、冷静になってこの問題について考えた。でも、いくら考えてもはっきりとした技術的な理由は見つからない。「残念だけど——」翌日、ペイジに言った。「技術的な理由はうまく説明できない」

「実現できるかもしれない、ということかもしれないな」ペイジが言った。

この頃、スランの同僚のレヴァンドウスキーは、サンフランシスコの市街地からベイブリッジを渡ってトレジャー・アイランドまで自走する自動運転車をわずかな予算で開発した。それを見たスランはきっと、グーグルからの莫大な予算の提供があれば、どれほどの技術的偉業が可能になるのだろうか、と考えたはずだ。

スランはすぐに、DARPAチャレンジに参加したトップクラスの技術者に招待のメールを送った。自動運転車を実現させるための本格的な取り組みを、どう開始すべきかについて、皆で集まって話し合うためだ。

それから10年が経過した今、スランは自動運転車プロジェクトを追求すると決心したのは、ペイジが背中を押してくれたからだと考えている。そのすべてのきっかけになったのは、ピザを配達するロボットカーの開発だった。

新たな挑戦に向けて

ピザ・デリバリーから1カ月後、DARPAアーバンチャレンジから約1年が経過した2008年10月、スランはタホ湖の湖畔の別荘に、ロボット工学分野のトップクラスの頭脳を集結させた。

DARPAチャレンジに参加したスタンフォード大学チームからは、スランの旧友でマッピングのエキスパートであるマイク・モンテメルロ。スタンフォード大学がアーバンチャレンジにエントリーさせた「ジュニア」でスランと協力したドイツのソフトウェア・エンジニア、ディルク・ヘーネルとヘンドリック・ダルカンプ。レヴァンドウスキーもいた。カーネギーメロン大学のテクニカルディレクターのアームソンと、ソフトウェア・リーダーのセルスキーの姿もあった。当時41歳だったスランを除けば、全員、20代後半から30代前半だった。

議題は2つ。1つは、全員で協力して自動運転技術の開発に本格的に取り組むべきかどうか。もう1つは、最初の問いの答えがイエスなら、どうやってそれを実現するか——すなわち、この取り組みに喜んで出資しようとしているグーグルの社内プロジェクトとして取り組むか、それとも別にスタートアップを新たに立ち上げるべきか。

DARPAチャレンジの思い出話にも花が咲いた。現実世界で自動運転技術の開発を追求していくには、どのようなアプローチが適切なのかというテーマについても闊達な議論が交わされた。長年、多くの未来学者が、自動運転技術のさまざまなあり方を提案してきた。センサーなどのインフラを道路側に設置し、車と通信させるという考え方もあった。たとえば一時停止の標識に無線のチップを搭載して接近してきた車にその存在を知らせたり、黄色の破線と白い実線の下に小さなタグを埋め込んで車に道路の中央や両側の位置を知らせたりするというものだ。だが自動運転の専門家は、こうした方法には否定的だった。そのようなインフラを構築する莫大な労力が必要だし、センサーが機能しなくなった場合の問題もある。一時停止を知らせるチップにバグが生じれば、悲惨な結果を招きかねない。このとき別荘に集まったエンジニアとプログラマーもみな、インテリジェンス機能をすべて車両側に搭載することが、自動運転車の実用化に向けた最善策だと考えていた。

その週末、アームソンとセルスキーはレンタカーに乗り込み、タホ湖周辺のワインディングロードを走りながらスランの提案について2人きりでじっくりと話し合った。スランの話を聞く限り、この取り組みにはグーグルが大きく関わろうとしている。セルスキーはその点が腑に落ちなかった――。グーグルは検索エンジンの会社だ。シリコンバレーのインターネット企業が、なぜ自動運転車の開発に多額の資金を投じようとしている？　あの会社のビジネスとは何の接点もないはずだ。

すでにアームソンと共に、やりがいのあるプロジェクトに取り組んでいるという思いもあった。キャタピラー社の出資のもとで自動運転ダンプカーを開発するプロジェクトは、複雑な機械を大量生産する実績ある製造業者の手に自動運転技術を渡すものであり、大きな意義があった。ロボット工学者の使命は、一般人に影響を与えるロボットを開発することだ。現場で実際に稼働しているキャタピラーのプロジェクトは、まさにその使命を果たしているものだと思えた。

アームソンの見解は違った。キャタピラーのプロジェクトは魅力的だった。だが、それはあくまでも採掘現場用のロボットの開発だ。このプロジェクトで期待できる最善の結果は、キャタピラーが遠隔操作できる数千台のダンプカーを製造し、世界中で稼働させること。採掘の費用も抑えられるし、現場の事故で失われる命も減らすことができるだろうが、一般人に対しては、何の革命も起こすことはない。

だが、今回のグーグルのプロジェクトなら、世界を変えられるかもしれない。地球上の数十億もの人々の移動方法を、変えられるかもしれない。

このプロジェクトは、キャリア上の大きなチャンスにもなる。キャタピラーのプロジェクトはセルスキーが率いていた。アームソンには、リーダーになりたいという野心があった。スランは、これ以外にもさまざまなプロジェクトに関わっている。グラウンド・トゥルースからも完全には手を引いていなかったし、ペイジやブリンとも、グーグルの検索エンジンビジネスとは毛色の異なる、出資規模と期待されるリターンが大きな別事業を始めようともしていた。当然、スラン自身がこの自動運転プロジェクトを率いるのは難しいだろう。湖畔に集まったグループがスタートアップとしてこのプロジェクトに取り組むべきかどうかを話し合っていたときにも、スランから新しい法人のCEOになることを提案されていた。プロジェクトがグーグルの傘下で行われることに決まれば、当然、リーダーに指名されるはずだ。潤沢な資金が与えられた、世界を変え得るようなプロジェクトに、リーダーとして参加できる――。アームソンにとっては、逃すことのできないチャンスだった。

とはいえ、アームソンにとってこのタイミングは難しいものだった。博士号を取得し、カーネギーメロン大学のロボット工学研究所の常勤教員としての職を受け入れようとしたところだったからだ。研究所が開いた新人歓迎会で、アームソンはこれから2年間、グーグルの仕事をするために長期有給休暇（サバティカル）をとることを報告しなければならなかった。ロボット工学研究所にとっては大打撃だった。ＤＡＲＰＡチャレンジ・チームのスターである若く優秀な頭脳を失うことになるからだ。キャタピラー社のプロジェクトでリーダーを続けるためにグーグルのプロジェクトへは参加せず、ピッツバーグに留まることを選択したセルスキーにとっては、さらにダメージが大きかった。大切な同僚を失っただけではなく、親友と離れ離れになってしまうからだ。

ストリートビューの真価

タホ湖での会議の後、スランはこのプロジェクトのために10人強のエンジニアから成るチームを結成した。グーグル内でコードネーム「ショーファー」と呼ばれるようになるこのチームのメンバーは、それぞれが自動運転に不可欠な技術の専門家で、ほぼ全員がＤＡＲＰＡチャレンジへの参加者だった。エンジニアリングのリーダーは、自動運転車のソフトウェア開発を担当するクリス・アームソン。ストリートビューでハードウェアの調達や開発、設置を担当したアンソニー・レヴァンドウスキーは、ショーファーでも同様の役割を担い、ＤＡＲＰＡアーバンチャレンジでスランの右腕として活躍したマイク・モンテメルロは、自動運転車が位置情報を取得するために必要な地図の開発を担当する。スタンフォード大学チームの一員だったロシアの凄腕プログラマー、ディミトリー・ドルゴフは、アームソンと連携して車のブレーキやステアリングなどの側面を制御するシステムを開発する。ストリートビューの開発者ディルク・ヘーネルはソフトウェアのインフラ構築を、ソフトウェア・エンジニア主任のジアジュン・シュは検知システムの開発を担当する。同じくストリートビューの開発者ラス・スミスはホイールの回転と自動車の慣性を使用して空間における車体の動きを追跡するアルゴリズムを、ナサニエル・フェアフィールドは車の安全性を向上させるために仮想世界での膨大な数のシミュレーション走行を可能にするソフトウェアを開発する。

チームは当初から、明確に定義された2つの野心的な目標の達成を目指した。ブリンとペイジ、スランが採用したこのアプローチは、ストリートビューでの成功体験に基づいていた（さらに元を辿れば、スランはカーネギーメロン大学のレッド・ウィテカー式に倣ってストリートビューのアプローチを採用していた）。「明確なマイルストーンを定め、それを達成したらメンバーに金銭的な報酬を与えると約束してほしい」とスランがペイジとブリンに伝え、3人でこのマイルストーンの内容について議論を重ねた。

「カリフォルニアのあらゆる通りを、この自動運転車が100%自走できるようにしてほしい」ペイジが言った。

だがそれはスランにとっては漠然とした目標だと思えた。これを証明するには、カリフォルニアのすべての道路を自動運転車が踏破しなければならないが、それは現実的ではない。そこでペイジとブリンは丸1日かけ、カリフォルニア州の道路において、人間のドライバーが難しいと感じる特徴的な要素を網羅する複数のルートを作成した——ベイエリアの橋やサンフランシスコのダウンタウン、マウンテンビューからロサンゼルスまでの沿岸高速道路、タホ湖周辺の丘陵地帯のつづら折りの道、世界でもっとも曲がりくねった通りと言われているサンフランシスコのロンバード・ストリートなどだ。「ブリンとペイジは、都市部や高速道路など、カリフォルニアの道路の特徴が凝縮されたこれらのコースを自動運転車が完走できれば、チームに相当のボーナスを弾んでくれると約束してくれた」とスランは言う。「それは、僕がそれまでに想像もしたことがなかった額だったとだけ言っておこう」とアームソンも語っている。

ペイジとブリンは、合計10個のルートを作成した。総距離は約1000マイル（約1600km）。〝ラリー・ペイジの1000マイル〟を意味する「ラリー1K」というコードネームが与えられたこのルートの踏破に確信が持てなかったスランは、この目標を逃してしまった場合にもチームがボーナスを受け取るチャンスを残しておくために、2番目のマイルストーンを設定してほしいと交渉した。その内容は、公道での自動運転車の通算走行距離10万マイル（約16万km）だった。

チームの面々は、これを人生最大のチャンスだと受け止めた。その図式は少しばかりシュールでもあった。ロボット工学のエリート集団が、世界屈指の大富豪である2人の企業家が設定した目標を達成するために、時間と闘いながら熱心に秘密のプロジェクトに取り組む。目標を達成すれば、巨額の富が手に入る。まるで映画のなかの出来事だ。メンバーの大半は大学を卒業したばかりで金欠に苦しみ、生活費を切り詰め、クレジットカードなどの負債を抱え、好条件の技術職を探すのを先送りにしてまでこのプロジェクトに参加していた。子供を持つ者も、自らの夢を諦めてまで夫の努力を支える妻を持つ者もいた。このグーグルのプロジェクトで成功すれば、愛する家族にこれまでの苦労をすべて埋め合わせることができる。

加えて、これはエンジニアにとって涎が出るようなチャレンジでもあった。「とてつもなく金持ちのインターネット企業が、〝これを試してほしい〟と言ってくれている」あるエンジニアは言った。「みんな、〝本当かよ〟って思ってた。恵まれた環境で、型破りなものを思う存分開発してみたかった」

グーグルがこのプロジェクトを推進したのが完璧に理にかなったものであることを周囲が理解するまでには、長い年月が必要だった。それを理解するには、グーグルの歩みを少し遡り、ストリートビューに注目する必要がある。当初のストリートビューには、実世界への応用がきかない興味本位の科学実験のような趣があった。コンピューターやモバイル機器を使って、米国（や後には世界各地）の好きな場所に簡単に視点を移動させられるというアイデアは、とても面白いものだ。だが、その目的はわかりにくかった。米国のあらゆる道路をひとつながりの没入型画像として撮影するためには、想像を絶する労力がかかる。なぜグーグルはそのようなことをしようとしているのか？　ストリートビューの開発は、地図製作の世界において、大航海時代のヴァスコ・

ダ・ガマやマゼラン以来の偉業だと見なされている。その規模は気が遠くなるほど大きい。米国やカナダをはじめとする世界各地の先進国の道路を、カメラを搭載した数百台規模の車で運転しなければならない。だが、その結果としてもたらされたものは、さらに大きかった。

ストリートビューは後のグラウンド・トゥルース・プロジェクトの基盤になった。高機能で正確な位置情報ベースの検索も可能にした。人工知能とコンピューター・ビジョン・ソフトウェアを用いてストリートビューのデータからサービス対象エリアの小売店やレストラン、住所などの物理的な位置情報を特定できるようにしたからだ。このデータはナビゲーション情報にも応用できた。さらに、米国内の道路を網羅した超高精度の3次元スキャンには、他にも価値ある用途があった。

そう、自動運転車だ。

ストリートビューとその後継プログラムであるグラウンド・トゥルースは、自動運転技術の開発における重要なステップだった。安全で信頼性の高い自動運転車の実現を目指すショーファーのアプローチでは、走行する道路の極めて正確な地図が必要になる。このプロジェクトの開始時点で、すでにロボットカーに提供する地図や機能についての高度な専門知識を得ていたモンテメルロは、「地図データがあると、驚くようなことができる」と説明する。

まず、スランのツアーガイド・ロボット「ミネルバ」や、レヴァンドウスキーのピザ配達カー「プリボット」で採用したのと同様の、高解像度、超高精度な3Dマップデータにより、ショーファーの車両は位置情報を取得できる。ライダーやカメラなどのマッピング機器を装備した車で何日もかけて同じエリアを繰り返し走行し、外界を撮影して3Dモデルを構築する。同じ場所を撮影した複数の映像を比較すると、縁石や電柱、住宅、建物、郵便ポスト、掲示板などの静止物のリストを作成できる。その後、自動運転車が同じエリアを周囲の映像を撮影しながら走行し、取得したデータと既存の3Dマップの静止物のリストを比較すれば、わずか数㎝の誤差の範囲で自身の位置を特定できるようになる。

過去と現在のデータを比較することで、郵便ポストと歩行者、街灯と自転車といった似通った物体の区別がしやすくなり、移動する可能性のある物体の予測精度が高まる。複数の過去データのまったく同じ位置に細長い円柱形の物体が記録されていれば、それは街灯である可能性が高いと判断できる。似たような物体が初めて撮影されていたら、それは人間である可能性が高く、注意をしなければならない。

3Dマップは、道路上の破線や実線を識別するのにも役立った。これで追い越し禁止などの車の安全走行に欠かせない情報が得られる。グーグルのエンジニアは、これを〝車線レベル〟の地図と呼んだ。泥や雪などで路上の区画線が不明瞭になった場合にも効果を発揮する。「このマップがあれば、障害物を検出しやすい。道路上に固定されているものと、そうでないものを区別できるからだ」とモンテメルロは言う。

信号機など、極めて重要だが対処が難しい物体の検出精度も高まった。

「たとえば、昨日そこに信号機があったことがわかっていれば――」モンテメルロはこの優れた地図が自動運転車に提供する機能を説明する。「今日も同じ場所に信号機があるのはほぼ間違いない。だからカメラで絶えず探しながら走行するよりも、信号機がある場所を車に覚えさせておくことで、検出精度を高められる。これは物凄く重要なことだ」

自動運転車が過去のデータを参照できず、センサーで現在の周辺環境を検知しながら走行するしかない場合、信号機の検出はとても難しい。DARPAアーバンチャレンジのコースに信号機がなかったのもそのためだ。「バスの背面の赤いランプ（ブレーキランプ）と信号機を区別するのは簡単ではない」ショーファーのソフトウェア・エンジニア、ナサニエル・フェアフィールドは言う。「仮に信号機だと特定できたとしても、それが意味するものを瞬時に解釈するのは人間にとっても難しい。特に、初めての場所を運転している場合はそうだ。たとえば青信号が点灯していたとしても、左折したい場合はどうだろう？　矢印信号が変わるのを待つべき場合もある。状況を正しく理解していなければ、信号の意味を解釈するのは困難だ」

だが既存の高解像度3Dデータを参照できれば、それもはるかに簡単になる。注意を向けるべき対象を特定できるからだ。

「左折レーン専用であることなど、信号が指示しているものも判断できるようになる。その価値は計り知れない」

もちろん、国中の信号機や一時停止標識、左折レーンをマッピングするには、膨大な作業が必要になる。だが前述したように、ストリートビューとグラウンド・トゥルースによって、全米の道路ですでに同様のスキャンは実行されていた。だからこそチームは、米国の道路のすべての信号機をマッピングするのは可能だと考えることができたのだった。

初めてのチャレンジ

次は、実際のロボットカーの構築だ。この仕事を担当するレヴァンドウスキーは、トレジャー・アイランドにピザを届けた「プリボット」と同じ方法を採用した。ベース車両は今回もトヨタ・プリウス。4隅に設置したレーダー・センサーから発信する音波を反射させて短距離の障害物を感知し、GPSモジュールで位置情報を取得して、ホイールエンコーダーで車両の動きを正確に追跡する。DARPAアーバンチャレンジでカーネギーメロン大学のタータン・レーシングがシボレー・タホをベースに開発したロボットカー「ボス」では重装備だったコンピューター機器は、プリウスのスペアタイヤ用スペースに収まるほどコンパクトで取り外しやすい形状になっていた。ただしこのシステムの心臓部は、車のルーフに設置された、ケンタッキーフライドチキンのバーレルが回転している様を思わせるベロダイン社製のライダーセンサーだ。64個のレーザーを搭載し、360度の周辺情報を毎秒約150万回測定する。

車の挙動を制御するソフトウェアはスタンフォード大学のロボット「ジュニア」向けにスランが開発したコードをベースにしたが、大幅な改良が必要になった。開発の初期段階では、スマートフォンでプリウスを制御するという画期的なシステムもつくった。スマートフォンを前に傾けると車が加速し、後ろに傾けると減速する。プリウスに自動運転機能を組み込み、テストするには、何時間も車内に座りっぱなしでコードを書いてはアップロードし、実際に動かし、結果に基づいて微調整をするという手間のかかる作業をひたすら繰り返さなければならなかった。マウンテンビューにあるグーグルのメイン・キャンパス付近にある屋外劇場「ショアライン・アンフィシアター」の砂利敷きの駐車場で、コードを書き、テスト走行させ、またコードを書き、テスト走行させるという工程が繰り返された。ドルゴフも、夜遅くまで駐車場で車をテストし続けた。ある日の午前3時頃、車内でコードを修正していると、パトカーが近づいてきた。

「おまわりさん、こんにちは」とロシア語訛りの英語で警官に挨拶したとき、グーグルでもごく少数の幹部しか知らない極秘の自動運転プロジェクトが警察に知られてしまうかもしれないと気づき、焦った。

「何をしてる?」警官に尋ねられたドルゴフは、微笑み、グーグルの技術的なテストをしているとだけ説明した。幸い、ここマウンテンビューでは警官もこの手の出来事に慣れているのか、それ以上の質問はされなかった。

ロボットカーに運転を教えるのは、人間が車を操作する方法をまっさらな眼で捉え直す作業でもあった。たとえば人間のドライバーは、思い切りブレーキペダルを踏み込んだりはしない。ゆっくりとブレーキ圧力を強めながらスピードを落としていき、車が完全に停止する直前に強く踏む。ドルゴフはこのなだらかな動きをソフトウェアで再現しようとした。

人が交通量の多い道を運転するときに行っている細かな調整を再現しなければならないという問題もあった。私たちは車線の中央をただまっすぐに走ったりはしていない。外部からのさまざまな情報を検知し、車線内の位置をわずかに変えているのだ。道路の右側に路上駐車された車があれば左に寄せるし、反対車線から対向車が来ていれば右に寄せる。自動運転車の乗員に安全を感じさせるためには、短い時間内に何度も行われているこうした微調整を再現することが不可欠だった。

グーグルのキャンパスからわずか数km東にあるモフェット・フェデラル・エアフィールドの付近で、自動運転車の初期段階のテストを行った。プリウスが飛行機の滑走路を順調に走るのを見て、アームソンはそろそろ公道でテストをしてもいいだろうと判断した。だが、それは合法なのかという問題があった。グーグルの弁護士が州の交通規則を調べたところ、コンピューターによる自動車の運転を明確に妨げるものはないことがわかった。運転席に人がいる必要はあったが、人間が車を操作しなければならないとは明記されていなかったからだ。

２００９年5月、アームソンは初めての公道テストの理想的な場所として、マウンテンビューのセントラル・エクスプレスウェイを選んだ。この大通りはまっすぐで路面の状態も良く、幅のある中央分離帯があるので対向車との衝突も避けられる。一般市民を守るために、プリウスの後方にはチームが運転する車を数台配置した。アームソンはドルゴフを助手席に乗せ、車をセントラル・エクスプレスウェイまで走らせると、自動運転ソフトウェアを起動した。プリウスは小刻みに蛇行しながら走行し始めた。舗装路の両側にある街灯柱や郵便ポスト、駐車標識などの静止物に敏感に反応し、落ち着かない様子で左右に揺れ動く。

これは無人走行が前提だったDARPAチャレンジでは気にする必要のない問題だった。だがショーファーのプロジェクトを成功させるためには、人間が快適かつ安全に感じる乗り心地を実現させなければならない。ドルゴフはコードを大幅に変更して、障害物にかなり接近しない限りプリウスがレーンで位置を変えないようにした。翌日、再びテスト走行を行い、この調整がうまくいっていることを確認した。昨日に比べ、乗り心地がずいぶんと改善されている。「通算走行距離が1マイルを超え、10マイルを超えた。それには大きな意味があった」とアームソンは回想する。

距離は100マイル、1000マイルと伸びていった。2009年の春、いよいよラリー1Kへの挑戦をこれ以上先延ばしにはできない状況になってきた。ペイジとブリンが自動運転車の性能をテストするために選んだ、それぞれ約100マイルの距離の10のルートだ。アームソンが最初に選んだのは、パシフィック・コースト・ハイウェイをカーメル・バイ・ザ・シーからサン・ルイス・オビスポまで走るルート。一見すると、極めて危険なルートに思える。崖からは強風が吹きつけ、道の山側は切り立った岩肌だ。ガードレールのすぐ先は絶壁で、数百m真下には太平洋が広がっている。

とはいえアームソンは、このコースの難易度はそれほど高くはないと考えていた。路面はよく整備されているし、路面標示もはっきりしている。コースの大半は交通量が少なく、交差点も数えるほどしかない。車が黄色と白の車線のあいだを走り続けている限り、問題はないはずだ。「車線内をキープし、信号で何度か停止すればいけると思った」。ただ、1つのミスでプリウスが崖から太平洋に転落してしまうリスクはあった。「ワクワクもしたが、怖くもあった」

まず、スキャン装置を搭載した車でルートを走行し、地図情報を作成した。次にこのデータに対してドルゴフがソフトウェア・プログラムを実行し、プリウスがルート上でとるべき正確な進路を弾き出した。ドルゴフと妻のアンナ（ショーファーのテスト・運用チームのメンバー）が、再度プリウスでルートを走行した。ドルゴフが運転を担当し、アンナはプログラムが計算した位置と実際に肉眼で観察した適切な位置とのズレを修正していった。プログラムが指定した位置が道路の端に寄りすぎていた場合、ノートパソコンのキーを押すだけで、左右どちらかに10㎝弱の精度で修正できる。

いよいよ、プリウスがこのルートに自動運転で初挑戦する日がきた。車内にはアームソン、ドルゴフ、レヴァンドウスキーがいた。午前中に出発し、ほんの数マイル進んだところで、カーブでのブレーキを制御するプログラムを修正すべきだということがわかった。カーブの一番きつい部分に差し掛かるまで、ブレーキがかからない。スピードを保ったままカーブに突入し、コーナーの途中でブレーキを強くきかせて、最後にゆっくりと直線に向かっていく。太平洋を見下ろす切り立った崖の上のワインディングロードを走る車に乗る人間にとって、穏やかな気持ちではいられないコーナリングのスタイルだ。スイッチバックやSターンを曲がる度に、アームソンは緊張のあまり拳を強く握りしめた。それでも3人は自動運転機能を解除しようとしなかった。これはラリー1Kの全10ルートのうち、初めて挑むルートだ。初回のトライでいきなり完走できれば、チームの士気は大いに高まる。前をゆっくりと走るビール運搬用トラックがカーブで減速すると、プリウスもそれに合わせてスピードを落とした。さらに海岸線を進むと、工事のために片側2車線の道が1車線に変更されているエリアに出くわした。交通整理をする人間の手の動きを解釈するのは、自動運転車にとって至難の業だ。アームソンはやむを得ず自動運転機能を解除し、自らハンドルをとった。

3人はあきらめず、スタート地点に戻った。ドルゴフが、カーブの手間でブレーキを利かせて減速するようにコードを修正した。午後遅く、2度目の挑戦を開始。コーナリングは修正前よりはるかに安全に感じられた。1度目の走行で自動運転を解除せざるを得なかった工事現場は、幸いその日の作業を終えていた。道路は2車線に戻り、交通整理の人間もいない。プリウスは、ゴールのサン・ルイス・オビスポまでの132マイル（約212㎞）の曲がりくねった崖の上の道のりを、3時間以上かけて完走した。完全な自動運転だった。

チームはラリー1Kのルートを1つクリアした。「これにはとてつもなく大きな意味があった」アームソンは回想する。「ようやく手がかりをつかめたという実感があった。嬉しいというより、ほっとしたというのが正直な心境だった」

その夜、3人はサン・ルイス・オビスポのホテルに泊まった。夜、レストランで祝杯を挙げた。「僕たちはマイルストーンを設定した」ドルゴフは言い、他の2人と胸を突き合わせ、ハイファイブをした。「それを実現する方法はまだ手探りしている段階だ。今回は、ようやく10のうち1つ目のルートを完走しただけだ。でも、この勢いは大切にしよう」

だが、チーム内の悲観論者はこの成功にも浮かれたりはしなかった――〝あのルートは簡単だ、同じレーンをひたすら走り、信号を3つ通り抜ければいい。歩行者やペットのいる都市部での運転ではそうはいかない〟と。

そこでアームソンは次のラリー1Kへの挑戦には、難易度の高いルートを選んだ。舞台はエル・カミーノ・レアルと呼ばれる、100マイルの歴史ある道を辿るコース。スペイン語で「王の道」を意味する、米国建国前にメキシコのバハ・カリフォルニア州とサンフランシスコの北部を結んでいた。ラリー1Kではサンノゼ空港付近をスタート地点とし、マウンテンビューではエル・カミーノ・レアルを離れてグーグルのキャンパスを通過し、パロアルトではスタンフォード大学のキャンパスとダウンタウンを抜け、北に向かってエル・カミーノ・レアルに戻り、サンフランシスコの南に向かう。このルートには200箇所以上の信号機があった。アームソンを特に不安にさせていたのは、パロアルトの市街地を通り抜けなくてはならないことだった。斜め駐車の状態からバックで道路に進入しようとする車や、携帯電話に気を取られながら歩く人、赤信号でも突っ込んでくる自転車などは、人間のドライバーでも予測が難しい。自動運転車にとってはなおさらだ。「いろんな人から、〝時間の無駄だ。なぜそんな実現不可能なことに挑戦するんだ？〟と言われた」アームソンは言う。「でも実際に挑戦してみると、僕たちは過去最高の結果を手にすることになった」

プリウスは、パロアルトの市街地を通り抜ける際にいくつかのミスを犯した。たとえば歩行者や、バックで道路に進入してくる車に道を譲れなかった。アームソンは自動運転機能を解除して自分で運転をしなければならなかった。ドルゴフらがコードを修正し、歩行者に道を譲り、目の前にバックで道に進入してくる車がいた場合は減速して停止することができるようになった。「それまでは、何が問題なのかということすらわからなかった。でもこの走行を通じて、〝よし、どんなものかがわかったぞ。失敗したポイントが４つあった。まずはこれらの問題の解決に努めよう〟と考えられるようになった」とアームソンは言う。「これらのエラーは修正できるものだった。一度にあらゆるエラーを見つけ出して修正することはできない。だが、発見したエラーは修正すべきだ。そして、もう一度走行する」

チームは毎週月曜日の午前11時30分に会議をして、進捗状況とその週に重点的に取り組む箇所について議論した。大きな課題になっていたのは、ソフトウェアが歩行者の進路を予測できないことだった。たとえばこの自動運転車は、交差点で右手に歩行者がいる場合、そのままその歩行者が目の前に飛び出してくるかどうかを予測できないために、減速せずに走行を続ける可能性があった。また、センターライン付近に寄りすぎる傾向があり、2台の車が並べるほど車線が広い場合には面倒な事態が起こりやすくなった。交差点では人間が運転する車に同一車線内で真横につけられ、ショーファーの自動運転車がターンをしにくくなることがあった。このため状況に応じて、車線内で左右にゆとりを保って走行するように修正を施した。このような試行錯誤を繰り返し、結局エル・カミーノ・レアルのルートを自動運転で完走するまでには1カ月かかった。

チームは、ベイエリアのすべての橋を走行するというルートにも挑戦した。これも難しいルートだった。橋の上を走らなければならなかったからではない（橋の上は車線が明確に定義されているために、走行は特に問題ではなかった）。サンフランシスコ湾の北側のベルヴェデーレコーブに悪魔のように狭いセクションがあったためだ。そこには、ビーチロードと呼ばれる通りがあった。サンフランシスコ・ヨットクラブ付近から始まり、背の高い街路樹とシャクナゲなどの植え込みのある沿道が、湾の海岸線に沿って続く。海とのあいだにはひっそりと佇むいくつもの豪邸だけ。ビーチロードの道幅は狭いが、路上駐車の車が多い。初めてこの通りを運転したドルゴフとアームソンは、一方通行なのかどうかがわからずに混乱した。路駐の車があるため車1台分が通る幅しかないが、何度か走るうちに、対面通行の道だということがわかった。対向車が近づいてきたときに安全に走行するため、ヨーロッパで一般的な、道路の広い部分で停止して相手が通過するのを待つという技術を自動運転車にプログラムする必要があった。プリウスがビーチロードをうまく通過した後も、別の問題に直面した。プリウスがこのルートで通行できるようにプログラムされていた料金所が、その日は（運悪く）閉まっていたのだ。だが次の走行時にはオープンしていた。こうして、プリウスはこのルートの完全自動運転走行に成功した。

人間よりうまく

その年のハイライトの1つは、チームがグーグルのエグゼクティブ約50人を集めて開催したレースだった。場所はショアライン・アンフィシアターの駐車場だった。地面にトラフィックコーンを置いてレース用のワインディング・コースをつくり、まずは自動運転車を自走させてタイムを計測した。次に自動運転機能を解除して、同じ車をグーグルの幹部に運転させた。すると誰も、ロボットより速くコースを周回できなかった。このレースを通じて、チームは〝人間のように〟ではなく、〝人間よりうまく〟走る自動運転車を開発しているとアピールできた。単に速く走れるだけではなく、運転中に気が散ったり戸惑ったりしやすい人間よりも、自動運転車のほうが安全に走れるという可能性を示したのだ。

現実の世界には、DARPAチャレンジのコースでは禁止されていたものがたくさんある。しかも、それらはいつも合理的に振る舞うとは限らない。携帯電話でベビーシッターに送るメールを書きながら歩いている人は、周囲を確認せずに横断歩道を渡ろうとする。自転車は急に左折するし、ペットも容赦なく道に飛び出してくる。

自動運転車は、さまざまなタイプの動く物体を定義し、カメラやライダーで認識できなければならない。たとえば歩行者は、〝高さが60㎝くらいから2m強で、胴体から伸びた脚を動かして移動する物体〟と定義できる。チームは数十万もの歩行者の画像を人工知能ソフトウェアに読み込ませ、人の顔を認識する携帯電話の写真アプリで採用されているのと同じ学習アルゴリズムによって、高精度で人間を認識できるようにした。同様に、道路で遭遇する可能性のある数百種類もの物体をAIに1つひとつ学習させていった。車椅子。幼児。子供。スケートボーダー。犬。猫。サッカーボール。バスケットボール。アイスクリームの自転車屋台。なかでも特に難しかったのは、路上で交通整理をする警官特有の手の動き（「進め」「止まれ」など）を解釈することだった。

これらはすべて、いかに外界の物体を認識し、その特性を理解するかという、知覚の問題だった。その次のステップでは、行動エンジンと呼ばれる〝対象物がどんな動きをするかの予測〟が求められた。たとえば大人は歩道内を歩くし、信号にも従うが、子供は平気で信号を無視し、路上に飛び出してくる。自動運転車は、こうした違いを知っておかなければならないのだ。他の車の挙動を予測することも重要だ。たとえば片側2車線の高速道路の左レーンを走行していて、右レーンの前方にピックアップトラックがいるとする。少し先で右レーンが左レーンと合流して1車線になるとき、自動運転車はこのピックアップトラックが自分のいる左レーンに車線変更すると予測し、衝突回避のために減速しなければならない。

アームソンによれば、自動運転車の行動エンジンの精度は高まり、周囲のほぼすべての物体の動きを1秒間に10～20回予測できるようになった。道路の右側を走る自転車の前方に路上駐車の車があるとすると、ロボットは自転車がそれを避けるために左側に進路変更することを予測し、減速する。黄色の信号で進入してきた自転車には信号が赤に変わってもそのまま交差点を進む傾向があるので、ロボットは目の前の信号が青に変わってもすぐには発進せずに自転車の動きを観察する。チームはこのようにして、他の物体の特徴的な行動原則を数千個も自動運転車に教え込んだ。

空のシャンパン・ボトル

2010年の春になると、ショーファー・チームにはルーチンができあがっていた。ラリー1Kへの挑戦時にプリウスに乗り込むのは、たいていアームソンとドルゴフのコンビだった（例外もあった。たとえばショーファーのロボット技術者で、現在はトヨタ・リサーチ・インスティテュート・アドバンスト・デベロップメントのCEOを務めるジェームス・カフナーは、グーグルのキャンパスからロサンゼルスのハリウッド・ブールバードまでのルートに挑んだときにプリウスに乗車していた）。

チームのメンバーにラリー1Kへの挑戦の進捗状況をリアルタイムで知らせるために、ウーバーやリフトなどで採用されている車の現在位置を表示するアプリと似た、車の走行経路を追跡するシステムが導入された。ただしショーファーのソフトウェアには、車が自動走行しているかどうかが表示されるという違いがあった。プリウスが自動運転を継続してルートの終わりに近づくほど、チームのエンジニアは熱心に進捗状況を見守った。チャレンジが成功すると、全員でオフィスに集まり、シャンパンのボトルを開けて成功を祝った。空きボトルには完走したラリー1Kのコース名を書き、オフィスの目立つ場所にある棚に並べた。

ある日アームソンは、ドルゴフとその妻のアンナと共にタホ湖に向かった。ラリー1Kでは、2つのルートがこの地域を舞台に設定されていた。プリウスは問題なく1つ目のルートを完走した。ここで、3人は選択を迫られた。その日、ドルゴフがサンフランシスコ国際空港に両親を迎えに行くことになっていたので、サンフランシスコのベイエリアに戻らなければならない。だが、まだ少し時間はある。そこで、限られた時間内でどれくらい自走できるかを探るために、もう1つのルートにも挑戦してみることにした。プリウスは曲がりくねった山道を順調に走り続けた。ドルゴフはショーファー・チームの一員としてはそのままプリウスが走り続けてほしいと願いつつ、個人的には早く空港に行かなくてはと焦るというジレンマに陥った。結局、車はこのルートも完走。1日で2つのルートを制覇した。待ち合わせの時間にひどく遅れてしまった3人は、急いで空港に向かった。

２０１０年の夏、チームのオフィスの棚には、シャンパンの空きボトルが8本並んでいた。秋になると、その数は9本に増えた。残るルートはあと1つ。ニューヨーク・タイムズ紙のテクノロジー担当のベテラン記者、ジョン・マルコフからセバスチャン・スランに電話があったのは、そんなときだった。

最後のルート

ここで、クリス・アームソンの立場に身を置いてみよう。DARPAチャレンジでは、レッド・ウィテカーのチームのために、妻と幼い子供との時間を犠牲にしてまで、血の汗を流して必死に取り組んだ。博士号の取得も延期し、就職も先送りした。自動運転車には世界を変え得る可能性があると信じ、ロボットカーの開発に賭けた。しかし結局、3度開催されたDARPAチャレンジ中、もっとも注目されたアーバンチャレンジに優勝しても、何も起こらなかった。2008年に世界的な不況に見舞われ、自動車メーカーをはじめ、自動運転車の開発に興味を持つ企業は倒産を免れるのに精一杯という状況に陥った。夢への挑戦を棚上げして、鉱石の採掘を支援するロボットカーを開発するプロジェクトに身を投じた。そんなとき、突然セバスチャン・スランから、出来すぎだと思えるほど好条件のオファーが舞い込んできた。ドットコム企業の億万長者2人が手がけるプロジェクトで、ロボットカーで世界を変えるという夢を存分に追い求められる。しかも、成功すれば巨額の富を手にできる――ピッツバーグの凍てつく冬の寒さのなかで、ウィテカーのチームのために連日徹夜をして取り組んできたのと同じように、夢の実現に取り組んだことへの対価として。

2010年、季節が夏から秋に変わる頃には、チームはすでに公道での自動運転の累積走行距離10万マイルという2番目の目標を達成していた。ラリー1Kの10のルートのうち9つも完走していた。２つの目標の完全制覇まで、あとほんの少し。そのとき、夢の実現を危機にさらすような出来事が起こった。

10万マイルを達成するために、チームは同じロボットカーを何台も製造し、ドライバーを数十人規模で雇い、プリウスの運転席に座って自動運転の走行を監視させた。経緯は不明だが、ドライバーの1人がニューヨーク・タイムズ紙のマルコフに電話をして、このプロジェクトについて話をした。そのドライバーのつてで2人目のドライバーに接触し、ショーファー・プロジェクトの存在を確認したマルコフは、長編記事を執筆すると、その公開前にコメントを求めてスランに連絡をしたのだった。「君たちは公道でロボットカーの実験をしているらしいね」スランにその電話でマルコフにこう尋ねられたという。マルコフからメールで送られてきた記事の概要は、〝グーグルがシリコンバレーの公道で自動運転車をテストしている〟というものだった。「ひどい記事だった」とスランは回想する。記事の質のことではない（スランは技術分野のライターとしてのマルコフの能力を高く買っている）。その記事が世に出れば、ショーファー・プロジェクトが世間から叩かれるのではないかと不安になったのだ。自動運転車の公道テストは無謀な試みだと思われないだろうか？　無責任だと批判されないだろうか？　スランは、マルコフからのメールをグーグルの広報部門とセルゲイ・ブリン、ラリー・ペイジに転送した。

ショーファー・チームも、この記事の公開がもたらし得る事態について議論した。「どんな形で発表されるかがわからなかっただけに、心配だった」アームソンは回想する。チームは大打撃を被るかもしれない。企業イメージに悪影響が及べば、グーグルの株価も下がるだろう。プロジェクト自体が中止に追い込まれることもあり得る。「振り返れば、ラリーとセルゲイのことをよく知っていれば、それは杞憂だった。2人はもっと大きな視点でこのプロジェクトをとらえていたからだ」

スランがマルコフに記事の公開を保留させ、ブリン、ペイジ、広報部門責任者のレイチェル・ウェッツトンとグーグルの対応について協議を続けているあいだ、アームソンらショーファー・チームは先手を打つことを考えた。ニューヨーク・タイムズ紙に記事が掲載される前にラリー1Kの最後のルートを完走すれば、この先プロジェクトがどうなるにしても、自分たちチームが目標を達成したという事実は残る。

9月27日の最終月曜日、アームソンとドルゴフは、最後のルートに挑むために自動運転車に乗り込んだ。この日のプリウスには乗員がもう1人いた。チームのソフトウェア・エンジニアで、歴史的な瞬間を目撃したいと同乗を希望したアンドリュー・チャタムだ。残りのメンバーはオフィスに留まり、コンピューターのモニターで進捗状況を見守った。

ルートの序盤、まずパロアルトに向かい、ペイジミル・ロードを登ってサンタクルーズ山脈の乾燥した低木地帯に入ると、すぐに尾根沿いの2車線のワインディングロードが待っている。つづら折りの見通しの悪いカーブがあり、オートバイや自転車が多く、IT長者が乗り回す最新のスポーツカーもいる、自動運転車にとっては難しいエリアだ。スカイライン・ブールバードの手前では、アルパイン・ロードと呼ばれる霧の多い脇道を通過する。交通量の少ない寂れた道で、路上には自動運転車が回避しなければならない廃物もあり、アームソンらには緊張が走った。霧のなかから現れる錆びた自転車や靴などを目にする度に、ラリー1Kの最後のチャレンジの成功を天に邪魔されているような気分になった。極めつきは、霞の向こうから現れた、荷台にこぼれんばかりのガラクタが積み上げられた朽ち果てたトラックだった。

ラ・ホンダの町は狭い道や急な丘、生い茂る植物などで人間のドライバーにとっても難しいルートだが、プリウスは難なく進んでいった。ペスカデロクリーク・ロードをサンタクルーズ山脈の反対側に向けて西に移動し、右に進路をとってステージ・ロードに入り、細い舗装路を辿って木々のない丘を抜け、国道1号線に合流した。ここは、高速道路に合流するために、停止状態から時速約80㎞まで加速しなければならない難所だ。

奇遇にも、これは1年以上前に最初のラリー1Kにチャレンジしたときにも通った道だった。そのときは、太平洋岸高速道路のカーメル・バイ・ザ・シーからサン・ルイス・オビスポまでの区間を走ったが、今回はカーメルの北、カブリロ・ハイウェイとして知られる一帯から国道1号線に合流した。サン・グレゴリオからロビトスの町を通る直線の多い舗装路に沿って北へ向かい、ハーフムーン・ベイの海岸沖にある伝説的なサーフィンスポット「マーベリックス」を通り過ぎ、パシフィカ近くの1号線を進む。地滑りや落石が多いために道が閉鎖されがちで、カリフォルニア州がトムラントス・トンネルを建設して迂回路を整備するために多額の資金を投じていたセクションだ。

この日の午後、地滑りや落石はチームの進行を妨げなかった。プリウスは順調に走行していった。ブレーキの挙動が不安定だった初めてのチャレンジのときのように、アームソンが手に汗を握る必要もなかった。

フェアモントではクローバー型のランプを抜けてカブリロ・ハイウェイを出ると、スカイライン・ブールバードに入り、サンフランシスコ動物園の脇を通り過ぎ、サンフランシスコの西海岸沿いのグレート・ハイウェイを進んだ。ポイントロボス・アベニューに進み、太平洋に面した有名なレストラン「クリフハウス」を通過し、ギアリー・ブールバードを抜け、左折して34番アベニューに入り、ランズ・エンド公園内のリージョン・オブ・ホーナー・ドライブ、エル・カミーノ・デル・マールへ。ゴールデンゲートブリッジのたもとのプレシディオ地区の、観光客や横断歩道の多い複雑なルートを曲がり、ロンバードゲートから公園を出ると、チェスナット通りに沿って西へ向かった。残り数マイル。グーグルの創業者は、当然ながらラリー1Kのこのコースに、あの場所を選んでいた。地理や状況を考えれば、外すことなど考えられなかった。プリウスはロンバード・ストリートの坂道を登り、ハイド・ストリートと交差する頂上に到達すると、〝世界でもっとも曲がりくねった道〟として知られる、観光客の多いジグザグ道を下っていった。ここでも、プリウスは問題なく進めた。「ロンバードを自動運転車で通り抜けるのは至難の業だと思うかもしれない」アームソンは後に振り返っている。「でも実際には一方通行なので、見た目ほど難しくはなかった」

ペイジとブリンが1年半前に考案したルートの最後の部分には、難関が待ち構えていた。プリウスはレブンワース・ストリートを南下し、右折と左折を2回繰り返してゴフ・ストリートに出て、街を斜めに横切る大通り、マーケット・ストリートに入った。この通りには、自転車やバス、複雑な車線表示、サンフランシスコの代名詞である路面電車など、都市部での自動運転にとっての厄介な問題が一通り揃っている。自動運転ソフトウェアはこれらの個々の問題には対処できる。しかしこの通りでは、予測困難な状況のなかで、これらの要素が渾然一体となって迫ってくる。自転車は目の前の車にぶつかりそうな勢いで走り、歩行者は周りをよく確認せずに車道を横断しようとする。アームソンがこれまで開発してきたロボットは、毎回のように最後の最後でトラブルに見舞われてきた。サンドストームやハイランダーは転倒したし、ボスのGPSは大型映像表示装置「ジャンボトロン」の電波に干渉されて突然機能しなくなった。だがそろそろ、そのような不運を免れてもいいはずだった。

今回は、悲劇は起こらなかった。マウンテンビューではチームの残りのメンバーが固唾を呑んで状況を見守っていた。車内ではドルゴフ、チャタム、アームソンの3人が、一言でも言葉を漏らせばすべてが台無しになるとでもいうように、黙ってプリウスの走りに神経を集中させていた。プリウスは最難関のマーケット・ストリートを凌ぎきると、カストロ・ストリートを越え、猛烈な角度のY字路と米国屈指の複雑な交差点を通り過ぎてツインピークス・ブールバードに入り、そのまま通りの終端に到達した。そこはラリー1Kチャレンジのゴール地点でもあった。

ついにショーファー・チームは成し遂げた。グーグルの創設者からの挑戦に応えてみせた。2年間という期限を、3カ月も前倒しして目標を達成した。「あり得ないほど早かった」とスランは言った。

スランはロス・アルトス・ヒルズの自宅で祝賀パーティーを開き、ショーファー・チームのメンバーたちからその功績を祝してプールに放り投げられた。アームソンと妻は手にしたボーナスで自宅の購入費の頭金を払った。一方、ペイジとブリンは、グーグルの広報部門責任者のレイチェル・ウェッツトンと共に、ニューヨーク・タイムズ紙のマルコフに協力的な立場を取ることに決めた。グーグルの自動運転への取り組みを十分に説明すれば、記事の書き方も変わるはずだと期待したからだ。実際、マルコフが取材で得ていたもの以上のスクープも提供した。ショーファーの自動運転車に試乗する初めてのメディア関係者になるというチャンスを提供したのだ。

自動運転の可能性を体感

ここで、私が再びこの物語に戻ってくる。2010年10月9日の午後、ミシガン州ミッドランドで化学工業メーカーのダウ・コーニング社へのコンサルティング業務を終えたとき、携帯電話が鳴った。アームソンからだった。アームソンとはもう2年以上連絡を取り合っていなかった。その間、GMは倒産し、会社を辞めた私はコンサルタントの仕事を始め、ミシガン大学やコロンビア大学などで教鞭も執るようになっていた。

アームソンは、ショーファー・プロジェクトのことや、ペイジとブリンが定めた目標をチームが達成したことを教えてくれた。すべて秘密裏に行われてきたこのプロジェクトのことを嗅ぎつけたニューヨーク・タイムズ紙が、記事を書こうとしているということも。自分たちの取り組みを世間に肯定的にとらえてもらいたいグーグルは、自動運転技術の可能性についてメディアに話ができる自動車業界の内情を知る人間を探している。その適役が、ほかならぬ私なのだという。

話を聞きながら、私はまだショーファー・プロジェクトが成し遂げたというその目標の内容をうまく消化しきれずにいた。

「いったい、どんな場所で10万マイルも走ったんだ?」自動運転走行は、ネバダ自動車試験センターのような限定的なコースで行われたに違いないと思って尋ねた。

「公道です」アームソンが言った。びっくりした。すぐにいくつもの疑問が浮かんだ。GMなら、たとえそれが合法だったとしても、公道での自動運転車のテストなどはしない。会社の弁護士もまず許さないだろう。事故が起きた場合、どう責任をとればいい?

アームソンが、切迫した声で話題を本題に戻した。私に、自動車業界の大物インサイダーとしてグーグルの自動運転車チームを支援してもらいたいのだという。

「クリス、もちろん喜んでそうしたいところだ」と私は言った。「ただし、まずはともかく君たちの車に乗せてくれ」

アームソンとスランはすぐに私をカリフォルニア州マウンテンビューに招く手配をしてくれた。アームソンから電話があったその日、スランはグーグルのブログに、世界に向けてこのプロジェクトの存在を知らせる記事を投稿した。「ラリーとセルゲイがグーグルを設立したのは、テクノロジーを使って大きな社会問題を解決したかったからだ。私たちのチームも現在、大きな問題の解決に向けて取り組んでいる。それは、自動車の安全性と効率性だ。目的は、自動車の使い方を根本的に変えることで、交通事故を防ぎ、人々の時間を節約し、二酸化炭素排出量を減らすこと。最優先事項は安全性。車は無人では走らせず、運転席には必ずドライバーがいる。このプロジェクトはまだ実験段階だが、高度なコンピューター・サイエンスのおかげで、未来の交通のあり方を垣間見ることができている。見通しはとても明るい」

同じ夜、ニューヨーク・タイムズ紙はマルコフの記事をウェブに投稿し、翌日には新聞の紙面にも掲載した。「運転席には問題が生じた場合にハンドルを握るドライバーが、助手席にはナビゲーション・システムを監視する技術者が座り、7台のテストカーは人間の介入なしで約1600km、部分的な介入ありで通算22万km以上を走行した」。マルコフの記事は「ママ、見て！手を使ってないよ」という見出しの好意的な内容のものだった。「曲がりくねった急な坂道として米国中に名を知られる、あのサンフランシスコのロンバード・ストリートも自動運転で走行してみせた」

このニュースは全米に衝撃を与えた。カーシェアリング大手ジップカー社の共同設立者ロビン・チェイスは「世界に轟く一撃」だと驚いた。ワイアード誌のトム・ヴァンダービルトは「地上版のスプートニク」と称賛した——私はこのたとえが気に入った。ロシアの人工衛星は科学技術の可能性を押し広げ、宇宙開発競争の引き金を引いた。グーグルのショーファー・プロジェクトも、自動運転技術の開発競争を促すものになるはずだ。だが、世間の反応は違った。デトロイトの自動車メーカーは冷笑した。「自動運転？　そんなものに何の意味があるんだ？　人は運転が好きなんだ」。しかし、この手の批判をする者に限って、自動運転車に乗ったことがなかった。機械に運転を任せることがどれほど快適かも、自動運転車がパーソナル・モビリティの定義をどう変えるかも知らないのだ。

ニューヨーク・タイムズ紙に記事が出た翌月、11月の末に、私はグーグルのキャンパスを訪れた。まずショーファー・チームにプレゼンをした。刊行されたばかりの共著書『Reinventing the Automobile』の内容とも絡めながら、自動運転技術に基づくパーソナル・トランスポーテーションの新たなＤＮＡの可能性や、リチウムイオン電池や燃料電池車の容量増加、都市型の２人用モビリティ・ポッドのデザインについて話をした。ただし私にとってこの訪問のハイライトは、なんといってもグーグルの自動運転車への試乗だった。まず、アーバンチャレンジからわずか3年で、機器が格段にコンパクトになっていることに感銘を受けた。ボスのコンピューターやセンサー機器は、シボレー・タホの広大な車内スペースに収まりきらないほど大きかった。だがショーファー・チームのプリウスは、普通の車のように見えた。違いは、センサー数個とルーフトップに設置された回転型ライダー、コンソールに取り付けられた大きな赤いボタンだけ。このボタンは、何か警戒すべき事態が生じたときに、人間による運転を再開するときに押すものだという。

私たちを乗せたプリウスがグーグルのキャンパスを出発した。ハンドルを握っていた私は緊張した。GMの研究開発・計画部門の責任者だったときに何度もプロトタイプを運転したが、その信頼性が低いのは痛いほど知っていた。最後に乗ったのはタータン・レーシングのロボットカー「ボス」だったが、快適な体験だったとは言い難かった。米国でもとりわけ混雑度が高いことで知られる高速道路、101号線に入ったときには、手のひらにじっとりと汗をかいていた。しばらくは他の車と同じく、時速約90㎞で巡航を続けた。

「準備はいいですか?」エンジニアから尋ねられた。

私はクルーズ・コントロールのボタンを操作するように、プリウスの自動運転機能を有効にした。指示された通り、ハンドルからは少し手を離した状態を保った。胃がキリキリと痛み、口のなかが渇いた。高速道路での車間距離が、これほど短く感じられたことはなかった。人類がこんなにも高速で水平方向に動く物体を発明したのは、たかだか100年前のことにすぎない。高速道路を走る自動車が、とても危険なものに思えた。しかも私はいま、自動運転機能に自分の命を委ねている。

　プリウスが車線を完璧に保ちながら、交通の流れとともに前進していく。緩やかなカーブが近づいてきた。緊張したが、ハンドルがわずかに動いて車線の中央の位置を保っている。突然、丸みを帯びたフォルムのフォルクスワーゲン・ビートルが左から現れ、プリウスと前方車両の間に割り込んできた。私はこの荒っぽい運転のビートルの存在にまったく気づいていなかった。サイドミラーでも確認していなかった。もし割り込まれると察知できていたら、すぐさま赤いボタンを押して自動運転機能を解除し、自分でハンドルを握っていただろう。私が呆気にとられていた束の間、プリウスは減速し、割り込んできたビートルとのあいだに適切な車間距離をとった。

「驚いた」私は言った。「これはすごい」

　そう、プリウスはビートルに割り込まれるのを予想していた。腕のいい人間のドライバーは、前方に目を向けると同時に、できる限り頻繁に左右や後方の状況をチェックしている。だがグーグルの自動運転車は複数のセンサーで、前後左右を常に確認している。周囲を監視する鷹のような鋭い目と、急な割り込みをしてきた車にスペースを与える知性がある。

　目の前で起きた出来事の意味を理解した後、私はリラックスできるようになった。しばらくして、隣の車線を大きなトラクター・トレーラーと併走したとき、プリウスはトレーラーから離れるように数cm左に移動した。この車は、単に交通規則に従うようにプログラムされているのではない。運転技術は、想像以上に洗練されている。人間のドライバーのような運転をし、むしろそれよりも優れている。グーグルのエンジニアは、人間がハンドルを握るときの繊細な振る舞いを自動運転車に教え込んでいた。

私はカリフォルニアの高速道路を走りながら、それまでに体験したことのないような安心感を覚えていた。スランやアームソン、レヴァンドウスキー、ドルゴフらのチームは、DARPAアーバンチャレンジでは限定的な条件下でのみしか有効ではなかった自動運転技術を、動物や自転車、歩行者、高速道路で割り込んでくる車もいる、桁違いに複雑な現実世界で機能させることに成功していた。グーグルのキャンパスに戻った私は、ショーファー・チームはブリンとペイジが設定した目標を達成しただけではないと気づいた。私にはそのとき初めて、この技術が世界をどんなふうに変えるか、そのはっきりとしたイメージを見たのだった。

グーグルの一員に

マウンテンビューへの訪問が終盤を迎えた頃、スランとアームソンから、グーグルにフルタイムで関わってほしいと打診された。この技術の商用化——つまり、世界中の何百万台もの車に自動運転機能を組み込むには、大手の自動車メーカー、それも数社と緊密に連携する必要がある。そのためグーグルは、自動運転車の可能性を真に理解していて、デトロイトに顔が利く、自動車産業のインサイダーを探していた。

望むところだった。ペイジとブリンは、このテクノロジーを広く世の中に普及させるために必要な資金を提供しようとしている、世界で唯一の大手企業の経営者だ。それに、私はショーファーの驚異的な技術を目の当たりにしたばかりだった。このプロジェクトは、自動運転技術の開発を優に10年分は加速したはずだ。

　だからもちろん、グーグルに自分の力を貸す機会を得たことに胸が高鳴った。だが、私はそのときすでに複数のコンサルティング・プロジェクトに関わり始めていた。それに、カリフォルニアに移住すれば、妻は彼女にとってとても重要な現在の仕事を辞めなければならなくなる。そこで私はスランとアームソンに、パートタイムでグーグルのコンサルタントになることを提案した。この条件は受け入れられた。こうして2011年1月1日、私はグーグルのチームに協力し始めたのだった。

第8章

変化の種

誰もがプランを持っている。口元に1発パンチを食らうまでは。
――マイク・タイソン
（米国の元プロボクサー）

ショーファー・チームのメンバーは、2009年から2010年を、ラリー・ペイジとセルゲイ・ブリンが定めた目標を達成することだけに全員が一丸となっていた蜜月期として思い出すだろう。当時、プロジェクトは秘密裏に進行していたので、メンバーは自分たちの取り組みが公表されたときに世間からどう反応されるかがずっと気になっていた。チームはレーザーセンサーと人工知能、大胆不敵な精神とエンジニアリングのノウハウを組み合わせ、人間のドライバーより安全に公道を走る自動運転車をつくった。この発明が社会を変えると信じていた。

その蜜月期は終わりの時を迎えた。原因は1つではない。それは人間としての自然な反応だったとも言える。私たちは何かに対して、希望や夢、不安が入り交じった大きな感情を抱くことがある。でもいざそれが実現しても、期待していたような状況になるとは限らない。当然、落胆し、気持ちは冷める。ショーファー・チームはグーグルの幹部が定めた2つの目標を達成したが、派手なパレードが催されたわけではなかった。グーグルの自動運転車に関するマルコフの記事がニューヨーク・タイムズ紙に掲載されても、人々は大絶賛の拍手で歓迎してはくれなかった。チームの面々が手にした報酬は、生活レベルが変わるほど良いものだった。だがそれを除けば、たいした変化は起こらなかった。

クリス・アームソンとアンソニー・レヴァンドウスキーがデトロイトで受けた扱いは、ショーファーのプロジェクトに対する世間一般の反応を如実に物語っている。セバスチャン・スランの家での祝賀会の余韻から醒めたチームは、スランやペイジ、ブリンを交えて自動運転車の商用化についての議論を始めた。さまざまな意見が出たが、やはり自動車メーカーとの協業は必要だろうという声が大半だった。そこで何らかのプロジェクトに着手する前に、アームソンとレヴァンドウスキーがデトロイトに飛び、感触を確かめるために大手自動車メーカー数社に会うことにした。「自動運転車をつくるのなら、自動車メーカーの力を借りなければならないと考えたんだ。いろんな形が想定された。メーカーから買った車に僕たちが自動運転機能を追加して売る方法もあるかもしれない。いずれにしても、メーカーとの連携は必要だと判断した」とアームソンは言う。

2人はまず、大手自動車メーカーに部品を供給する「ティアワン・サプライヤー」と呼ばれる企業数社と会った。このカテゴリーの企業は世界中にある。ドイツのロバート・ボッシュGm bH、日本のデンソー、カナダのマグナ・インターナショナルなどが有名で、リアやデルファイ、ビステオンなどの企業はデトロイト近郊に本社を置き、収益が数十億ドル規模に達し、供給先の自動車メーカーと同程度の従業員を抱える大手サプライヤーもある。2011年の年明け、デトロイト郊外の会議室で、アームソンとレヴァンドウスキーはプレゼンに臨んだ――ショーファー・プロジェクトについて、自動運転車の性能について、自動運転で走行した走行距離について、自動運転ソフトウェアがさまざまな方法を駆使して道路をどのように知覚しているかについて細かく説明をした。だがサプライヤーの幹部は、まったくと言っていいほど関心を示さなかった。数年後、アームソンは広い肩をすくめながら、そのときの相手の反応を再現してくれた。「なぜグーグルがそんなことを?」「無意味だ」「50年先の技術だな」。サプライヤー企業の幹部は、回転式のライダーをルーフに乗せた車を売ろうとするなんて、馬鹿馬鹿しいにも程があるとそう思っているようだった。自動運転車をすぐに実用化できるとは信じていなかった。「笑われもした。馬鹿げた挑戦に取り組んでいる微笑ましい若者だと思われたみたいだ」

大手自動車メーカーも訪問した。会議室でアームソンがプレゼンを終えると、幹部たちは怒りの表情を滲ませていた。「自動運転車を公道でテストするなんて無謀すぎる、という反応だった。僕たちは熟慮を重ねた末に慎重にテストを実施したと説明しているのに、聞く耳を持たず、〝よくそんなテストができたものだ。いったい何を考えてるんだ?〟と非難された」。モラルに反したことをしていると思われたようだった。〝そんなものは絶対にうまくいかない〟ある幹部からはっきりとそう言われた。2人は会議室を出て行くしかなかった。

アームソンとレヴァンドウスキーはデトロイトの自動車産業の企業を相手に、自分たちが開発した素晴らしいテクノロジーを使って、一緒に素晴らしい何かを創り出そう、と提案した。だが相手の反応は、にべもない〝ノー〟だった。デトロイト側には、その後、長年ショーファーとの関係を難しいものにする原因にもなる、相手を見下したような態度も見られた。ショーファーが提案した問題解決の方法論は、自動車業界の考えとは根本的に異なっていた。「こちらの真意や意図はまったく伝わらなかった。自動車産業の常識とあまりにもかけ離れているので、検討の対象にすらしてくれなかった」

アームソンとレヴァンドウスキーはデトロイトのメトロ空港に向かった。レンタカーの車内では、しばらく沈黙が続いた。「どうやら——」アームソンがついに口を開いた。「自動車産業とは、組まないほうがいいみたいだな」

水と油のデトロイトとシリコンバレー

2011年の前半、ショーファーでの仕事を始めたとき、私は自分がそれまで30年以上にわたって慣れ親しんできたデトロイトの企業文化が、シリコンバレーのそれとは大きく異なることをさまざまな局面で痛感することになった。

ショーファーのプロジェクトにコンサルタントとして関われるのはとても楽しみだった。とはいえ、自分のことはわきまえなければならないとも肝に銘じていた。なんといっても、私は59歳の、破産した自動車メーカーの元幹部にすぎなかった。1月の初出勤の前には、若者の多いグーグルで浮いてしまわないか、物珍しい目で見られてしまうのではないかと不安になり、しばらくのあいだはどんな服装で出社すればいいのかという問題で頭を悩ませた。ゼネラルモーターズ（GM）時代のドレスコードはビジネスカジュアルだった。開襟シャツやチノパン、セーター、ブレザーなどが認められていて、来客があるときは上着とネクタイの着用が望ましいとされた。立場上、人と会うことが多かったこともあって、私のワードローブにあるのはビジネススーツやドレスパンツ、白シャツ、ネクタイばかりだった。実際にグーグルを訪れると、社員の服装は思っていた以上にカジュアルだった。スーツやネクタイはまずみかけない。長ズボンを穿いていない者すらいる。半ズボンに素足、ビブラムの5本指シューズといった格好で仕事場を歩き回る社員もいた。

結局、マウンテンビューの身なりのスタイルに慣れるまでには1年もかかった。自分の好きなものを着ればいい、というのが、私が最終的に導いた結論だ。チノパンにドレスシャツ、セーターといった出で立ちが多かったが、誰も私が何を着ているかなど気にしていなかった。グーグルの社員は極めて知的で、創造的で、意欲的であるだけでなく、さまざまなバックグラウンドを持つ人間を受け入れる柔軟性があった。

デトロイトとの違いはドレスコードだけではなかった。犬を職場に連れてくることも許されていた。出張中はいつでも自宅にいる2匹の愛犬のことを恋しく感じていた私にとって、このルールは大歓迎だった。赤子を連れてきている者もいた。私は一度、ワークステーションの隣に置かれたキャリアで昼寝をしている赤ん坊を誤って踏みつけそうになったことがある。

他の違いは、アームソンらがデトロイトから何の関心も得られなかった問題とも関連していた。それは、グーグルには交通手段の問題を解決するための新しく革新的な方法に興味を持つ人間が大勢いたことだった。アームソンは自転車で通勤していたし、スランはオフィス内をローラーブレードで移動することで知られていた。シリコンバレー周辺にはベイエリアの高速鉄道やサンフランシスコの路面電車などの公共交通機関が豊富で、グーグルのキャンパスには従業員の移動用のカラフルな自転車が各所に設置されていた。

一方、デトロイトの自動車メーカーの経営幹部にとって、交通手段の問題を解決する方法は1つしかない。そう、車だ。デトロイトは、パワフルなエンジンのアクセルを踏み込んだり、カーブでハンドル操作をしたりといった、車を運転することで日々の喜びを得ているカーガイが牛耳っている。自動車産業で育った者にとって、〝人間が運転しない車〟ほど、想像するだけで身の毛がよだつほどおぞましいものはなかった。

「自動運転車なんてものは決して普及しない。人間は運転が好きなんだ」私は自動車業界の幹部から何度もそう言われた。

「たしかに、どれだけ技術が進んでも運転が好きな人間は残るだろうね」私はそう切り返した。

「今でも馬に乗るのが好きな人がいるように」

この頃、スランはあるカンファレンスでアラン・ムラーリーと同席した。現在はグーグルの持株会社アルファベットの取締役会の議長を務めているムラーリーは、当時フォード・モーター・カンパニーのCEOとして押しも押されもせぬ存在だった。スランは挨拶し、グーグルの自動運転車プロジェクトの責任者を務めていると自己紹介した。「アランはまったく興味がなさそうだった。今では、グーグルの役員になった彼のことはよく知っている。紳士だし、とても聡明な人間だ。でも、そのときは僕のことなど微塵も眼中にないのは明らかだった。ムラーリーに限らず、当時、デトロイトの自動車メーカーのCEOと話をして、自動運転車を開発していると伝えれば、ニコっと笑ってその場を立ち去られるのが常だった」

その年の2月、フィアット・クライスラー社は２０１１年式ダッジ・チャージャーのテレビコマーシャルを放映し始めた。デトロイトの自動運転技術への反応を物語るような内容だった。コマーシャルは、トンネル内でハイビームのヘッドライトを点けてカメラに向かって走るダッジ・チャージャーのショットから始まる。「ハンズフリーの運転――」テレビドラマ『デクスター～警察官は殺人鬼』で知られる俳優、マイケル・C・ホールの格調のあるナレーションが挿入される。「自動駐車サポート機能。検索エンジン会社が製造する自動運転車」

数秒の沈黙――。

「ロボットが、人間をつかまえて燃料にする――そんな恐ろしい結末の映画を観たことがある」。

〝マッスルカー〟と呼ばれるダッジ・チャージャーが加速し、カメラの前を通過していく。最後の決め台詞が入る。「2011年、新型ダッジ・チャージャー。人間の抵抗を象徴する車」

自動車業界の冷たい反応

フィアット・クライスラーは、グーグルが自動運転技術の商品化のために提携しようとしていた自動車メーカー数社のうちの1社だった。だがこの会社はショーファー・プロジェクトを、映画『ターミネーター』に登場する知性を持ったコンピューターシステム「スカイネット」の先駆けのようなものだととらえていて、近い将来に自動運転車を本格的に開発することには興味を示さなかった。グーグルがショーファー・プロジェクトの内容を発表してから数カ月のあいだに、デトロイトは自動運転車に関するあらゆる未来に反対する立場をとるようになっていた。当初の想定よりもはるかに困難な開発状況に追い込まれることになったアームソンとショーファー・チームは落胆した。アームソンがGMの幹部をマウンテンビューに招いたとき、デトロイトの自動運転車に対する反感を象徴する出来事が起こった。その幹部は、ショーファーの自動運転車に試乗しているあいだ中、否定的な言葉を吐き続けた。あからさまにショーファーの車を見下していた。その根底には、ショーファーがしているのは高校生の科学プロジェクト程度のお遊びであり、消費者向けに製品化できる見込みはないという偏見がありありと窺えた。その幹部は、〝申し訳ないが、このプロジェクトを行う意味が私にはわからない〟という意味のことを言った。

ショーファー・チームは神経を逆撫でされた。私たちには、世界を変える挑戦をしているという自負があった。温室効果ガスの排出量を減らすことから、新しい形の移動手段を創造することまで、社会の差し迫った問題の解決に貢献できると信じていた。だがデトロイトの反応はこうだった。〝自動運転技術は悪くはないが、注意する必要がある。我々は、無責任なシリコンバレーの会社がつくる危険なロボットカーから人々を守らなければならない〟。私は激怒した。自動車業界がつくる製品が引き起こす事故によって、毎年世界で130万人もの命が奪われている。ある会社が、この重大な問題を解消するための画期的な発明をした。それなのにデトロイトは、その努力をけなしている。自動車業界のこの態度は、信じがたいほど無責任だと思った。私は自動運転車の技術は、安全性や効率性、環境への影響という点で革命的なものであり、本来なら自動車業界はこれを速やかに受け入れるべきだと思った。なぜ、自らぜひショーファーと仕事がしたいと手を挙げないのか——。

見えない方向性

蜜月期の終わりを示す決定的な兆候は他にもあった。それまで一枚岩だったチームに人間関係に、亀裂が生じ始めたことだ。その背景にはスランがチーム運営に専念できなかったことも関係していた。当初、スランは週1のペースでショーファーのプロジェクトに関わっていた。だがほどなくしてブリンとペイジから「ディレクター・オブ・アザーズ」と呼ばれる、グーグルの中核事業である検索ビジネスとは直接関係のないテーマの研究開発を率いる立場に指名された。翌年にはその後継として同社の最高機密である「グーグルX」ラボが誕生。スランはディレクターに就任した。グーグルX（グーグルが持株会社のアルファベットの傘下に再編された後は「X」とのみ呼ばれている）の責任者として、スランは「ムーンショット」と呼ばれるプロジェクトを担当した。ムーンショットとは、ジョン・F・ケネディ大統領が「60年代の終わりまでに人類を月に送り込む」と宣言し宇宙開発競争の新たな扉を開いた有名な演説からとったもので、一見すると荒唐無稽だと思えるが、実現できる可能性のあるアイデアを指している。

スランは会社のキャンパスの端にある3階建ての建物内に設置されたグーグルXのオフィスで、自動運転車プロジェクトだけでなく、気球によるインターネット接続サービスのプロジェクトなどにも取り組み始めた。人工衛星や、「軌道エレベーター」と呼ばれる地上と宇宙空間を結ぶケーブルの開発も研究対象だった。糖尿病患者の血糖値を測定できるコンタクトレンズの研究もあった。

スランがグーグルXの運営に時間をとられるようになるなかで、チームはショーファーが次に進むべき方向性について話し合った。スランは2011年前半のこの時期を「現実的な何かに挑戦するフェーズ」だと位置づけていた。だが、その〝現実的な何か〟を見つけるのは簡単ではなかった。チームは自動運転技術を商用化するための具体策を探した。ルーフに取り付けて自動運転機能を追加できるアフターパーツとして販売する？　フロリダの退職者向けコミュニティのような大規模な民間開発エリアに自動運転車をまとめて導入させる？　チームは手始めに、ゴルフカートをベースにした自動運転タクシーサービスをグーグルのキャンパス内で1カ月ほど試験的に導入した。このサービスの利便性を高めるには、車両が主要道路を横断できることが望ましかった。その場合、接近する他の車を検出するためにライダーのような長距離センサーが必要になる。だがライダーはゴルフカートに設置するには高価すぎた。グーグルのキャンパスの横断歩道にセンサーを設置する方法も検討したが、これもサービスが社員にもたらすメリットに比べ、コストが高すぎると判断された。

先が見えない状態が続き、次第にチーム内に不協和音が谺するようになっていった。「スポーツチームでも同じことが起こると思う」とアームソンは言う。「みんなが団結してシーズンを戦う。優勝する、あるいはそれに準じる大きな目標を達成する。ミッションは終わりだ。でもその後で、〝次は何をすればいい？〟という問題に突き当たる」。それまでの2年間、メンバーは個人的な目標を脇に置いて、チームの2大目標の達成にすべてを捧げてきた。その判断は理にかなっていた。チームに尽くせば、ペイジとブリンが設定した目標に近づける。結果として、各メンバーが大きな報酬を手にするチャンスも高まる。

2011年前半、チームはさまざまなプロジェクトの可能性について議論したが、以前とは違いメンバーは自分の利益を優先するようになっていた。その結果、チームの結束力は綻び始め、政治的な駆け引きも起こるようになった。グーグルの幹部は510システムズの存在（同社はストリートビューとショーファー向けの慣性測定ユニットと、ショーファー向けのドライブ・バイ・ワイヤ技術の開発に関わっていた）が、レヴァンドウスキーにとって利益相反になっていることにはっきりと気づくようになり、将来的にショーファーのライバルになることも考えられる同社を買収対象として検討するようになった。

スランはレヴァンドウスキーをショーファーにとってのＣＥＯのような立場に据えようと目論んでいた。だがメンバーの多くが、レヴァンドウスキーがトップになるならチームを抜けると反発した。スランは3月、チームの団結力を取り戻すために、全員宛にメールを送って、大きな目標に向かわせようとした。「我々は４０００ｍ級の登頂に初めて成功したような段階だ。これからは８０００ｍ級の山を目指さなければならない。まだ死亡事故を1つも減らせていないし、視覚障害者や身体障害者が運転できる車もつくっていない。1ガロンのガソリンも節約していない。ショーファーの使命を思い出そう。我々は偉業を成し遂げ、世界を変えていく、喜びに溢れる一致団結したチームであるべきだ」

レヴァンドウスキーは、チームの主要メンバーを引き連れてグーグルを離れ、自動運転車を独自に開発することを画策していた。自らが経営する５１０システムズにメンバーを引き抜くという案もあったし、新しくスタートアップを立ち上げるという案もあった。レヴァンドウスキーに口説かれてチームを辞めることを決意した3人の優秀なソフトウェア・エンジニアが、アームソンに〝一緒にチームを抜け、新しいスタートアップのＣＥＯになってほしい〟と頼んだ。新会社の株式のかなりの割合も与えるという条件付きだった。だがアームソンは首を縦には振らなかった。「ここではみんな良い報酬を得ているし、僕たちがこの技術を開発したのもこの場所だ。自動運転技術を実用化するとなれば大量のリソースも必要になる。だから、資金力のあるグーグルが最適な場所だと考えたんだ」

2人の天才の確執

これが、アームソンとレヴァンドウスキーの確執の始まりだった。アームソンに脱退話を断られた3人のソフトウェア・エンジニアは、結局自分たちもショーファーへの残留を決めた。レヴァンドウスキーはこれを根に持ったようだった。「アンソニーは自分の計画通りに僕たちが動かなかったことに腹を立てていた。それが亀裂の原因だ」とアームソンは言う。

その一方、チーム内ではメンバーの意欲を高めるための目標設定についての議論も続いていた。〝自動運転技術を10万台の車に導入すればメンバーに報酬を与える〟という案もあった。だがグーグルの幹部とショーファーのあいだで次の具体的な方向性が定まっていないため、数値目標は設定しにくかった。そこで、「ショーファー・ボーナスプラン」という仕組みが採用されることになった。チームのメンバーはこのプランの確定後から12年間、ショーファーの株式の一定割合を保有することが保証され、約4年ごとに配当も与えられる。狙いは、メンバーがグーグルに所属しながら、スタートアップを起業したり、他の会社に買収されたりした場合と同じような形で報酬を得られるようにすることだった。「成功すれば莫大な見返りがあるスタートアップのような報酬システムをつくろうとした」とペイジは後の裁判文書（ウェイモの元社員であるレヴァンドウスキーが、開発に関わっていたとされるライダーを主とした技術を後にウーバーに買収されるオットーへと持ち出した盗用に関する裁判で記録された文書。裁判は和解して決着している）のなかで述べている。

ボーナスプランで手にする株式の割合は、レヴァンドウスキーのほうがアームソンよりも多かった。これはグーグルがチームの自動運転技術に関する知的財産を確保するために、レヴァンドウスキーが所有する510システムズを買収したことにも関係していた。チーム内には、この買収金の一部がレヴァンドウスキーのボーナスプランの取り分に含まれていると推測する向きもあった。アームソンとレヴァンドウスキーがこのプランからどれだけの金額を得ることになるかは、ショーファーが独立企業として将来的にどれくらいの価値を持つかによって左右されるため、数年先までわからない。私は2人がこのボーナスによって最終的にどれだけの報酬を得たのかについて、どちらとも直接話をしたことはない。だが2人をよく知る者として、レヴァンドウスキーへの優遇をアームソンが快く思っていなかったであろうことは容易に想像できる。

2人の不和には他にも原因があった。レヴァンドウスキーがスランと密接な関係にあったことだ。3人がショーファーで手を組む前から、レヴァンドウスキーはスランと親密に連携してきた。2007年3月、地図製作会社への投資の件でベンチャーキャピタリストとの交渉に苦しんでいたスランにも、救いの手を差し伸べている（この会社は後にグーグルがストリートビューの開発のために買収した）。「スランはレヴァンドウスキーに自分に近いものを見ていたのだと思う」アームソンは言う。「2人は似たもの同士だ。どちらも頭が切れるし、起業家精神があり、とても精力的だ。だから馬が合った」

レヴァンドウスキーはペイジによく長文メールを送り、ショーファーの戦略についての自分の考えを伝えていた。その内容はアームソンの見解とは矛盾していることが多かった。ペイジはレヴァンドウスキーのショーファーへの貢献を高く評価し、2011年には、「プロジェクトが成功した暁には、レヴァンドウスキーがボーナスプランによって多額の報酬を手にすることを確約する」とメールで返信している。

レヴァンドウスキーはスランやペイジとの距離の近さを利用してアームソンのチーム内での立場を脅かした。2011年5月にはその動きが顕著になった。「レヴァンドウスキーが、単独でリーダーになれなければ、チームを去ると言っている」とスランはペイジにメールで伝えた。「だがもし彼がリーダーになったら、メンバーの大半が辞めることになりそうだ」

チーム内の緊張感は限界に達した。2人のうちどちらかを辞めさせなければならないと考えたスランは、2011年の中頃、私にアドバイスを求めてきた。〝アームソンとレヴァンドウスキーはチームにとって欠かせないメンバーであり、どちらも解雇すべきではない〟と意見を述べると、2人の仲をとりなしてほしいと正式に依頼された。GMの研究開発部門の責任者時代に、聡明で意欲的な研究者の対立を何度も仲裁してきた経験が買われたのかもしれない。その夏、私はマウンテンビューを定期的に訪れ、アームソンとレヴァンドウスキーに会って話を聞くことになった。

私はアームソンにシンパシーを感じた。米国中西部出身の私には、カナダ出身の彼と気質的に通じるものがあったのだろう。実直なところには好感が持てたし、その人柄には高い倫理観と誠実さがにじみ出ていた。困難な状況のなかでうまくショーファーを切り盛りしていることも評価できた。

一方のレヴァンドウスキーには、とっつきにくさを感じた。前述したワイアード誌のマーク・ハリスの記事には、「常に秘密のプランを隠し持っていて、誰もその詳細を知らない」という同僚による的確な人物評が掲載されているが、この表現はレヴァンドウスキーの人間性を見事に物語っている。私はそれまで優秀な人物を大勢見てきたが、これほどの才能のある人間にはめったにお目にかかれない。グーグルのプロジェクトでも数々の目覚ましい実績を残してきた。だが彼には問題もあった。自らの利益を追求するためなら、テクノロジーの能力であれ、人間関係であれ、容赦なく限界まで追い込もうとすることだ。

私はスランに、アームソンとレヴァンドウスキーを交えて4人で会い、2人のこれまでの確執について腹を割って話をしようと提案した。8月下旬の火曜日の午後、4人で一緒に過ごした。夕食を日本食レストランでとり、翌朝にも再び顔を合わせた。私は2人が、関係が悪化した原因を包み隠さずに目の前で話し合うことが大切だと考えた。君たちが意思疎通を欠くことはチームにとっての損失だ、と私は言った。第三者が介入しなければならない事態に陥っていることが、アームソンとレヴァンドウスキーに事の重大さを気づかせた。なぜこんなことになったんだ？——2人はそう思ったようだった。私にできる最善策は、2人が力を合わせることの意味を思い出させることだった。アームソンとレヴァンドウスキーはこの分野で傑出した能力を持っている。この2人以上に、自動運転車の開発のことを知り尽くした人間は地球上に存在していなかった。世界80億人のなかのトップ2だ。私は2人に、袂を分かって個別に取り組むより、手を組んだほうがはるかに速やかに自動運転車を実用化できると説得した。2人は私の意見を受け入れてくれた。

この話し合いは、はっきりとした形で実を結んだ。ショーファーの新しい運営指針と実行計画が定められ、スラン、アームソン、レヴァンドウスキー全員が署名した。私はアームソンとレヴァンドウスキーが定期的に対面の話し合いをすべきだと主張した。意見の相違を2人のあいだで解消しておけば、チームには余計な影響が及ばない。ショーファーがその潜在能力を最大限に発揮するには、2人が信頼関係を築くことが不可欠だ。そのための鍵は、対面での率直なコミュニケーションだった。私は2人がワンチームとして機能すべきだと強調した。そうしなければ、望みは実現できず、グーグルの資金は無駄になる。2人は時間をかけて、協力して物事をうまく処理できるようになっていった。だがこの連携が軌道に乗るまでには紆余曲折もあった。レヴァンドウスキーがアームソンとの一対一での話し合いの途中で、感情を高ぶらせ涙を流したこともあった。

その間も、チームは自動運転技術を商用化することへのプレッシャーを一段と感じるようになっていた。スランが、ショーファーが追求すべきプロジェクトを決定した。この技術を普及させるための鍵は、ショーファーが開発した「高速道路運転支援」にあると判断したのだ。これは後付けではなく新型車に組み込む機能として展開するもので、高速道路で適切な車線を走行している状態でドライバーがボタンを押して有効化にすると、車がその車線を維持して自動走行してくれるというものだ（現在では新型車の多くに搭載されているが、当時は誰も想像したことがないような機能だった）。

テスラ――クールな電気自動車の登場

ショーファーのエンジニアたちが進むべき未来について議論を続けていたとき、パーソナル・モビリティに大きな変革をもたらす2つの破壊的イノベーションが姿を現そうとしていた。その1つは、自動車産業だけではなく、世の中の消費者をも納得させることのできる電気自動車がついに登場したことだった。このマイルストーンを達成した企業が、テスラだ。

テスラの起源は、シリコンバレーの起業家マーティン・エバーハードとマーク・ターペニングが創業した電子書籍リーダーの開発会社ヌーボメディア（NuvoMedia）にある（同社は2000年、双方向テレビ番組ガイド開発のジェムスター社に1億8700万ドルで買収された）。２人は電子書籍リーダーへの電力供給方法を模索するなかで、リチウムイオン技術の進化によってバッテリー容量が大幅に改善されているという事実を知り、この技術が新たなタイプの電気自動車を実現する可能性を開いていることに気づいた。

前述したように、９／11の同時多発テロ事件が起きた背景には、米国が中東の石油に大きく依存しているという現実があった。こうしたガソリン車中心の社会からの脱却を目指す動きが、自動運転車の開発を推進しているとも言えた。同じように、世界貿易センターやペンタゴンにテロリストが攻撃をしたことが、テスラ誕生のきっかけにも大きく影響している。前年にヌーボメディアを売却したエバーハードとターペニングは、翌２００１年に新会社設立のアイデアをあれこれと探っていた。その年の９月に同時多発テロ事件が起きたことがきっかけで、エバーハードは地球温暖化の影響や、米国が関わる遠く中東での紛争について思いを巡らすようになった。こうした事態を招いている原因の一部が、現代の自動車がガソリンを偏重していることにあるのは間違いなかった。２人にとって、新しいリチウムイオン電池を用いた代替の推進システムを搭載する自動車の開発を検討することは、理にかなっていると思えた。

そんなとき、エバーハードの目に留まったのがロサンゼルスのACプロパルジョン（AC Propulsion）社だった。同社はバッテリー駆動の電気自動車のハンドメイドカーを、ミッドサイズ・セダンやスポーツカー「ｔＺｅｒｏ」として製造していた。組み立て式の「キットカー」として販売されたｔＺｅｒｏは、バッテリー式電動モーターで駆動するファイバーグラス製のボディとスチール製のフレームを持つ2人乗りオープンカーだ。停止状態からわずか4・9秒で時速60マイル（約96㎞）に到達するというスピードを誇るモデルもあったが、バッテリーとして使われていたのは鉛蓄電池だった。エバーハードはACプロパルジョンに50万ドルを投資し、リチウムイオン電池を搭載した車の開発を依頼した。ヌーボメディアでの経験から、鉛蓄電池よりもはるかに軽量で大きなパワーと充電が可能だということを知っていたからだ。この出来事をきっかけに、エバーハードはターペニングと共にACプロパルジョンのｔＺｅｒｏの量産バージョンを製造すべく起業を決意した。俊敏で軽量、超高速の電気自動車のスポーツカーが、ラグジュアリーカー市場にアピールできると考えたからだ。２００3年7月1日、2人はテスラを設立した。

そしてテスラの主な投資家だったのが、他ならぬイーロン・マスクだ。

テスラが２００8年に同社初となる量産型自動車「テスラ・ロードスター」を発売するまでのあいだには、多くの紆余曲折があった。これは驚くことではない。自動車業界に関わる人なら誰でも、新しく車を開発して大量に製造することがどれほど難しいかを知っているはずだ。２００8年の不況も事態を悪化させた。加えて、後に同社のＣＥＯに就任することになるマスクは、癖のある人物だった。ロードスターのプロトタイプを発表する記者会見では、約4秒で停止状態から時速60マイルに到達するという高速で、印象的なフォルムをしたクーペを前に、「これまでにつくられた電気自動車は、すべて酷い代物だった」と息巻いた。それは不誠実で、無作法で、利己的な態度だった。以降もマスクは、こうしたふてぶてしい印象を周囲に与え続けていくことになる。

その一方、マスクの指揮の下でテスラはさまざまなイノベーションを実現させていった。同社は自らを、単なる企業ではなく、自動車のあり方を抜本的に変えることで世界をより良くするという使命を背負った、改革運動の担い手であると見なしていた。シリコンバレー対デトロイトという図式を初めて自動車業界に持ち込んだ企業だとも言えるし、間違いなく、リチウムイオン電池を使用したバッテリー電気自動車を大量生産した初めての企業だった。テスラは２０１０年の夏に株式を公開した。米国の自動車メーカーとしては、１９５６年のフォード以来のＩＰＯ（新規株式公開）だった。また米国で本格的な自動車メーカーが誕生したのは、１９２５年のクライスラーが設立されて以来だった。

２０１２年にテスラが発売した「モデルＳ」は、電気自動車の概念を変えた。ＧＭのＥＶ１は運転の楽しい元気な車だったが、生産台数が限られていたため、電気自動車に対する消費者の見方に大きな影響は与えられなかった。トヨタのハイブリッド車「プリウス」も優れた車だったが、その魅力はカーガイにアピールするような自動車としての性能や格好の良さではなく、環境への影響が少ないというエコロジカルな側面が評価されていたことにあった。だがモデルＳは、ガソリンエンジン以外の推進システムを用いた量産車として、初めて自動車そのものの魅力をアピールすることに成功した。ハンドリングが良く、ロケットのような加速力を誇る美しいこの自動車が、たまたま電気自動車だったというわけだ。モデルＳは、ＧＭで私のチームがオートノミーのコンセプトカーで開発したスケートボード型シャシーのアイデアを発展させていた（もちろん、私はそれが気に入った）。時速0～60マイルが4・2秒の4ドア高級セダンは、1回の充電で約400kmの航続距離を実現し、7人乗りのバージョンもあった。高い安全性、巨大なタッチスクリーンを用いたコンソール、ドライバーが車に近づいたときにのみ現れるドアハンドルのような、接触部分を目立たないようにした洒落たインターフェイス。モデルSは〝電気自動車としてはクールな車〟ではなく、クールな車そのものだった。その年、モデルSはモーター・トレンド誌のカーオブザイヤーに選ばれ、ガソリン車以外の車として初めてこの賞を獲得した。

リフトとウーバー――ライドシェアリング界の双璧の誕生

パーソナル・モビリティの世界に変革をもたらす2番目の破壊的イノベーションは、1999年にジップカーを共同設立したボストンの起業家、ロビン・チェイスから始まった。

このスタートアップは、カーシェアリング会社だった。都市部の居住者をターゲットとし、わずかな会費を払った会員は、利用時間に基づいて低料金で車に乗ることができる。貸出期間の短いレンタカー・サービスだとも言えるが、さまざまな面で革新的な違いがあった。会員は、街乗りに適した最新モデルの自動車を細かな時間単位で利用できる。わざわざレンタカーショップに出向かなくても、ジップカーの車両が設置されている自宅付近の駐車場に行き、クレジットカードサイズのバッジを使ってロックを解除すれば車に乗り込める。キーは車内に置いてあるので、そのままスーパーや大型小売店、週末のドライブなどに出かけられる。

チェイスは、レンタカーのビジネスモデルの常識を打ち破り、〝1人1台の自家用車は当たり前〟という米国にはびこる概念と闘っていると信じていた。「初めの頃は、映画『ゴッドファーザー』みたいな状況に巻き込まれるのではないかと不安だったわ。機関銃を持った男たちが突然部屋に入ってきて、どこかに連れ去られてしまうんじゃないかって」。実際、ジップカーは老舗のレンタカー会社から馬鹿にされ、デトロイトからも叩かれた。「君はわかってない」周りからは何度もそう言われた。「マイカーを持つことは、人の自尊心と結びついているんだ」

たしかに、一昔前ならその通りだった。私が育った1950年代から60年代、車を所有することは米国では必須だった。しかも、どんな車でもいいわけではなく、まともな車を持っていなければならなかった。だがジップカーの成長は、都市部の人口が増えるなかで、自動車に対する消費者の態度が変化していることを表すものであり、同時にその傾向に拍車をかけるものでもあった。SNSやスマートフォンの普及も、この流れを後押ししていた。今日の若者は、必ずしも車を持たなくてもよいと考えるようになっている。米国で16歳から34歳の100人が1年に購入する乗用車は2000年で5台だったのが、2015年には3・5台に減った。同じ期間に、新車購入者の平均年齢も約7歳上がった（連邦準備銀行のエコノミストによる2016年の記事による）。

チェイスは、若者が初めて手に入れたまとまった金で何を買うかが変わり始めていると言う。

昔のように、車を買うためにアルバイト代を貯金するような若者は減った。それは、新型のスマートフォンやテレビゲーム機のために使われる。「今どきの若い人は、少々値の張る中古車よりも、最新の薄いiPadが欲しいと考えている」とチェイスは言う。

チェイスは「経済と利便性はステータスに優る」という信念のもと、カーシェアリングのビジネスモデルに自信を持っていた。既存のものと同じサービスを、それよりもはるかに便利な形で、かつ低価格で提供すれば、それは成功する。「ジップカーを利用することは、マイカーを所有するよりも便利」だからだ。

ジップカーは、この物語に登場する次なるイノベーター、ローガン・グリーンにも影響を与えた。ロサンゼルス育ちのグリーンは高校時代、アタリ社の創設者ノーラン・ブッシュネルが経営するゲーム会社uWinkでアルバイトをしていた。通勤のために、ロサンゼルスの高速道路を車で往復しなければならなかった。いつもひどい渋滞だったが、車の大半にはドライバーしか乗っておらず、他の座席は空いていた。「渋滞を眺めながら考えていた」グリーンは作家ブラッド・ストーンの著書『UPSTARTS』のインタビューで答えている。「何千台もの車が同じ方向に向かっていて、どの車にも運転席にしか人が乗っていない。もし1台に2人ずつ人を乗せれば、渋滞の長さを半分に減らせるのに、って」

カリフォルニア大学サンタバーバラ校（UCSB）に通っていたとき、ジップカーのサービスを知った。2002年にはこの会社のシェアリング・カーを学校に大量導入してもらおうと試みたが、ジップカーには当時100台しか車両がなく、実現には至らなかった。だがこれがきっかけになり、自ら大学にシェアリング・サービスを導入することになった。シェアリング・カーの車両となるトヨタ・プリウスはUCSBが大量に購入し、グリーンはオンラインの予約システムや、アクセスコードとRFID（無線自動識別）カードによる車のロック解除機能など、ジップカーに似た技術インフラの構築を担当した。このシステムは、短距離の都市部での移動に適していた。グリーンも地元のロサンゼルスに戻るときには、高速バスを利用したり、コミュニティサイト「クレイグスリスト」でライドシェアの相手を探したりした。

夏休みにアフリカ旅行をしたとき、ジンバブエの人々が気軽に車の乗り合いをしていることに衝撃を受けた。正式なタクシーなど走っていなかった。手を上げて道行く車を止め、空いている座席に乗り込むだけだ。謝礼として、ドライバーにわずかなガソリン代を払う。発展途上国であるジンバブエの交通システムのほうが、先進国米国のサンタバーバラよりも効率的かもしれない――。そのとき、サンタバーバラ市の都市交通に関する組織「メトロポリタン・トランジット・ディストリクト委員会」の最年少理事を務めていたグリーンにとって、この気づきの意味は大きかった。

UCSBの最終学年時には、カリフォルニア州の交通システムの効率を向上させるため、それまでの自分の経験をすべて結び付けたコンセプトを思いつき、インターネットを用いたヒッチハイク・サービスを提供する会社を立ち上げた。社名は〝ジンバブエ式の乗車方法（ライド）〟の意味を込めた「ジムライド」。空き座席のある車と、同じ目的地に向かう人とをマッチングさせるサービスだ。同じ頃、フェイスブックが外部のソフトウェア開発者向けにAPIを公開し始めた。グリーンはこのチャンスに飛びついた。SNSを介してドライバーと乗客をマッチングすることには、利用者が相手のプロフィールを簡単に調べられるというメリットもあった。ジムライド初のアプリ「カープール」は大学生を対象に、フェイスブック経由でドライバーと乗り手をつなぐサービスだった。このサービスは、フェイスブックが〝開発者がこのプラットフォームを使用して革新的な新サービスを提供した好例〟としてさかんに宣伝してくれたこともあって、世間一般に知れ渡っていった。

コーネル大学を卒業したばかりだったジョン・ジマーは、自分の名前と社名が似ていたこともあり、グリーンの会社のことを知っていた。昼間はリーマン・ブラザーズの不動産アナリストとして働いていたが、空いた時間でグリーンと共にジムライドの仕事にも関わるようになった。当初、グリーンとジマーが全米の大学向けのオンライン乗り合い情報サイトの運営などの〝サイドハッスル〟と呼ばれる社会的意義のある副業に精を出していたこともあって、ジムライドそのものの展開はしばらく停滞していた。2人は2010年、サンフランシスコとロサンゼルスなどの特定の路線を運行するミニバスの乗り合いサービスを開始したが、このアイデアはヒットしなかった。そこで2012年の春、交通の問題を解消するための他のアイデアについて開発チームと話し合いを始めた。

チームが注目したのは、ウーバー（Uber）社が提供しているサービスだった。同社は２００８年11月17日、カナダの起業家ギャレット・キャンプによってカリフォルニア州にウーバーカブ社として法人登録された。キャンプはカルガリー大学の修士課程在学中に、自分の好みに合わせてネット検索ができる当時としては先進的なソーシャルメディア・サイトの運営会社「スタンブルアポン（StumbleUpon）」を共同設立し、後に同社をｅＢａｙに７５００万ドルで売却した。それ以前からサンフランシスコに拠点を移していて、メルセデス・ベンツのスポーツカーを持っていたが、夜の外出時にはタクシーを使っていた。すぐに質の悪さで知られるサンフランシスコのタクシー・サービスに苛立ち始め、違法営業のタクシーを利用するようになった。この街の白タクは、最新モデルの黒塗りのセダンが多く、パッシングで客引きをしていた。このときに白タクの魅力を実感したことと、００７の映画『カジノロワイヤル』でジェームズ・ボンドがスマートフォンを使ってモバイル地図上で車を追跡する大好きなシーンが頭のなかで結びついたことで、アイデアが浮かんだ――「ｉＰｈｏｎｅを使って、ジェームズ・ボンドのようにサンフランシスコのタクシーをつかまえられるアプリを開発し、サービスを開始したばかりのアップルのアップストアからダウンロードできるようにしよう」

その直後の２００８年12月、キャンプは旧友のトラビス・カラニックと共にＬｅＷｅｂテックカンファレンスに出席するためにパリを訪れた。ＵＣＬＡでコンピューター・サイエンスを学んだカラニックはファイル共有サービス「Ｓｃｏｕｒ」（ナップスターのライバル社で、動画ファイルの交換も可能だった）の共同設立者を経て、連続起業家になっていた。ＬｅＷｅｂで次の大きな起業のチャンスを探していたカラニックは、Ａｉｒｂｎｂのようなサービスを開発することを頭に描いていた。キャンプはカラニックに、ウーバーカブに参加しないかと誘っていた。２人はパリでタクシーに乗った。一緒にいた、キャンプとくっついたり別れたりを繰り返しているガールフレンドが、履いていたハイヒールのかかとをシートの座面に乗せると、無愛想な運転手に怒鳴られた。３人は客を客とも思わないサービスに腹を立て、その場でタクシーを降りた。

これが、カラニックのターニングポイントになった。タクシー利用や自動車交通の問題全般を改善することを目的に起業すると決意したのだ。サンフランシスコに戻ると、さっそくキャンプと一緒に仕事に着手した。２人は２０１０年1月に初めての正社員としてライアン・グレーブズを雇った。ウーバーカブは、サンフランシスコの人々が黒塗りのリムジンを呼び出せるツールとして２０１０年6月にアップストアで公開された。その直後に投資を呼びかけるために送られたメールには、「ウーバーカブは、あなたのプライベートドライバーです」と書かれている。乗り合いサービスを提供することを巡ってサンフランシスコのタクシー関連の規制当局と争いが起こった。だがこれが逆に宣伝効果となり、ユーザーの月間成長率は30％に達した。この勢いに乗り、カラニックは正式にＣＥＯに就任。２０１1年、同社はサービスをニューヨーク市に拡大した。

ウーバーと、後にジムライドから社名変更されたリフトは、わずか数年のうちに、ライドシェアリングの世界の陰と陽、コークとペプシのような存在になった。この2社はさまざまな面で対照的だ。カラニックのアクの強さは有名だ。「周りからぶっ飛んでいると思われるくらいじゃなければ、破壊的なイノベーションなど起こせない」ウーバーの投資家が、バニティフェア誌でカラニックについてそう語っている。一方、リフトの投資家は、グリーンとジマーが起業家としては人が良すぎると心配していた。リフトがサービスを開始した当初、車に乗り込んだ乗客がドライバーと拳をつき合わせる「フィストバンプ」で挨拶することや、目印のためにこのサービスを利用する車のフロントグリルにピンクのひげを付けることが奨励されていた。これはライドシェアサービスの有効な利用方法の普及に貢献した。一方、ウーバーに見られるミニマリストの精神は、この新たな移動方法がもたらす効率の良さを強調するものだ。こうして、タイプの違うこのライバル2社が、ライドシェアリングの世界の先駆けとなったのだった。

第9章

4兆ドルの破壊的イノベーション

ガラスのコップに水が半分入っている。それを見た楽観主義者は、コップが半分満たされていると言い、悲観主義者は、半分が空だと言う。そしてエンジニアは、このコップは必要なサイズの2倍あると言う。

――出典不明

2011年の夏から秋にかけて、アンソニー・レヴァンドウスキーから、自動運転車の市場規模はどれくらいになると思うかと尋ねられることが何度かあった。当時の私は、ショーファー・ボーナスプランについては何も知らなかった。このプランによってレヴァンドウスキーがチーム最多の株式を手にすることになったのも、この自動運転車プロジェクトがグーグルからスピンアウトした後の株式の評価額がチームのメンバーが手にする報酬を左右することも知らなかった。いずれにしても、レヴァンドウスキーの好奇心を十分に刺激する情報は提供できた。米国の交通システムにとてつもない変化をもたらすことが見込まれている、4つの破壊的イノベーションに関する研究プロジェクトを率いていたからだ。

DARPAやカーネギーメロン大学、スタンフォード大学、グーグルは、自動運転車が実現可能であることを実証してみせた。ゼネラルモーターズ（GM）のコンセプトカー「EN－V」は、あらゆる用途を前提とした過剰設計ではなく、もっとも頻繁な用途向けに機能を限定した車の可能性を示し、上海万博でも大きな注目を集めた。ジップカーやリフト、ウーバーは、車は所有しなければならないという常識を打ち破った。テスラは、電気自動車をメインストリームに押し上げようとしていた。これらの潮流は1つひとつが、130年前に誕生して以来ほとんど変化のなかった自動車による輸送システムを大幅に進歩させるものだ。だが私は、これらを組み合わせることで可能になるものに興味があった。オートモビリティの新たな時代がすぐそこに来ているのを感じた。この新時代では、自動車の機動性と安全性が高まり、維持費や環境負荷が減るはずだ。だからこそ、これらの潮流が結びつくことが生み出す相乗効果を深く理解したかった。そこにはどんな未来が待ち受けているか？　ショーファー・ボーナスプランの対象だったグーグルのエンジニアが知りたがっている経済的な観点から言えば、これらの破壊的イノベーションはどれくらいの市場規模になるのだろうか？

私にこれらの問いに対する理解を深める機会を与えてくれたのが、ジェフ・サックスだった。人々のライフスタイルの持続可能性を向上させる斬新な方法を研究するコロンビア大学地球研究所の所長であるサックスは、世界に名を知られた経済学者で、2005年の著書『The End of Poverty』はベストセラーになった。その評判を耳にしていた私は、2008年11月にサックスが新聞の論説で〝今回の金融危機はデトロイトが世界の自動車産業で米国の技術的なリーダーシップを発揮できるチャンスだ〟という斬新な主張をしていたのを読んで以来、注目するようになった。私も同じ意見だった。

サックスは大統領に就任したオバマに自動車業界の危機について助言し、GMの状況を学ぶためにデトロイトを訪れていた。2009年の前半の午後、私はサックスと自動車の新たなDNAの可能性について話をした。すぐに、私たち2人が、交通システムの未来に関するビジョンを共有し、その実現のための情熱を持っていることがわかった。

2009年の秋にGMを退職したとき、サックスから連絡があった。地球研究所で立ち上げた、「持続可能なモビリティに関するプログラム」がテーマの新しいイニシアチブを率いてほしいのだという。サックスのことが好きだった私は、2010年1月から同研究所に加わることにした。

スイートスポットを探せ

地球研究所で持続可能なモビリティについての研究をする機会に恵まれたそのときの私は、GMとのしがらみも気にする必要はなかった。自動運転、シェアリング、電動、限定用途向けといった条件を満たす車が米国においてどれくらいの経済的影響を及ぼすかについて、存分に研究ができると腕が鳴った。調査を開始するにあたり、サックスの協力を得て企業6社から十分な研究資金を出資してもらえた（自動車メーカーのGMとボルボ、通信会社のエリクソンとベライゾン、電力会社のフロリダ・パワー&ライト、不動産開発会社のキットソン&パートナー）。敏腕プログラム・マネージャーのボニー・スカボロー（全米技術アカデミーの元エンジニア）と研究助手数人を雇い、親友で元同僚のビル・ジョーダンもチームに参加してもらった。

ジョーダンの数理モデルの実力は世界でもトップクラスだった。私は80年代前半、コーネル大学で土木工学の博士号を取得したジョーダンをGMの研究開発部門で採用した。すぐに意気投合し、数学や統計の技術を応用してGMの経営や製品を改善するための意欲的なプロジェクトに一緒にいくつも取り組んだ。私と同じ日にGMを退職し、コンサルタントとして充実した日々を送っていたジョーダンに、コロンビア大学の地球研究所での新しいプロジェクトと、チームに参加してほしい理由を説明すると、二つ返事で承諾してくれた。

私はデトロイト北西にあるフランクリン・ビレッジの自宅の裏庭にジョーダンを何度も招き、議論を重ねた。まず取り組んだのは、私たちが自動車を所有し、維持することにどれだけのコストがかかっているかを把握することだった。米国人は全体として年間3兆マイル（約4・8兆㎞）以上の距離を運転する。そのコストは莫大だ。ＡＡＡ（米国自動車協会）は毎年、自動車の所有・維持費を試算している。これには減価償却費、燃料費、保険代、保守費用、ローンなどの費用が含まれ、走行距離ごとに発生するもの（燃料や減価償却など）と年単位で発生するもの（保険やローンなど）がある。

ＡＡＡの２０１１年の調査によれば、米国で自動車の所有・維持にかかる費用は駐車場代を除いて1マイル（約1・6㎞）あたり約0・60ドル。これに1マイルあたり平均約0・05ドルの駐車場代（これは居住地や駐車場所によって大きく変動する）を加えると、コストは1マイルあたり約0・65ドルになる。つまり米国人は車の所有・維持に年間2兆ドルを費やしている（0・65ドル×3兆マイル）。

車の運転に費やす時間のコストも考慮しなければならない。多くの経済学者がこの時間コストの試算に取り組んでいるが、その算出方法には幅がある。ジョーダンと私は、米国人の平均時給を1時間あたりの平均走行距離で割るというシンプルな方法を用いた。2011年の米国の平均賃金は1時間あたり24ドル（平均年収43000ドル÷平均労働時間1800時間）。都市部での車の平均走行速度は時速25〜30マイル（約40〜48㎞）（渋滞や信号停止の時間も含まれる）。すなわち、米国人が車で移動するときに1マイルあたり約0・85ドル（時給24ドル÷平均時速28マイル［約45㎞］）の時間コストがかかっていることになる。これに1マイルあたり0・65ドルの所有・維持コストを加えると、合計コストは1マイルあたり約1・50ドル。つまり、米国人全体が車の運転に費やすコストは年間約4・5兆ドル（1・50ドル×3兆マイル）。とてつもなく大きな額だ。なんと、米国の連邦政府の年間予算約4兆ドルよりも多い。だがジョーダンと私は、この4・5兆ドルのコストは、モビリティの破壊的イノベーションによって大幅に減らせると確信していた。

私たちが想定していたのは、スマートフォンのアプリから無人運転の電気自動車を呼び出し、スーパーマーケットなどの目的地に移動するシステムだった。アプリから送信されたリクエストは中央のコンピューターシステムによって管理され、付近を走行する大量の車両の1台にタスクが割り当てられる。車は乗客を拾い、目的地で降ろし、再び別の客を乗せるために呼び出し場所に移動するか、清掃や燃料補給などを行う営業所に向かう。

このサービスの市場規模を推定するために、考えなければならない問題は山ほどあった。乗客は、呼び出した車が到着するのをどれくらい待てるだろうか？　ユーザーの要求を満たすために、運営側には一定エリアでどれくらいの車両が必要になる？　車は1日あたり、乗車／空車の状態でどれくらいの距離を走行する？　車をユーザーに割り当てる最良の方法は？

複雑な数学と分析が必要だったが、ジョーダンと私にとっては苦ではなかった。GM時代はずっと同じような難題に一緒に取り組んできたし、私たちはそれを数学的に解決するのが大好きだった。

マイカーはそのほとんどの時間、動かずに駐車場所にいる。だが私たちのサービスでは、車の稼働率ははるかに高くなる。ただし、次の顧客の所に向かうときは、空車状態になる。空車走行の距離が多いと当然コストもかさむが、それは稼働率の高さで相殺できるだろうか？　乗客が呼び出したときに付近に車が走っているようにするには、ある地域にどれくらいの車両を走らせる必要があるか？　私たちの数理モデルでは、呼び出した車が到着するまでの時間、車両全体の稼働率、空車状態の走行距離などを計算して、スイートスポットを見つける必要があった。移動のスタート地点とゴール地点がランダムであることや、朝と夕方のラッシュアワーも考慮しなければばならなかった。「平均的」な利用方法だけを想定するだけでは不十分だった。ユーザーが苛立つような長い待ち時間も避けなければならない。

まず、米国の自動車利用の平均的な移動距離や速度、所要時間などのデータを集めた。当然、これらの値は対象の地域や都市によって変わる。現実的なシミュレーションをするためには、具体的な地域を想定する必要があった。私たちは、米国の典型的な地域をいくつか選んだ。最初に選んだのはミシガン州アナーバーだ。同じようなコミュニティが全米各地に無数にある、典型的な小都市だからだ。ミシガン州のジョーダンと私の自宅からも近いという利点もあった。米国でもっとも人口密度の高い都市を代表する場所として、マンハッタンも選んだ。モビリティの破壊的イノベーションは、このような環境に住む人々にどのようなコスト削減をもたらすのだろうか?

たった2分であなたのもとへ

ミシガン州アナーバーは、ミシガン大学のお膝元として知られる人口28万5000人の町だ。私はコロンビア大学での仕事に加えて、2010年の春にミシガン大学で工学実践の講義を担当することになっていたので、この町には馴染みがあった。偶然にも、ここはグーグルの共同設立者ラリー・ペイジが、学生時代のバス停での辛い体験をきっかけに、交通システムにイノベーションを起こすことを夢想した場所でもある。

私もペイジと同じく、アナーバーの交通システムにはうんざりさせられていた。私の大学でのオフィスはノースキャンパスにあり、講義をする教室はそこから約４km離れたセントラルキャンパスにあった。講義後にそのまま運転して帰宅できるように、いつも車でオフィスからセントラルキャンパスに向かったのだが、毎回駐車場を見つけるのに難儀した。ミシガン大学のスタッフは、駐車エリアを優先的に利用できる許可証を年間８００ドルで購入できる。私もこの許可証を買っていたが、それでも授業開始に間に合わせるためには45分前にはオフィスを出なければならなかった。４kmの運転に10分、駐車場を見つけるのに20分（祈るような気持ちで、駐車場の8階まで登らなければならないこともしょっちゅうだった）、教室まで急いで歩いていくのに10分。その度に、現代の非効率的なモビリティ・システムを打破するイノベーションが必要だという思いを新たにした。

ジョーダンと共に、アナーバーでの自動運転車を用いたオンデマンドのモビリティ・サービスの影響を分析するための仮定を立てた。まず前提とすべきは、このサービスは従来の自動車の個人所有がもたらすのと同等以上の利便性を実現しなければならないということだった。呼び出された自動運転車は、何分以内にユーザーのところに到着すべきか？　それは人々がマイカーに乗るときと同程度の時間であるべきだ（鍵を見つけ、ガレージに行き、車のエンジンをかけ、私道を出る）。私たちは、慎重にコストを試算すべく、基準を厳しく設定し、自動運転車はアプリで呼び出してから2分以内に到着しなければならないと判断した。

このサービスの運営者は、全車両の現在位置を把握し、各ライドの完了時刻の予測（現在、ウーバーやリフトなどの企業はこれを実現している）や、次の顧客場所への到着時刻の予測ができなければならない。さらに、顧客には配車された車の現在位置と予想到着時刻をリアルタイムで知らせることも必要になるはずだ（ウーバーとリフトは数年前からこの情報を顧客に提供していて、それを当然だと考えているユーザーは多い。だが私たちがこの新しいモビリティ・システムを構想していた2011年当時、この概念は革新的なものに思えた――実際、その通りだった）。

私たちは計算を単純化するために、より任意的な仮定に基づいた条件もつくった。まず、サービスの対象を正方形なエリアに限定した。また、移動の出発地と目的地は常に全方向に対して均等であるとした（これは朝は郊外から中心部に、夕方はその逆に交通の流れが増える米国の都市の現実を反映していない）。サービスエリア全体に車がランダムに分布していることも仮定した（現実にはエリア内の駐車場やメンテナンス施設に車両が集中する可能性が高く、これも単純化した仮定になる）。このように仮定を単純化するのは、数理モデルを構築する初期段階で当たりをつけるために用いられる常套手段だ。その後で、分析やシミュレーションの精度を上げていく。

ジョーダンと共に数理モデルを構築し、仮想の（アナーバーではなく、一般的な）都市部に対してシミュレーションを実行した。この時点では、まだソフトウェアをテストしている段階だった。だがこの予備的なモデルでさえ、弾き出された結果に驚かされた。「あり得ない」私は自宅の裏庭のテーブルでジョーダンに言った。「もう一度計算し直そう」。だがその結果は、2度目も、3度目も、同じく驚くべきものだった。何度もチェックしたが、結果は毎回、このモビリティ・システムが顧客のリクエストに平均2分未満という迅速な時間で応答できることを示していた。空車での走行距離は少なく、実車での走行距離の約5％に過ぎなかった。車両の稼働率は高く、午前6時から午後8時までの約75％の時間、顧客を乗せて走っていた。しかもこの目覚ましいパフォーマンスは、サービス対象人口のわずか15％相当の車両台数で達成できていた。

大きな手応えを感じた。だが、この数理モデルをアナーバーの実世界のデータに当てはめた場合は？　ユーザーのリクエストに応じて約2分で目的地まで配車するには、何台の車両が必要になるのだろう？　連邦政府の２００９年の交通に関する調査によれば、アナーバーには自家用車が20万台あり、1日あたり74万回の移動が行われている。午前6時から午後8時のあいだの車の稼働率は約8％。1日平均で67分間しか使用されていない。

ジョーダンと私はこのうち、1日70マイル（約１１３㎞）未満しか走行していない12万台の車に対象を絞った。自動運転シェアリング・カーは、これらの都市部での移動に使われる可能性がもっとも高いと考えたからだ。これらの車両は1日に52万８０００回の移動に利用され、1台あたり平均4・4回走行し、平均乗車数は1・4人で、平均移動距離は約9・3㎞だった。

アナーバー内でこれらの移動をすべてカバーするために必要な車両の数を計算するために、私たちは「待ち行列システム」、すなわち人や物がサービスのために並ぶシステム（高速道路の交差点や食料品店のレジ前の行列など）向けに開発された数理モデルを採用した。その結果、驚くほど少数の車両で、かつ平均待ち時間1分未満という迅速な配車を実現できることがわかった。アナーバーでの移動全体を均質化した場合に必要な車両台数はわずか1万3000台。ラッシュアワーなどの混雑時を想定した場合でも、アナーバー周辺の移動をユーザーが支障なく行うために必要な車両はわずか1万8000台だった。

コンピューターが結果を示したとき、私は腰を抜かしそうになった。信じられなかった。結果は見事に私たちの数理モデルと一致していた。1万8000台の車は、アナーバー周辺の移動に使われている自家用車全体のわずか15%にすぎない。

なぜこれだけの少ない車両で、アナーバーのモビリティのニーズに対応できるのか？　その答えは人口密度と人々が毎日行う移動の数に関係していた。計算の結果、誰かが乗車を終えると、そのすぐ近くに車を利用したいユーザーがいる可能性が高いことがわかった。自動運転車の空車での移動距離は短くて済み、次の顧客のところにすばやく到達できる。また、ラッシュアワーなどの需要が急増する状況に対応するために車両を5000台増やすと、平均で1平方マイル（約2・6平方㎞）あたり約40台分の空きができる。これらの自動運転車はコンピューターの計算に基づき、次に顧客をもっとも拾いやすい場所に移動できる。

アナーバーは特殊なケースではないのかという疑問もあったので、他の都市を対象にした調査を実施した。ユタ州ソルトレイクシティ、ニューヨーク州ロチェスター、オハイオ州コロンバス、テキサス州オースティン、カリフォルニア州サクラメントなどだ。どのケースでも、これらの都市で利用されている自家用車の約15％の台数の自動運転シェアリング・カーがあれば、ユーザーの呼び出しに迅速に応えられる効率的なモビリティ・サービスを提供できることがわかった。また、1平方マイルあたり約750人以上の人口密度のあるコミュニティでは、この自動運転車をベースにしたモビリティ・システムが極めてうまく機能することも明らかになった。この人口密度の基準は、米国の大半の都市や町に当てはまるものだ。モデリングで用いている主な仮定を変更しても、結果は変わらなかった。たとえば車両の稼働率が高く、空車での走行距離が少なく、応答時間が短いモビリティ・サービスを提供するのに必要な都市部での自動車移動のシェアは、わずか10％。これは市場シェアがそれほど高くなくても、ビジネスとして成り立つサービスを提供しやすいことを意味していた。

新たなモビリティの莫大な可能性

この計算のおかげで、私たちはこの来るべきモビリティの破壊的イノベーションがどれほど革命的であるかを理解し始めた。次の問題は、米国での自家用車の所有・維持費の1マイルあたり1・50ドルの平均値と、シェアリング、電動、自動運転の車のコストを比較することだった。搭載する技術が高価なために、新しいシステムの車のコストは実現不可能なほど膨れあがってしまうのかもしれない。あるいは、自動運転車に定額または利用ベースで料金を支払えば、移動コストを大幅に減らせるのかもしれない。

米国では車での移動の75～85％が1人または2人で行われるため、新サービスにはEN－Vのように短距離移動に特化した2人乗り車両を用いることを前提にしてコストを計算した。GM時代、クリス・ボローニ＝バードとEN－Vの車重を1000ポンド（約455kg）未満だと見積もったことがある。これは一般的な車の重量の3分の1から4分の1であり、部品数も通常の車の1割程度になる。材料費も当然減ることになるため、車両価格は1台約7500ドルと見積もった（自動運転機能の価格は含めていない）。ジョーダンと私はこれを基準にして、私たちが構想するサービスに用いる車両（同じく、自動運転技術の搭載費用を除く）の価格を約1万ドルと試算した。一般的なタクシーと同等に廃車までに約25万マイル（約40万km）走行すると想定し、減価償却費は1マイルあたり0・04ドル、バッテリーに充電するための電気代は1マイルあたり約0・01ドルと試算した（これに対し、ガソリン1ガロン［約3・79リットル］あたり30マイル走行する低燃費の車は、ガソリン価格が3・00ドル／ガロンの場合、1マイルあたり0・10ドルのコストがかかる）。保守費用は、全米自動車協会が従来型の車を対象に算出しているのと同等の1マイルあたり0・05ドルにした（電気自動車は保守費用が少なくて済むが、バッテリー交換に金がかかる）。保険費用は、「自動運転技術は自動車事故を9割減らせる」という交通安全の専門家の予測に基づけば、従来の車に必要な1マイルあたり0・05～0・10ドルよりも大幅に削減できるはずだ。私たちのサービスでは、0・02ドルを想定した。駐車費用も、新しいサービスでは車両の稼働率が高いため、従来型の車の1マイルあたり0・05ドルから0・01ドルに減らした。

ローン費用は、1マイルあたり0・01ドルとした。

これらの推定コストを合計すると、1マイルあたり0・14ドル。これに空車での走行時のコストとして10％を追加した。こうしてジョーダンと私は、シェアリング・サービスに用いる2人乗りの電気自動車のコストを、1マイルあたり約0・15ドルと試算した。

今度は、これに自動運転技術のコストを追加する。自動運転システムには、レーザーやレーダー、カメラ、コンピューター、デジタルマップ、ソフトウェア、アクチュエーターなどが必要になる。2011年当時、これらのプロトタイプを製作すると、商用化が不可能なほど費用が必要だった。だがどんな新技術も、プロトタイプ段階では高価なものだ。自動車業界で長年キャリアを積んできたエンジニアとして、ジョーダンと私は、技術が成熟するにつれて製造コストは低下すると見込んでいた。アンチロックブレーキや横滑り防止装置、ハイブリッド・システム、高度なバッテリー、燃料電池などの自動車に新たに採用されたテクノロジーは、成熟するにつれて製造コストが5～10分の1に縮小した。エンジニアとは、いったんある製品が価値を生むとわかったら、それを改善する能力が実に優れているものなのだ。

モビリティ・システムの無人運転技術には1台あたり1万ドルかかると試算した（これは慎重な見積もりだった。最近では、複数のコンサルティング会社がこれを約5000ドルだと予測している）。この1万ドルを上乗せすると、1マイルあたりのコストは0・04ドル追加される（1万ドル÷25万マイル）。このコストと、オンボードのプロセッサやセンサーへの電力供給に必要な電気代として1マイルあたりさらに0・01ドルを追加した。

これで、自動運転システムの1マイルあたりのコストは0・05ドル。これを車両にかかる1マイルあたり0・15ドルのコストに加えることで、この電気駆動の2人乗りシェアリング自動運転車のトータルコストは1マイルあたり0・20ドルになる。つまり従来の自家用車の所有・維持費である1マイルあたり1・50ドルと比べると、私たちが構想するモビリティ・システムは1マイルあたり1・30ドルもコストを削減できる。

胸が高鳴った。私たちの知る限り、これは自動運転、シェアリング、電動、カスタムデザインの車の可能性を組み合わせ、そのコストを試算した初めての事例だった。1マイルあたり1・30ドルの節約に米国人が1年間に走行する3兆マイルを掛けることで、モビリティの破壊的イノベーションがこの国の自動車移動のコストをとてつもない規模で削減できることが明らかになる。新たな自動車モビリティの時代では、米国の年間4・5兆ドルもの自動車移動のコストを、3・9兆ドルも削減可能なのだ。たとえこの見積もりに2倍の誤差があったとしても（私たちはそんなことはまずないと考えていたが）、数兆ドル単位でのコスト削減になることには変わりない。

この電動の自動運転車を用いたモビリティ・ソリューションを利用すれば、米国人は移動コストを年間で625ドルも節約できる。運転から解放された時間の価値をこれに加えると、試算の方法にもよるが、年間の節約額は1万6000ドル以上にも達し得る。

私たちがマンハッタンで行った分析は、安く移動する方法を求めている人にとってさらに刺激的なものだった。わずか約60平方kmに160万の人々が住むマンハッタン地区では、駐車料金が高く、リーズナブルな価格のタクシーや大規模な公共交通機関が利用しやすいため、車の所有率が低い。私たちの無人運転モビリティ・サービスは、イエローキャブの呼称で知られるマンハッタンのタクシーと利便性の面でどのように比較できるのだろうか？　2011年、マンハッタンでの1日あたりのタクシーの利用回数は約41万件。タクシーをつかまえるまでの待ち時間は平均約5分で、料金は1マイルあたり約5ドルだった。私たちのモビリティ・サービスなら、約9000台の車両で、同じマンハッタンでの1日41万回の移動を実現できる。しかも、待ち時間は平均1分未満に短縮可能だ。料金ははるかにリーズナブルだ。サービスの運営者の利益分15％を加味しても、アプリで呼び出せば1分以内に到着する自動運転車で移動するサービスに支払う料金は1マイルあたり約0・50ドル。イエローキャブの約10分の1だ。マンハッタンではタクシーの平均乗車料金は8ドルで、チップも必要だ。だが無人運転車なら、1ドルで同じ距離を移動できる。

私はこの試算の結果を目にして、初めてことの重大さを認識した。新しいモビリティ・システムがもたらす利益と株主価値の可能性は計り知れない。1世紀にわたって大きな変化がなかった既存の自動車移動システムのプレーヤーに対しても大きな脅威になる。何より、この破壊的イノベーションは避けられないものだと思えた。後にジップカーの共同創業者ロビン・チェイスも、2016年のワイアード誌のブログ「バックチャネル」に掲載された記事で予見的な観測を述べている。「抵抗しようとする都市や州、国はあるかもしれない。だが全体としてはこの流れには逆らえないだろう。戦いは長引くだろうが、最後は結局、誰もが自動運転車を選ぶことになるはずだ」。ウーバーとリフトの急速な成長は、わずかな金を節約するために移動方法を変えようとする人々が大勢いることを示している。従来の自動車移動のシステムからドライバーを取り除き、材料やエネルギー面の無駄を省くことで、ウーバーやリフトのような人間主導型の移動システムをベースにしたサービスよりもはるかに多くのコストを節約できる。結果として、この新しいシステムはより迅速に採用されていくことになるだろう。

未来では家族は朝をこう過ごす

新時代のオートモビリティは、私たちの暮らしを飛躍的に快適にする。子供や高齢者、障害者など、さまざまな制約によって運転ができなかった人たちも、好きなときに好きな場所に移動できる自由を手にする。誰もが、以前よりも安価にモビリティのメリットを享受できる。

この新たなモビリティ・システムの仕組みを理解するために、未来の家族の朝の過ごし方を想像してみよう。ウィルカーソン一家は、イリノイ州のシカゴ郊外の町、エバンストンに住んでいる。２０３１年９月11日（ガソリンに依存する自動車産業のあり方を根本から問い直すきっかけとなった９／11の同時多発テロから30年が経過した日になる）、一家はいつもと同じような朝を迎える。９歳のトミーは食べかけのシリアルとトーストを前に、バーチャルリアリティのコンピューターゲームに熱中している。11歳になる姉のタミーは友達に携帯メールで今日の予定を伝えている。テーブルの反対側では母親のメアリーと父親のトーマスが、ホログラフィック・ディスプレーをスワイプして朝のニュースをチェックしている。タミーが弟のほうを向いて言う。「トミー、まだグッズクローゼットに荷物を入れてないでしょ？　あなたの仕事よ」

トーマスがうなずき、「朝食の前にしておかなきゃ駄目だぞ」と息子に言う。「今朝は父さんも手伝おう」

父と息子はキッチンを出て、元はガレージだった場所を改造したレクリエーションエリアに向かう（車を所有しなくなった家庭の大半は、ガレージを生活スペースに変えるようになっている）。グッズクローゼットはこのエリアの端にある。気密室の高い、家の内外から扉を開けられる食器棚だ。毎晩、配達用のドローンが、食料品や日常品、家族がインターネット注文した品を家の敷地内に落とす。今朝は、ミルクや生野菜などの食料品に加えて、長細い段ボール箱もあった。ハイパーライトという会社のロゴが印刷されている。「僕のウェイクボードだ！」とトミーが叫ぶ。

「今度、別荘に行ったときに楽しもう」父が言い、息子の肩に手を置く。

食料品を棚に片付けるとすぐに、スマートフォンが振動する。毎月一定距離を利用できる契約をしているカーシェアリング会社「マグヒクル」が、車の到着を知らせているのだ。

「バイバイ、おばあちゃん！」トミーが、2人乗りのモビリティ・ポッドに乗って、趣味のカードゲーム「ブリッジ」の大会会場に向かおうとしている祖母に叫ぶ。イノベーションが実現した世界では、85歳の女性も積極的に外出を楽しめる。

空は晴れ渡っている。自動車の動力源がバッテリーや水素燃料電池に置き換わって以来、スモッグ警報や酸性雨は過去の遺物になった。トミーが家の前の路肩で待機する4人乗りの自動運転車に乗り込む。続いてタミー。続いて、自ら興したPR会社に出勤する、洒落た格好のメアリー。最後は、スーツ姿のトーマスだ。数年前に両親が経営していた自動車ディーラーを廃業し、シカゴ都市圏周辺の大手自動運転車サービス会社向けに充電や清掃、保守サービスを提供する営業所を運営する会社を始めた。今日はシカゴの中心街にある投資銀行と、38番目の営業所を開設する件について重要な会議が待っている。

「ママ、今日は僕が言ってもいい？」そう尋ねたトミーが、母親が頷くのを見て咳払いをすると、神妙な面持ちで言った。「マグヒクル、乗車開始」

ドアがロックされ、滑らかに車が動き出す。数年前、人間が車を運転していたときは、走行時に車が揺れるので、車内で落ち着いて読書や動画鑑賞ができなかった。だが自動運転車の加速と減速は人間が感知できないほどスムーズだ。乗車中にデスクワークができる机と椅子がある車両や、バーチャルリアリティ体験を楽しめる快適なリクライニングチェアを備えた車両もある。

以前、親は始業開始のベルが鳴る前に子供を学校に送り届けるため、朝のラッシュアワーのなかを縫うように車を走らせなければならなかった。だがイノベーションが実現された未来では、通勤や通学は快適な時間に変わった。親は子供と充実した時間を過ごせる。エバンストンの西にある学校までの3㎞の道のりのあいだ、トーマスは娘のタミーと学校のバレーボールチームのトライアウトについて会話し、メアリーは息子のトミーの宿題に目を通し、数学の復習問題で10問中9問正解だったことを褒めた。

子供を降ろした車は、ルート計画ソフトウェアの計算に従い、もっとも効率的なルートを経由して州間高速道路94号線を南に進み始める。トーマスは書類に目を通しつつ、時折、新しい営業所に相応しい場所はないかと窓の外を眺める。隣のメアリーは、その日の午後に予定している、上海のクライアントへのテレビ電話でのプレゼンに使う資料を確認している。トーマスは、父親の時代に比べて通勤の方法はずいぶん変わったものだと感慨に耽る。自動運転サービスでは需要に合わせて価格が変動する料金モデルが採用されている。これには交通量を均等に分散させる効果もある。料金がもっとも高騰するのは午前8時から9時のあいだだ。トーマスとメアリーもできれば追加料金は払いたくはないが、子供たちを学校まで送っていけるので、あえてこの時間帯にサービスを利用している。

高速道路では、大型のトラクター・トレーラーから小型の2人用の「ポッド」までさまざまな自動運転車が走っている。ラッシュアワー時でも通勤はスムーズだ。コンピューターの複雑なアルゴリズムのおかげで、自動運転車は常に安全な車間距離を保ち、合流も難なくこなしながら走行できる。トーマスの父親の時代なら1時間はかかったエバンストンから市街地までの通勤も、

30分間しかかからない。トーマスは、次の休暇に家族でミシガン湖の湖畔にあるコテージ風の別荘を訪れるために、目の前に浮かぶスクリーンをスワイプして大型のSUV車を予約した。

数分後、高速道路を降りた車は、「ループ」と呼ばれる高架鉄道付近にある、マディソン通りとラサール通りの交差点の手前で減速した。車ではなく歩行者優先の街づくりが行われてきたことで、辺りの光景も30年前とは変わった。路上駐車専用だった貴重なスペースは広くて緑豊かな歩道になり、駐車場は公園やカフェ、公共広場、マンションやオフィスビルに変わった。2人が車を降りると、車は次の乗客が待つ場所（または近くの営業所）に向かうために走り出した。トーマスとメアリーが歩道でキスをした。「じゃあ、また夕方の5時にここで」。2人は今日の私たちが住んでいるのとは似ているようで異なる世界で1日を始めるために、それぞれの職場に向かって歩き出した。

届かないスピーチ

ウィルカーソンズ家がいる未来の世界に辿り着くには、さまざまな分野での大規模なイノベーションが必要だ。それでもジョーダンと私の試算は、このイノベーションが起こる可能性が高いだけではなく、不可避であることを示していた。2011年夏の終わり、私はジョーダン、プログラム・マネージャーのスカボローと共に、シミュレーション結果を地球研究所のスポンサー企業に提示した。その後、同研究所所長のサックスと、スポンサーにこのモビリティ・サービスの事業化に乗り出してほしいと売り込んだ。だが、これらの技術がもうすぐそこまで来ていることを知っているはずのGMやボルボなどのスポンサー企業は、色よい返事をしてくれなかった。SF小説のなかの話のようだと思っているみたいだった。

私は、誰であれ聞く耳を持つ人に対して話をした。クリス・アームソンやアンソニー・レヴァンドウスキーなどのグーグルのメンバーにこの調査結果を詳しく説明したところ、強い興味を持ってもらえた。アームソンに依頼され、12月にショーファー・チーム全体にプレゼンをすることになった。その前の11月、ドイツのマインツで開催されたFISITA（国際自動車技術会連盟）の年次総会で調査結果を発表した。自動車業界の技術者や幹部が業界動向の情報を共有し合う重要な会議だ。

「私たちは自動車のエンジニアリングと設計において、極めて重要な変革の時期に差し掛かっています」スピーチの冒頭でそう述べた私は、代替の推進システムや専用設計車両、〝人間のドライバーなしでも自走できる車〟について話した。DARPAアーバンチャレンジでのボスの短い動画を再生し、ショーファーでの自動運転技術の開発の取り組みについて説明した。「グーグルの自動運転車は、赤信号で停止でき、ベビーカーを押して歩く人を検知して衝突を回避できます」「私はグーグルで顧問を務めています。同社が開発中の車に毎月試乗していますが、まさに日進月歩です。そこには我々エンジニアなら誰もが理解できる、はっきりとした学習曲線があります。自動運転車が走行する場所も、実験室から試験コース、限定条件下での競技、そして公道と順調に進歩しています」

次に、私はジョーダンとのシミュレーションを通じて発見したことを聴衆に示した。新しいモビリティ・システムでは、既存の車の約15％の台数で都市内の移動をまかなえる。しかも、従来の自家用車と同じ利便性と移動の自由を確保できる。ユーザーはお金を節約できるか？ そうなる、と私は聴衆に訴えた。「アナーバーなどの都市を対象とした我々の分析によれば、モビリティのコストをこれまでの1マイルあたり1・50ドルから約0・20ドルに減らせます」

「これは夢物語なのでしょうか？」私は場内にいる大勢のエンジニアに尋ねた。「消費者の目から見れば、これは大きなチャンスです。いま私は、アナーバーのような都市で、モビリティのコストを8割以上削減できるという現実的な話をしています。しかも、自家用車を所有するのと同じ自由と移動パターンを維持しながら、です」

最後に、自動車産業は写真やメディア、音楽などの産業と同様、テクノロジーによって破壊的な変化を迎えようとしているという私自身の考えでスピーチを締めくくった。「破壊的なイノベーションが起きたとき、その業界で安寧を貪っていたプレーヤーはうまく変化に対応できません。成熟産業の大企業は、次の四半期の利益のことばかりに注意を向けてしまいがちで、変化に気づきにくくなってしまうからです。自動車産業とエネルギー産業は、激変する前の写真や音楽などの産業に似ています。破壊的なイノベーションが到来する機は熟しています。その変化はもう、私たちが手を伸ばせば届くところにあります。実現すれば、消費者からも大歓迎されるはずです。私たち企業にとっても、これはお金を稼ぐための素晴らしいチャンスなのです」私は次の一言でスピーチを終えた。「私たちに、今すぐにでも行動を起こさない理由はないはずです」

会場内には、大手自動車メーカー各社のエンジニアや幹部が大勢いたはずだ。だが私の知る限り、このスピーチを聴いて急いで本社に戻り、〝現在すでに実現している技術を組み合わせることで、既存の5分の1以下のコストで同じモビリティを実現できる〟と社内の人間に向けて警告を発した者はいなかった。しかも、その技術を採用すれば、自動車事故で失われる命の数を大幅に減らすことができるというのに。私は思った——なんという機会の損失だろう。

聞く耳を持っていた唯一の会社

実際には、私の話を聞いてくれた会社が1社あった。その会社が、自動運転車の実用化に向けた開発で誰よりも先を進んでいたのは偶然ではない。

そう、それはグーグルだ。この会社が聞く耳を持っていたのは、ラリー・ペイジとセルゲイ・ブリンが自動運転車の商用化が可能だと強く信じていたからだ。私は、自分のおかげでペイジとブリンが考えを改めたと言いたいわけではない。私が主張するずっと以前から、2人はもともとこの技術の有効性を確信していた。それはセバスチャン・スランやクリス・アームソンにも当てはまる。同社の自動運転車の開発チームは全員、この技術が人々の移動方法を変えると信じていた。

それでも私はグーグルのアドバイザーとして、ショーファーの主要メンバーが、迫り来る破壊的イノベーションがもたらし得る革命的な影響の規模を理解するのを支援したとは言えるはずだ。2011年12月12日、私はジョーダンと共に、マウンテンビューで調査結果を発表した。聴講したグーグルの自動運転車チームのメンバー約25人は、新しいモビリティ・システムがドライバーの時間を節約できると知ると、好意的な反応を示した。エンジニアやプログラマーである彼らにとって、時間はとても大切であり、生産性の高さは自尊心とも深く結びついている。加えてメンバーたちは、世界でも有数の交通量の多さで知られるカリフォルニア州のシリコンバレーで、毎日渋滞した高速道路で長く退屈な時間を過ごしている。

メンバーは、この未来のシステムでは小規模の車両でモビリティを実現できるという点にも関心を示した。アナーバーでは既存の移動の約1割をカバーするサービスを提供すれば、「規模の経済」を実現できる。つまり、このモビリティ・サービスの有効性をテストすることはそれほど難しくはない。気候条件も、温暖で雨の少ない地域であれば良い。

とはいえ、メンバーが本当に興味を持ったのは、ビジネスチャンスの大きさだった。私は説明した。将来、新しいモビリティ・サービスが自動車移動の総走行距離の1割を担うようになったとする。これは年間走行距離3兆マイル（約4・8兆㎞）の米国全体では、3000億マイル（約4800億㎞）に相当する。サービスの提供者が0・10ドル／マイルの利益を得ると仮定すれば、年間利益は300億ドル。これは、エクソンモービルやアップルなどの世界屈指の収益性を誇る企業の最良の年間利益に匹敵する。

ショーファーは自動運転車による移動サービスが大きなビジネスチャンスであることを以前から知っていた。だが私はそれまでの数カ月間、アドバイザーとして、チームが自動運転車の枠を超え、モビリティの破壊的イノベーションに関する他の潮流も含めた未来を思考させようと尽力してきた。メンバーの何人かは、すでにこれらの潮流が結びつくことで生じる影響について考えていたが、私たちのプレゼンによって、チームは全体として、莫大な市場の可能性を理解し始めることになった。自動運転技術を搭載するだけではなく、シェアリング・サービスによって提供される、電気駆動の、専用設計の車を開発すれば、そこには巨大なビジネスチャンスが存在すると理解するようになったのだ。

ジョーダンと私が地球研究所のウェブサイトに公開した調査結果は、2013年にネイチャー誌に掲載された論文にも多く引用され、OECD（経済協力開発機構）の報告書でも自動運転シェアリング・モビリティが社会に大きな変革をもたらし得るという結論の論拠となった。私はその後も、世界各国の会議やシンポジウムでこの調査結果を発表し続けた。

だが私にとってもっとも重要だった聴衆は、2011年12月のあの日、マウンテンビューで話を聞いてくれたショーファー・チームだった。「サービスとしての移動とその可能性に関するあなたの考察は、僕たちのプロジェクトの方向性を決めるのに役立った」アームソンは後に、彼らしい気遣いを感じさせながら、何度かそう言ってくれた。私は、自分が自動運転タクシーのアイデアをショーファーに提案したとは思っていない。それでも2011年12月の私たちの発表が、チームに目指すべきものの価値の大きさを再認識させたとは自負している。ジョーダンと私の試算は、ショーファーが安全な自動運転技術を商用化できるなら、本当に世界を変えられることをたしかに示していた。

第Ⅳ部

ティッピングポイント

第10章

大移動

運転は最高の気晴らしだ。
——アラン・タウブ
(ゼネラルモーターズ副社長)

２０１１年から高速道路向けの運転支援機能の製品化に取り組んできたショーファー・チームは、２０１２年の秋にはテストの準備を整えた。この製品には大きな問題点があった。機能を有効にした状態でも、人間のドライバーが注意を払い続けなければならないことだ。窓の外に視線を移す余裕はある。だが完全に運転から意識を離してはいけない。あらゆる状況に対処できるわけではないので、万一に備えて人間の監視が必要なのだ。

たとえば、建設工事のために路上にトラフィックコーンが不規則に並べられていたり、事故でトラクター・トレーラーが全車線を塞ぐように折れ曲がって転倒していたりするなどの予測不可能な未知のイベントに直面した場合、ソフトウェアは状況に対処できず、人間のドライバーに車の制御を引き継ぐことを要請するアラームを鳴らさなくてはならない。開発チームは、アラームが鳴ってからドライバーが車の操作を引き継ぐまでに6秒間の猶予を与えるようにソフトウェアを設定した。

2012年秋、チームは「ドッグフード」を実施した。これはシリコンバレーの用語で、自社の従業員を消費者に見立て、試験中の製品を使用させるという方法を指している（この用語の由来は、あるIT系の記事のなかで、俳優のローン・グリーンがゴールデン・レトリーバーにアポロ社のペットフードを与える昔のテレビコマーシャルについての言及があったことらしい）。

2013年前半、ドライバーとして特別な訓練を受けたこともなく、ショーファーとは何の関係もないグーグルの従業員たちが、この運転支援機能を搭載した車を使い始めた。車内には走行中のドライバーの様子を観察するためにカメラが設置されていたが、撮影された映像には驚くような光景が映っていた。車が自動運転を開始すると、ノートパソコンを取り出して作業を始めたり、化粧を始めた従業員がいたのだ。だがチームにこの機能のテストの中止を決断させたのは、高速道路を時速95kmで走行する車のなかで、27分間も眠り続けた男性がいたことだった。

ある意味、これはテクノロジーがうまく機能していることを物語っていた。ドライバーを眠くなるほど安心させられたわけだからだ。だが運転手が眠っていては、何か問題が起きてアラームが鳴ったときに大変な事態になる。運転支援機能自体は事故を起こしてはいないが、それを使用することでドライバーの集中力が低下すれば、事故の原因になる。

こうして、チームは別の問題の解決に取り組まなければならなくなった。ドライバーに注意力を保たせ、眠くならずに覚醒させ続けるにはどうすればよいか？　万一の場合にすぐに運転を引き継げるように、ドライバーをｉＰａｄの映画に熱中させないようにするには？　「僕たちは、人間よりも安全に運転できるシステムを構築したかった」ショーファーの開発者ナサニエル・フェアフィールドは回想する。でも、「万一の場合に問題に対処する最終的な手段が人間による操作なのだとしたら、人間より安全なシステムはつくれない」

　チームはドライバーに注意力を保たせる方法を模索し始めた。気がつくと、何のためにこの機能の開発に取り組んでいるのかが見えにくくなっていた。メンバーがショーファーに加わったのは、人間が運転するよりも安全で、さまざまな方法で世界を変えられる、まったく新しい種類の車を開発するためだった。だがチームは袋小路に陥っていた。開発している機能は、交通システムを変革するものではなかった。それは、単に通勤を便利にするための技術に過ぎなかった。現代社会が抱える交通の問題を解決したりはしない。むしろ、この機能を使ったドライバーの注意力の低下は、新たな事故の原因になる。

　ある日、ディミトリー・ドルゴフとクリス・アームソンは、高速道路で運転支援機能のテスト走行をしながら、自分たちが置かれている状況を的確に表す比喩を見つけた。「放射線を発見したと想像してみてほしい」アームソンは言う。「そのとき、放射線の特性を活かして手袋を温める機械をつくろうとするだろうか？　それとも、原子力発電のような革新的な何かを発明したいと思うだろうか？」

高速道路運転支援機能の開発は、前者のパターンだった。

それは交通システムの安全性を大幅に高めるものにはならない。人々の車での移動方法を根本的に変えるものでもない。そしてこの機能の開発は、チームが思っていたよりもはるかに難しかった。技術的な理由ではない。刺激がないとすぐに退屈してしまう人間の特性という壁にぶち当たったからだ。チームはその後、自分たちが開発しているのと同じような運転支援機能を、メルセデス・ベンツが2014年の新型車に搭載する予定であると知った（この機能は「ディストロニックプラス・ウィズ・ステアリングアシスト」という名称で呼ばれていた）。

こうした理由から、ショーファー・チームは、テストを始めてしばらくすると、高速道路運転支援機能の開発プロジェクトを中止した。もっと重大な目標に集中して取り組むためだ。すなわち、人が乗車してから下車するまでの、運転のあらゆる側面を自動制御できる車の開発だ。そしてここで再び、チームは2年前に苦心したのと同じ問題に直面する。

この自動運転技術を商品化するには、どうすればいいか？

ショーファーに溶け込む

2012年12月、アームソンがチームの新しい方向性を示すために、当時ショーファーに関わっていた約70人を招集した。定員20人程度の会議室の椅子はすぐに埋まった。テーブルの周りには大勢のエンジニアやプログラマーが立ち、ドア付近には遅れてきたメンバーが溢れていた。

この手の全員参加の会議はショーファーでは珍しい。チームが運転支援機能の開発を取りやめたことを知っていたメンバーは、アームソンが次にどんな目標を打ち出すのだろうかと期待を膨らませていた。

ショーファーで2年間アドバイザーを務めてきたことで、私はチームでの自分の役割にも慣れ、充実感を覚えるようになっていた。仕事の中心は戦略に関するものだった。GM時代と同じく、将来の動向や、プロジェクトが利益を生み出すために目指すべきポジションを探るための分析などに取り組んだ。アームソンをはじめとするエンジニアからは、自動車業界の内部にいた人間としての知恵を求められた。サプライヤーや大手自動車メーカーと取り引きする秘訣なども尋ねられた。

自分の年齢のことは気になっていた。2012年には61歳になり、30代が中心のチームのエンジニアたちとは親子ほども年が離れていた。古い考えの人間だと思われないかと心配していたが、幸いにも頻繁に助言を求められた。彼らは自分たちが今まさに挑んでいる変革に、私が長いあいだ自動車業界にいながら取り組んできたことを尊敬してくれていたようだった。その過程で何度も痛い目に遭った私の数々の失敗談にも、楽しそうに耳を傾けてくれた。

クリス・アームソンとは特に親しくなった。気が合ったし、自分に似たものを感じた。一緒にいて気楽な男だった。マウンテンビューに滞在中はよく2人で夕食をとった。私はイタリアンが、アームソンはインド料理やアジア料理が好きだった。店員への態度を見れば、その人の人柄がよくわかるものだ。アームソンはどんな相手にも礼儀正しく、敬意を払っていた。親の育て方が良かったのだろう。ショーファーのオフィスで誰かがシリコンバレー式の気取った態度をとると、冷静な言葉でそうした思い上がりをたしなめた。その度に、彼の出身地であるカナダ・サスカチュワン州の人間の実直な気質が思い起こされた。アームソンは自動車産業を改革しようとしているエンジニアとして、私と同じように懐疑論者や否定論者によく直面していた。

ディミトリー・ドルゴフとも馬が合った。ミシガン大学で博士号を取得した彼が同大学のコンピューター・サイエンス学部で行った自動運転車についてのプレゼンテーションには感銘を受けた。その仕事への熱意は、ショーファーがいかに興味深くやりがいのあるプロジェクトであるかをあらためて周囲に思い起こさせた。ドルゴフはこのプロジェクトの世界を変え得る可能性にも価値は感じていたが、それ以上に、ソフトウェアやプログラミングがその新しい可能性を押し広げる瞬間に立ち会えることに熱中しているように見えた。80年代にアタリ社のぎこちないコンピューター・グラフィックスで動くゲームで遊んでいた少年が今、AIを駆使して自動車に歩行者を認識させる高度なプログラムを書いている。ドルゴフが日々の仕事で味わっている喜びには子供っぽい無邪気さが感じられ、それはチームに温かな雰囲気と良い影響を生じさせていた。

ブライアン・セルスキーのことも好きだった。彼がDARPAアーバンチャレンジに参加したカーネギーメロン大学タータン・レーシングチームのソフトウェア・リーダーを務めていたときに出会い、ショーファーのプロジェクトには同時期に参加した。ピッツバーグとデトロイト郊外で育ったセルスキーとは、同郷人として何かと話が合った。最初に全体像を描き、それから細部に取り組んでいくというエンジニアリングに対する考え方も似ていた。どちらも、ISO(International Organization for Standardization／国際標準化機構）のガイドラインに従うことの価値も認めていた（略語が「IOS」ではなく「ISO」なのは「iso」がギリシャ語で「等しい」を意味するためだ）。このガイドラインは、実にさまざまなプロセスに適用できる(1991年に矯正施設の家具工場にこのガイドラインを適用したというアームソンの父親ポールは、刑務所をISO認定させた世界初の人間を自称していた)。このガイドラインを自動運転車の開発に適用するには、変更がシステム全体に与えうる影響を全員が常に把握できるようにするために、プログラムコードや車両への変更を厳格な手順に従って管理しなければならない。面倒だと思うかもしれない。だがセルスキーと私は、ISOに従い定期的に会議をしてシステム故障のあらゆる可能性をブレーンストーミングすることには、とても大きな価値があると考えていた。セルスキーはシリコンバレーの人間としては珍しく、自動車業界の慣習にも好奇心を示した。

私はショーファー・プロジェクトでの仕事が大好きだった。革新的な何かを実現したいという情熱を抱く技術者として、イノベーションより慣習や伝統が重視されることもあった自動車産業では不満を感じることが多かった。デトロイトでは新しいテクノロジーは簡単には受け入れられず、疑問の目を向けられがちだ。だがシリコンバレーには、テクノロジーは世界をより良い場所にするために役立つものだという無条件の前提があった。この違いは、ショーファーでの仕事で何度も実感させられた。ゼネラルモーターズ（GM）を辞めたときは、これから職業人として第一線を退いていくことになるのではないかという不安があった。だがそれから数年後、それまで体験したことがないような刺激的なプロジェクトに取り組んでいた。周りには素晴らしいチームと理想的なメンバーがいた。

不協和音

しかし問題もあった。私がこのプロジェクトに関わるようになってから1年が経過した2012年5月、セルスキーからショーファーを辞めると伝えられた。ピッツバーグに戻りたいという気持ちもあるのだという。だが退職を決意した最大の理由は、アームソンとアンソニー・レヴァンドウスキーの確執だった。前年の8月に私たちと腹を割って話し合いをした後、2人の関係はしばらくは落ち着いていた。だがその後、チームの仕事に再び影響を与えるほど関係はぎくしゃくするようになっていた。セルスキーはそのことに不満を覚えていた。堅実な方法で仕事を進めていくチームの中心的存在だったセルスキーが抜ければ、チームにとっては大打撃になる。私はセルスキーを失ったことに心底がっかりした。アームソンとレヴァンドウスキーはまさに水と油だった。レヴァンドウスキーの目標を強引に達成していく力は凄まじく、問題解決能力の高さも並外れていた。だが逆に、自分ならできると思えるテンポで周りの物事が進行しないとき、それを許容できないという欠点もあった。また、とにかく速く仕事を進めるために、細部を切り捨てる傾向があり、結果的に後でその尻ぬぐいが必要になることも多かった。

対照的に、アームソンは緻密だった。安全性を重視し、自動運転車が米国の交通にもたらすメリットをいつも口にしていた。その話には説得力があった。毎年、世界中で130万もの人が自動車事故で命を落としている。1日3000人以上の計算だ。このプロジェクトが実現すれば、多くの命を救える。だが目的が命を救うことであるならば、十分に準備が整う前に商用化に踏み切ることには重大な問題がある――それがアームソンの考えだった。

バーチャルアシスタント用の音声認識ソフトウェアを開発する場合を考えてみよう。ソフトウェアに人間の話す100語のうち99語を正しく認識できるようにすれば、上出来だと言えるだろう。アマゾンのアレクサやグーグルホームなどのバーチャルアシスタントが99%の精度でユーザーの話す言葉を正しく解釈できるのなら、それは価値ある製品になる。

だが、もし自動運転車が一時停止標識を100個中99個しか正しく認識できなければ、それは使い物にならない。その100分の1のミスは人の死につながる。デトロイトから常に安全性を疑問視されていた自動運転技術そのものも、信頼を失ってしまうだろう。レヴァンドウスキーは、できるだけ早く自動運転技術を世に出したいと考えていた。だがアームソンの考えは正反対だった。アームソンは、ショーファーのプロジェクト内に仮想現実でソフトウェアを実行するシミュレーション・チームを立ち上げ、何千ものイベントをさまざまな順序で組み合わせ、その状況にプログラムがどう対処するかをテストし、検出した問題を1つひとつ修正していった。さらに、このシミュレーションの現実版を、マウンテンビューの約160km東にある約5・6平方kmの軍事施設跡地「旧キャッスル空軍基地」で実施した。この場所で、「オレンジチーム」という名称の数十人から成るチームが、現実世界で自動運転ソフトウェアにバグを起こす可能性のあるさまざまなシナリオを考案した。たとえば車が交差点に近づくと、チームのメンバーが壁のように大きなキャンバスを運んで道路を横断しようとする。ソフトウェアは、このキャンバスを歩行者と認識するのか？　それともトラックなどの物体として認識するのか？　いくつものビーチボールが入った巨大なネットバッグを運ぶ自転車が前方にいる場合はどうだろう？　車は、この異様なシルエットの物体を、その挙動から自転車だと判断することができるか？

このような手順を踏んでいくには時間とお金がかかる。だが私には、これはまさにチームが進むべき正しい方向だと思えた。そしてアームソンのこうした地道なアプローチこそが、レヴァンドウスキーをひどく苛立たせていたのだった。

それはさまざまな点で確執が起こらざるを得ないような状況だった。レヴァンドウスキーは立場的にはアームソンの部下だったが、ショーファー・ボーナスプランではチームで一番大きな株式を割り当てられていた。チームが大きな価値を生み出すほど、自分が手にする報酬も増える。だから、CEOの能力を疑う筆頭株主のように振る舞った。

その結果、チーム内には不穏な空気が漂うようになった。アームソンが何かを言う。レヴァンドウスキーがそれを批判して、アームソンの信用を落とそうとする。チームのメンバーはアームソンに好意を抱いていた。そのリーダーシップを尊敬し、その下で働くことに喜びを感じていた。だがレヴァンドウスキーは人を操る術に長けていた。アームソンの計画の弱点を探し出し、一番同意してくれそうなエンジニアにそれを伝える。2人の関係が悪化するにつれ、チームの士気は下がっていった。

「2人の仲はかなり悪かった」ラリー・ペイジは数年後、アームソンとレヴァンドウスキーが「厄介な関係」だったと裁判文書で述べている。「良好な関係を保つのにはかなり苦労したはずだ。それでも、しばらくはなんとかやっていた。2人のあいだには常に不穏な空気が漂っていて、仲を取り持つのは経営者としていつも頭痛の種だった。レヴァンドウスキーは明らかに、チームはもっとうまく仕事を進められるはずだと感じていた」。ペイジは、さらにこう述べている。「チーム内にはレヴァンドウスキーのやり方に懸念を抱いている者が大勢いた」。そのうちの1人はアームソンだった。数年後には、〝裏でチームを操ろうと画策し、プロジェクトへの熱意とコミットメントを欠いていた〟レヴァンドウスキーのことを、〝チームにプラスの影響をもたらさない人間だった〟と語っている。

多くの株式を割り当てられていながら、レヴァンドウスキーがチームに妥協しようとしないことに不可解さを覚えていた者も多かったはずだ。もし同じ立場にいたら、疑念やエゴを脇に置き、黙ってチームのために最善を尽くすことが合理的な選択肢だとも思えるからだ。だが、レヴァンドウスキーはそのような振る舞いをする人間ではなかった。それに、これは特異な状況でもあった。これはさまざまな意味で世界を変え得るプロジェクトだった。私の試算では、電動化、シェアリング、自動運転を統合したモビリティの市場は、米国だけで数兆ドルの規模になる。レヴァンドウスキーはおそらく、この機会のとてつもない大きさに気づいていた。そして、ライダーとその自動運転への応用を熟知している世界有数の専門家として、ショーファーとは別に自ら事業を展開することで巨万の富を手に入れられる立場にあることも自覚していたはずだ。わずか数年後、ショーファーのメンバーは、レヴァンドウスキーがライダー開発のために設立されたオディン・ウェイブという会社に深く関わっていたことを知るようになる。これはレヴァンドウスキーのキャリアで何度も見られた、会社への裏切りとも呼べる行為だった。そして、これはその最後ではなかった。

ウーバー、リフトの台頭

２０１２年12月にアームソンが発表したショーファー・チームの新たな方向性の内容は、サンフランシスコ・ベイエリアで発生した出来事に大きく関係していた。その年の2月、ＩＴ起業家スニル・ポール（自ら設立したアンチスパム企業「ブライトメール」をシマンテックに売却し、成功を収めていた）が、サンフランシスコでモバイルアプリ「サイドカー」を介した配車サービスを開始した。ポールは長いあいだ既存の交通システムを改善しようという野心を抱いていた。２００２年には、ある場所から別の場所へ移動するための効率的なルートを計算するアルゴリズムを開発して特許を申請していたし、最近ではウーバーの配車アプリに刺激されていた。アプリから専用の黒塗りハイヤーを呼び出せるという当時のウーバーのサービスは、サンフランシスコからワシントンDC、シカゴなどの都市に広まり、シリコンバレーのスタートアップ・カルチャーでホットな話題になっていた。ただしウーバーから着想を得たポールのライドシェアリング・アプリには大きなイノベーションがあった。ハイヤーやタクシーだけでなく、誰でもライド・サービスを提供できるようにしたことだ。座席が余っている車を運転している者なら誰でも、乗車したい人を乗せることができる（ただし登録時には書類審査があった。ライドの提供者は、身元調査に合格し、有効な運転免許を持ち、保険に加入している必要があった）。テクノロジーを使って交通の問題を改善するというポールの理想的なビジョンに従い、サイドカーでは当初、料金の請求すら必須としていなかった。ユーザーはドライバーへの寄付が奨励され、寄付があった場合にサイドカー・アプリが20％の手数料を取る。

2月にサイドカーがデビューしてからわずか3カ月後の5月、ジムライドのリーダーであるローガン・グリーンとジョン・ジマーは、誰でもドライバーとライダーになれる乗車共有アプリ「リフト」のベータテストを開始した。リフトのドライバーは、車の前面に大きなピンクの口ひげをつけることで、乗車サービスを提供する意思を示せる。「2012年にサンフランシスコに住んでいると、なぜ突然、奇妙なピンクの口ひげをつけた車をあちこちで見かけるようになったのか、不思議でならなかった」とブラッド・ストーンはシリコンバレーの破壊的なスタートアップ企業を描いた著書『ＵＰＳＴＡＲＴＳ』に記している。また後に、「カリフォルニアはライドシェアリング・ムーブメントの中心地だ」とも述べている。

時の経過のなかで、シリコンバレーにはこれまでいくつかのブームが波のように押し寄せてきた。１９６０年代には半導体やコンピューター・チップ企業が数多く設立され、90年代後半にはドットコムブームに沸き、ゼロ年代にはＳＮＳやベンチャーキャピタルの熱狂があった。メディアの注目はその時々で常に1つのトピックに集中する傾向があった。２０１２年の一時期、ホットな話題はライドシェアリングであり、誰もがテクノロジーを駆使してドライバー1人しか乗せずに走る移動モデルの無駄を省くための方法を模索し、リフトやサイドカー、フランス企業の「ticket2go」などの企業がベイエリアで事業を立ち上げていた。リフトには、〝自家用車を所有するというモデルに置き換わるサービスを提供する〟という明確な意図があった。ウーバーもしばらく状況を見守った後、２０１３年1月に誰もがドライバーになれるライドシェアリング・サービス「ウーバーX」を開始した。

もちろん、ショーファー・チームは状況を把握していた。メンバー全員が、このライドシェアリング・モデルはショーファーの最終目標である〝オンデマンドなモビリティ・サービス〟への一歩であると認識していた。「みんな思った。おい、僕たちは独自のポジションを得ているぞ、って」ナサニエル・フェアフィールドは回想する。「僕たちはライバルが知らないことを知っている。誰にも負けないチームがある。真に目指すべきものについてのビジョンと夢、意欲がある。それはドア・ツー・ドアでの自動運転車によるモビリティ・サービスだ。だったらそれをやらない手はない。やってやろうじゃないか」

アームソンは、サイドカーとリフトがもたらしたイノベーションをさらに押し広げる、限定的な実走が可能なプロトタイプ車両を開発したいと考えていた。描いていたのは、無人運転車のタクシーが都市を走行し、乗客を拾い、目的地に届け、次の呼び出し場所に向かう世界だった——これはショーファー内で「サービスとしての輸送」（TaaS／トランスポーテーション・アズ・ア・サービス）と呼ばれていたビジネスだ。その秋、アームソンは米国の自動車輸送システムの安全を司る連邦政府機関「NHTSA」（米国運輸省道路交通安全局）の副局長、ロン・メドフォードと接触し始めた。メドフォードは私と同世代の人間だ。ワイヤーフレームの眼鏡、短く刈った髪、ビジネスカジュアルの服装は、デトロイトの自動車メーカーとワシントンの政府の両方で自動車による死亡事故を減らす努力をしてきたという経歴を反映していた。NHTSAでは不注意運転の危険性に対する認識を高めるための啓発運動を推し進め、国内自動車メーカーに対する燃費基準も厳しく引き上げた。アームソンはメドフォードがNHTSAを退職するという噂を耳にし、チャンスだと考えた。州・連邦政府の自動車関連の規制に関するその深い知識を、ショーファーのために活かしてもらいたいと見込んだのだ。アームソンが2012年11月にメドフォードを雇うと、メディアはこれをグーグルが自動運転車の開発に本気であることを示す動きだととらえて大きく扱った。メドフォードの採用はアームソンの優れた判断だと言えた。ショーファーで安全に関する責任者のポジションを任されたメドフォードは、州・連邦政府に働きかけ、自動運転車に関する新たな規制を策定することになる。

完全な自動運転車で乗客を運ぶことに米国の規制の枠組みがどう対処するかとアームソンが尋ねると、メドフォードからはショーファーがテストに使用しているトヨタ・プリウスやレクサスのSUVでこうしたサービスを展開するのは難しいが、低速自動車なら可能性があるという答えが返ってきた。

アームソンの耳が反応した。

自動車は各州政府によって規制されており、ゴルフカートと自動車の中間に位置する低速自動車（LSV＝Low Speed Vehicle）というカテゴリーが設けられているのが一般的だ。州によって異なるが、ゴルフカートは一般的に最大速度が時速15マイル（約24㎞）の4輪車と定義されている。ナンバープレートは不要で、ヘッドライトや方向指示器などの安全装置も必要なく、基本的には公道での走行は許可されていない。これに対し、ほとんどの州では法定速度35マイル（約56㎞）以下の公道での低速自動車の走行が許されている。低速自動車には速度時速25マイル（約40㎞）、車重3000ポンド（約1360㎏）の制限があり、運転するには運転免許が必要で、車両識別番号さえある。メドフォードは、グーグルがすでに所有しているトヨタ・プリウスやレクサスのSUVより、低速自動車のほうが自動運転車としてカリフォルニアの公道を走行させる許可を得るのは簡単だと言った。

アームソンは2012年12月のその日、会議室に集まったチームに〝オンデマンド・モビリティのビジネスモデルを追求したい〟と伝えた――これは都市部でのパーソナル・モビリティの大半を、無人運転車を用いたウーバーやリフトのようなサービスで提供するというビジョンに基づいている。料金は週／月／年単位または利用ベースで支払い、乗り手は移動の大半を自らの所有物ではないシェアリング・カーで行う。

アームソンはこの「TaaS」向けに専用設計された車両を開発すると宣言した。DARPAチャレンジ以来、エンジニアは既存の車両をベースにして自動運転車を開発してきたため、妥協せざるを得ない部分もあった。たとえば従来の車では、形状的に自動運転に必要なセンサーにとっての死角が生じてしまう。だがこれからは、チームは自動運転専用の車両を設計することになる。アームソンはこの会議で、グーグル初となるこの自動運転車の条件を定めた。まず、電気自動車であること。また、乗客だけでなく、歩行者やサイクリストなど道路上の弱者にとっても優しい乗り物であること（歩行者とぶつかっても、できる限り怪我をさせないような車を設計する）。

私はアームソンが示したこの新しい方向性に大いに胸を躍らされた。それは私がGMで追求してきたことに似ていたし、アームソンが思い描いている車両はGMのモビリティ・ポッド「EN-V」と多くの共通点があるようにも思えた。戦略的にも賢明だった。チームで自動車製造の経験があるメンバーは一握りしかいない。専用車両を設計・開発することになれば、チームはさまざまなことを学べるし、デトロイトの自動車産業の仕事の難しさを肌で体感できるようにもなるだろう。

会議の数カ月後、アームソンは旧友のブライアン・セルスキーをシリコンバレーに呼び戻した。「僕たちは新しい方向性を決めたんだ。計画も立てた」。レヴァンドウスキーとの緊張した関係についても語った。「チームにはもう悪い雰囲気はない」。セルスキーが以前はレヴァンドウスキーの役割だった車両全体の開発リーダーに、ディミトリー・ドルゴフがソフトウェア開発のリーダーに、レヴァンドウスキーはライダーやレーダー・センサーなどの自動運転ハードウェアのエンジニアリングのリーダーになった。

チームは車のデザインという興味深い作業に入った。都市の中心部で「ＴａａＳ」を提供するための専用車両とは、どのようなものになるのか？　アームソンはショーファーのデザインリーダー、ユジョン・アンと協力した。〝ＹＪ〟ことアンは韓国生まれで、ソウルの弘益大学校で学んだ後にイリノイ工科大学で修士号を取得し、卒業後はモトローラとＬＧエレクトロニクスで働いた経験があった。ＹＪは自らに自動車業界での経験がないことを強みだととらえていた。自動車業界のプロではなく、この自動運転車に乗るユーザーの視点で車両を開発できると考えていたからだ。私の勧めもあり、アームソンはＹＪのサポート役として、ＧＭの元エグゼクティブデザイナーで、同社がＥＮ－Ｖのプロトタイプを開発した際の設計プロセスを監督していたデビッド・ランドも採用した。

初めてのユーザーはこの車に乗ることに不安を感じるだろう。それを鎮めるためにはどうすればいいか？　ＹＪとランドが編み出したデザインは、２０１１年のダッジ・チャージャー社のコマーシャルで描かれたターミネーターのような未来のロボット支配者を彷彿とさせる自動運転車のイメージを覆す、シンプルで、清潔で、楽しいものだった。アーノルド・シュワルツェネッガーが演じた恐ろしい赤い目をしたロボットとは違い、車のフォルムは曲線的で、有機的な感覚をもたらしていた。アームソンは高齢者や障害者など自力で車を運転できない人々に移動の自由を与えることを望んでいた。車の乗り降りを容易にするために床は平らにし、最低地上高も低くする。ステアリングやブレーキなどの部品の配置や感触については、議論を重ねた結果、大きな決断をした。このグーグルのモビリティポッドからは、ハンドルをなくす——。そう、ハンドルなど必要ないはずだ。車をコントロールする部品をなくすことは大胆な試みだ。この破壊的で未来的なステップは、ショーファーが始めるのに相応しいものだと思えた。

　ガソリンエンジンと違い、電気自動車のバッテリーは大きな場所をとらないこともあり、車体が小さな割には車内のスペースは広く感じられた。車内には開始ボタンと緊急時用の停止ボタン、目的地への到着予定時刻と残り時間を表示する画面があった。一般的な車と同様、フロントエンドは人間の顔に似ているが、目が丸く、微笑んでいるように見える柔和なものだ。このショーファーのデザインは、未来のトランスポーテーションが楽しく、アクセスしやすく、魅力的なものになると訴えていた。

詳細を大まかに詰めた後、いくつかの重要な決定を下す必要があった。まず、どのメーカーと協力して車を製造するか。ショーファーは最終的にラウシュ・エンジニアリング社と車両100台を製造する契約を結んだ。私はショーファーの施設に隣接する駐車場ビルの最上階で、初めてこの車に試乗した。乗り込んだ瞬間、このポッドカーが大好きになった。私にとって、2人用のポッドカーはモビリティの破壊的イノベーションを象徴するものだった。この車は後にショーファー内で「ファイアフライ（ホタル）」と呼ばれるようになるが、それは相応しい呼称だった——小さな虫が夏の夜にジグザグに飛ぶような方法で、この車も都市部を行き来するようになるのだから。

さまざまな障壁

私はファイアフライの開発に興奮すると同時に不安にもなった。よく眠れずに真夜中に目を覚ますこともあった。あらゆる種類のシナリオが浮かんできた。グーグルは州の規制当局と協力して、自動運転車の公道での安全走行を可能にする法律を制定する準備を始めていた。だが自動車業界の支持団体が私たちの試みに抵抗し、強力なロビー活動を展開しているという噂も耳に入ってきていた。デトロイトに激しい敵意を抱かれていることで、グーグル内に悪影響が生じたり、ショーファーへの出資が中止されてしまうかもしれない。私はキャリアの多くを有望な技術プロジェクトの管理に費やしてきた。そして変化を忌み嫌う自動車産業のせいで、大きな経済的・環境的利益が見込まれる研究成果が実用化に至らなかったケースを何度も目にしてきた。たとえば水素燃料電池だ。ＧＭ時代、私は水素燃料電池の普及が世界にもたらすメリットについて喉をからして叫び続けてきた。だが、私がこのテクノロジーによって自動車の石油依存と温室効果ガス排出問題を解決できると確信してから20年近くが経過した今でも、水素燃料電池はまだニッチな存在に留まっている。自動運転車、そしてモビリティの破壊的イノベーションが普及する可能性も、同じ運命を辿ることになってしまうのだろうか？

不安に対処するため、このテクノロジーの効果をできるだけ多くの人に話した。グーグルでのコンサルティング業務は、私の労働時間全体の約２割を費やすという取り決めになっていた。その他には、自動車輸送の未来に関連するプロジェクトに取り組むエネルギーや保険、不動産、ロジスティクスなどの業界のクライアントと仕事をしていた。コンサルティング業務の合間には、パリから香港、オーストラリアからカナダまで、世界中の数十もの会議でモビリティの将来に対するビジョンについてプレゼンテーションを行った。世界各地を飛び回り、「ＴａａＳ」が広く普及したことでもたらされる変革について話をしているうちに、航空会社のマイレージはＧＭ時代以上に貯まっていた。

プレゼンでは自動車業界を挑発することも意識した。「見ざる、聞かざる、言わざる」という有名な〝三猿〟のイメージをスライドに表示して、自動車業界の自動運転技術に対する保守的な態度を揶揄したこともあった。自動運転車が普及すれば、安全性の向上によって世界で年間１３０万件発生している死亡事故の９割を減らせると試算されている。逆に言えば、この技術の普及を1日遅らせるのは、地球のどこかにいる3000人の命を奪うのと同じことだ。「これは変革の機会です」私は消費者のコスト削減効果や自動運転技術の市場規模に関するコロンビア大学地球研究所での研究結果について話をした。自動車業界が従来の車、ガソリン、保険ではなく、マイル、移動、体験を売ることに移行するという、破壊的イノベーション後のモビリティを支配する新たなビジネスモデルについても説明した。1961年に〝10年以内に人類を月に送り込む〟と宣言したジョン・F・ケネディ大統領の演説を引用し、いま私たちは同じようにTaaSの実現について同じように野心的に考えるべき時が来ていると訴えた。

自動車業界に破壊的なイノベーションを起こす方法を模索するなかで、私はすべての変化が状況を改善するわけではないことにも気づくようになった。故郷のミシガン州をドライブしながら、政府による失業の影響を緩和するための施策なしでオンデマンド・モビリティが普及した社会を想像すると、暗澹たる気持ちになることもあった。自動運転のドライバーレス・タクシーが米国や世界各地の都市で普及すれば、労働者への甚大な影響が生じるだろう。まず、運転を職業とする人々への影響だ。労働統計局のデータによれば、米国では約400万人がドライバーとして働いている。大型トラックまたはトラクター・トレーラーの運転手が170万人、バスの運転手が68万5000人、タクシーまたはリムジンの運転手が18万9000人。合計すると、米国の労働力のほぼ3％を占める。もし自動車が自走するようになれば、これらの人々の仕事はどうなるだろう？　ウーバーがドライバーレス・タクシーを使い、ドミノがロボットでピザを配達し、UP

Sが物流センターから届け先まですべて無人で荷物を配達するようになったら？

政治家や労働組合、職を失うかもしれない人々が、不安からイノベーションに抵抗しようとすることは十分に予測できる。もし私が同じように自動運転のイノベーションによって職を失う立場にいたとしたら、当然、穏やかな気持ちではいられないはずだ。しかし、このイノベーションを阻止することの意味はよく考える必要がある。

ドライバーとして働く400万人が年間50週、週40時間働いているとする。この80億時間の有給の労働時間は、自動運転車によるオンデマンド・モビリティが広く普及することで消失する。

だが、米国では2億1200万人の免許保有者が1日平均56分間、車を運転していることを忘れてはならない。米国人は全体として年間約720億時間、運転に時間を費やしているのだ。私たちは、年間720億時間もの時間を国民から解放できる（浮いた時間は労働に費すこともできる）機会を、労働者の80億時間を守るためにふいにしようとしているのだろうか？

この破壊的イノベーションの影響は他にも及ぶ。前述したように、ドライバーレス・タクシーは、個人所有のガソリン車よりはるかに稼働率が高くなる。その結果、従来の車よりも大幅に早く走行距離が蓄積されていく。現代の車は10～15年かけて約25万km走行することで寿命を迎える。だが使えなくなった部品のなかには、走行して摩耗したというより、経年劣化しているものがある。つまり、25万km走行したからではなく、製造から10～15年経過したことで使い物にならなくなってしまうのだ。だが自動運転シェアリング・カーは、わずか数年で25万kmの走行距離を突破し、さらに走り続ける。また、「オートノミー」の開発に携わった科学者のバイロン・マコーミックがGM時代にリチャード・ワゴナーと私にはっきりと示したように、電気自動車はガソリン車と比べて設計とエンジニアリングが格段に簡単であり、消耗する部品も大幅に減る。車両が電気自動車であること、稼働率が高いことを考慮すると、私の試算では、破壊的イノベーション後の車はわずか4～5年で50万km弱を走行する。これは製造される車両の数にも影響する。私の試算では、現在使用されている車両の約半分の台数で同じ移動をまかなえるようになる。さらに車の車重は軽くなり、部品数も減る。これらを総合的に考えると、自動車製造業は縮小することになるだろう。

車の所有者にサービスを提供する業界も縮小するだろう。個人ではなくサービス・プロバイダーが自動車のほとんどを維持するようになれば、ガソリンスタンドや洗車場はあまり必要なくなる。整備工場やブレーキ修理の専門家、オイル交換時の待合室サービスも同様だ。

この将来の変化に対する私の不安を和らげてくれたのは、米国の労働市場にはすでに多くの流動性が見られるという事実だった。労働統計局によると、国内の離職（退職または解雇）者数は、月間520万人。将来的にモビリティの破壊的イノベーションによって奪われるであろう仕事の数よりも多い。自動化はあらゆる経済分野に影響している。ボストン・コンサルティング・グループは、今日の製造業では産業用ロボットがタスクの10%を実行し、その割合は2025年までに25%に達すると予測している。コンサルティング会社のマッキンゼー・アンド・カンパニーは、ロボットや機械、人工知能によって、「現在の職業のどれくらいの割合が奪われるかを調査し、「世界の仕事の49％は、既存技術の応用によって自動化される可能性がある」と予測している。

数十年前、エレベーターには乗客を目的のフロアに運ぶことだけを仕事にする専任のオペレーターがいた。銀行には現在よりはるかに多くの窓口係がいたが、最近ではATMやインターネットバンキングに置き換えられた。駐車場の係員の職も自動支払機の普及によって奪われた。米国で農業従事者が総労働力に占める割合は1800年には80％近くだったが、収穫機やコンバインなどの機械の普及により2000年には5％未満に減っている。

失業した労働者は新たな職についたが、以前より報酬が上がり、仕事の内容も快適になることが多かった。同じく、モビリティの破壊的イノベーションも新しい仕事を生む。このことを強く主張しているのが、元ウーバーCEOのトラビス・カラニックだ。私はカラニックと意見が合わないことが多いが、この問題に関しては同意見だ。「昔、電話交換手という仕事があったのを知っているだろうか？」カラニックは、ウェブサイト「ビジネスインサイダー」のビズ・カーソンとのインタビューで語り、公衆電話ボックスを設置することを仕事にしていた多くの労働者がいたことにも触れた。「そして携帯電話が登場した。それは素晴らしい製品であると同時に、まったく新しい産業や職種も生み出した」

最新テクノロジーを取り入れることは、新たな職種を生むことを示す研究結果もある。前述のマッキンゼーの報告書には、インターネットが雇用に与える影響を調べた同社のフランス支社による2011年の調査によると、新しいテクノロジーによって職が1つ失われるごとに、2・4の新しい職が生み出されていることが記されている。

ドライバー職がなくなる代わりに生まれる職種とは？　リフトの共同設立者ジョン・ジマーは、同社のオンデマンド・モビリティ・サービスを進化させ、車内に常駐するコンシェルジェが飲食物やマッサージなどを提供する〝ルームズ・オン・ホイール（車輪上の部屋）〟サービスを実現したいと考えている。コンピューターがエリア内に適切に車を配置していることを確認するロジスティック担当者も必要になるし、清掃が重要な差別化要因になる新しいモビリティ・サービス市場では1日1回以上の車内清掃のために多くのスタッフが雇用されることになるだろう。

「TaaS」は他の分野でも新たな職を生み出す。運転から解放された米国人は、年間720億時間もの浮いた時間を何に使うか？　移動中の自動運転車で仕事をする人が増えれば、国全体の生産性は上がり、さらなる雇用が生まれるはずだ。車内でコンテンツを楽しむ人も増えるだろう。高品質の動画を無線で車に配信するためには強固なインターネット・インフラが必要になり、当然関連職の雇用も増える。インターネット・ショッピングの普及はモビリティの破壊的イノベーション後にさらに加速する。フォレスター・リサーチ社の予測によれば、電子商取引は2017年に13・3％成長する。これは実店舗の5倍の成長率だ。この驚異的な成長の半分はアマゾンによるものだ。この本の執筆時点で同社の時価総額は約6000億ドル。世界のトップ企業10社に堂々と名を連ねている。同社や他の電子商取引企業は、自動運転技術が広く普及した社会では配送コストが減るため、さらなる成長が見込まれる。人間が顧客の自宅まで商品を届けるビジネスモデルでは人件費が高い。ドライバーが不要になれば、トラックに装備されているドライバーを安全かつ快適に保つために必要な機器（シート、フロントガラス、シートベルト、エアコン、座席に必要な金属や他の材料）も不要になる。

この変革によって、大型トラックによる長距離輸送コストも半減する。人間のドライバーの場合は1日11時間が限界だが、自動運転トラックなら22時間走り続けられる。走行距離は1日約1800km弱に倍増し、サービス対象エリアは4倍になる。軽量で安価な荷物はドローン（飛行型、地上型）で届けられるし、都市部の2人用自動運転ポッドカーも低コストで商品を家庭や企業に配達できる。

たしかに、TaaSの普及によって多くの職が失われるだろう。米国人の収入格差もさらに広がってしまうかもしれない。ガソリンスタンドや修理工場といった中小零細企業の仕事がなくなり、モビリティ・サービスを提供する大手企業に富が集中してしまうことが予測されるからだ。米国のシンクタンク、ブルッキングス研究所は最近の政策提言において、「広範な自動化が引き起こした労働市場の混乱が加速し、ラッダイト（機械打ち壊し）運動が生じる恐れがある」と指摘している。

最新のテクノロジーに対する現代版のラッダイト運動は、プライバシーに関する懸念やSNSデータの誤用などによってすでに起きていると言えるかもしれない。いずれにしても、モビリティの破壊的イノベーションが、こうした社会的な反発を生じさせない形で実現することを期待したい。たとえば、政府はTaaSを法律で禁じるのではなく、このイノベーションによって職を失う人が良い仕事に就くことを保証するような公共政策を打ち出すべきだ。再訓練プログラムも効果的な施策になるだろうし、ブルッキングス研究書が提案しているように失業したドライバーに最大1年間の生活費を与えるのもいいだろう。私は、失業率の高い地域から求人倍率が高い地域への労働者の流動的な移動を促すような税政策も奨励すべきだと考えている。

デトロイトを見直す

2014年5月、アームソンとセルスキーは、ファイアフライのコンセプトカーのプロトタイプを開発し、世界に発表する準備を整えていた。ここまで漕ぎ着けるのに、想定していたよりもはるかに長い1年5カ月もの時間を要した。グーグルの幹部からの目から見てもファイアフライの開発には時間がかかりすぎていた。このことは、デトロイトと米国の大手自動車メーカーに対するショーファー・チームの態度を変えることにつながった。

これまで何度も述べてきたように、デトロイトはグーグルの自動運転車開発の取り組みを批判してきた。だが、グーグルもデトロイトのことを快くは思ってはいなかった。ショーファーもグーグルも、デトロイトの自動車開発に対する敬意を抱いてはいなかった。自動車メーカーは通常、新車の開発に約3年をかける。ショーファーのメンバーはこれに驚いていた。3年？　信じられない。いったいなぜそんなに時間がかかるんだ？　特にレヴァンドウスキーはこの態度が露骨だったが、他のメンバーも似たようなものだった。ショーファーは、それはデトロイトの競争力のなさを物語っていると考えていた。シリコンバレーのハイテク企業は、自動車メーカーのことを怠慢だと馬鹿にしていた。保守的で、新しいアイデアを嫌い、流行に疎い。イノベーションの方法を知らず、過去半世紀にシリコンバレーが何度も起こしてきたようなスマートフォンやインターネット、パーソナル・コンピューター、トランジスタなどの創造的破壊とは無縁だ、と。ショーファーのメンバーは、ヘンリー・フォードは優れたイノベーターだと尊敬していたが、このフォードの精神はいつのまにかデトロイトでは消え失せており、それを継承する米国のエンジニアはシリコンバレーにいると信じていた。

ファイアフライの開発を通じて、アームソンとセルスキーは多くを学んだ。なぜ自動車メーカーが新型車の製造にこれほど長い期間を必要とするのかをようやく理解できた。車の設計は特別に難しくはなかった。難しかった（かつデトロイトが得意としていた）のは、車の各部品の強度を高める、自動車業界で「ハードニング」と呼ばれていたプロセスだった。車が10年以上かけて約25万㎞を走行するなかで遭遇し得る、ありとあらゆる状況（シアトルの暴風雨やアリゾナの砂漠、ミネソタの寒波、ノースカロライナの強風、湾岸のハリケーンなど）に耐えられるように部品を設計することだ。たしかにショーファーはデトロイトの新型車開発の標準的な期間の約半分でファイアフライをつくった。だが、製造したのは同じ型の約１００台のみだ。自動車業界は数十万台の規模で製造するし、標準的なベーシック・グレードから各種のオプションが搭載された上級グレードまで、その種類も幅広い。こうしてセルスキーとアームソンは、デトロイトに新たな尊敬の念を抱くようになった。

２０１４年も数カ月が過ぎた頃、私はショーファーがファイアフライ計画を世界に公表するのを控えるようにとアームソンを説得し、そして失敗した。私は、チームが高速道路運転支援機能の開発を諦めたという事実を世間に明らかにするのは賢明ではないと思っていた。自動車業界の企業の多くは、この機能を備えた製品の開発を続けていた。そのほとんどに、マサチューセッツ工科大学（ＭＩＴ）でコンピューター・ビジョンを研究していたアムノン・シャシュアが共同設立したイスラエルのモービルアイ社の製品が搭載されていた。シャシュアはスキャン機器は高価すぎると考え、光によって検出と距離測定を行うライダー（ＬＩＤＥＲ）機能を自社製品に採用していなかった。ニューヨーク・タイムズ紙のジョン・マルコフへのインタビューではこう語っている。「誰も、7万ドルの機器を搭載した車など所有できない。ましてや大量生産なんて不可能だ」。その結果、モービルアイはドライバーがハンドルに触れている限り高速道路の車線を維持しながら安全に自動運転ができる〝交通渋滞アシスト〟システムを開発した。歩行者や自転車との衝突を避けるために減速できる障害物検出機能も提供していた。テスラのイーロン・マスクも、当初は自動運転技術の提携をグーグルに申し入れていたが、最終的にはモービルアイと契約していた。

ショーファーは、モービルアイの戦略には関心がなかった。ライダーを採用していないモービルアイの製品は、カメラで撮影した画像と事前に読み込ませた膨大なデータを比較して目の前の障害物を検知する、コンピューターに依存したシステムだ。車以外のアクセスが制限されている高速道路で、いざというときは人間が運転を引き継ぐ限り、正常に機能する。だがショーファーは、ドア・ツー・ドアで、信号機やラウンドアバウト、信号機のない全方向一時停止交差点（4ウェイストップ）などの難所を通り、安全に目的地まで自動運転で移動できる車の開発には、高解像度のデジタルマップを基準点とするのが容易なライダーが不可欠だと考えていた。

私は、ライバル社にはそのまま高速道路運転支援機能の開発をさせておけばいいと思っていた。その一方でショーファーがドア・ツー・ドアの移動が可能な自動運転車の実現を目指していて、ハンドルやブレーキ、アクセルのないプロトタイプまで開発したという事実が知れ渡れば、他の企業もこぞって同じものをつくろうとするのではないかと不安にかられていた。ファイアフライのプロトタイプを見れば、それがドライバーレス・タクシーやTaaSなどのビジネスモデルに使われるであろうことは誰でも容易に想像できる。都市部で短距離の乗客を乗せる以外に、この車の用途は思いつかない。この車両を用いたサービスを開始する準備が整うまでは、ファイアフライ・プロジェクトについての発表はしないほうがいいはずだ。自社の戦略をわざわざ事前に競合他社に知らせてしまうなんて、意味がない。

しかしグーグルの精神は、デトロイトの自動車業界の感覚に慣れた私よりもはるかに透明性が高かった。自動運転車を安全に走行させるためには公道でのテストが欠かせない。公道を走るテスト車両を目撃されれば、いずれ世間の話題になる。それにショーファーには競合他社よりもはるかに先を行っているという自負があり、将来的に誰かに追いつかれるという事態を想像していなかった。だから、このプロジェクトのことを世界に知らせない手はないと判断した。自分たちの取り組みを理解してもらえれば、自動車メーカーもショーファーとの提携に価値を見いだしてくれるにちがいないという思いもあった。

プロジェクトを世界にどう伝えるべきか

だが、ファイアフライの存在が知られることでさまざまな出来事が起こり、結果として幅広い分野の企業が雪崩を打ってＴａａＳに参入しようとするようになるとは、誰も予想していなかった。

セルゲイ・ブリンがこのポッドカーを世界に向けて発表する舞台は、２０１４年５月末にＩＴ業界の大物ジャーナリスト、カラ・スウィッシャーとウォルト・モスバーグの主催でロサンゼルスの太平洋岸のリゾート地ランチョ・パロス・ベルデスで開催されるＩＴ業界のカンファレンス「第１回コード・カンファレンス」に決まった。カンファレンス前に自動運転車の話題を広めることを狙いに、グーグルは５月13日にマウンテンビューで記者会見を開き、コンピューター歴史博物館からグーグル本社までの約１マイルの距離をレクサスのＳＵＶの自動運転車でデモ走行した。また後日、ブリンのカンファレンスでの発表が終わるまで記事を公開しないという条件で、ジャーナリスト数人をファイアフライに試乗させることも明らかにした。

5月23日に催されたそのデモではまず、ニューヨーク・タイムズ紙のジョン・マルコフがクリス・アームソンと一緒に自動運転車のレクサスに乗り込んだ（マルコフがショーファーの車に乗るのは2回目だった）。車は、歩行者からファイアフライを目撃されないようにグーグルのセキュリティスタッフがガードされたマウンテンビューの駐車場を、数ブロック移動した。

レクサスから降り立ったアームソンが携帯電話を取り出してアプリを起動すると、すぐにルーフ上のライダーを回転させたファイアフライが現れた。2人は乗車し、シートベルトを締めた。アームソンに示されたセンターコンソールの乗車開始ボタンをマルコフが押すと、ファイアフライは駐車場のコースを事故もなく正常に数周走行した。

「会社のエレベーターと、子供の頃にディズニーランドのトゥモローランドで乗ったピープルムーバーを足して2で割ったような感覚だった」とマルコフは後にそう感想を記している。

デモの後、マルコフはグーグルの社屋に戻り、ブリンにインタビューした。マルコフから、グーグルがファイアフライの事業展開をどう構想しているかと尋ねられ、ブリンは、現在は強く結びついている「車による移動」と「自家用車の保有」の関係を切り離したいと考えていると答えた。

「グーグルのプロジェクトを抜きにしても、私は世界の大半の地域ではマイカーを持つことは車を利用するための最善のモデルではないと考えている。それはサービスとして提供されるものであるべきだ」

アームソンは、IT情報系ウェブサイト「Recode」を設立したばかりのスウィッシャーとその同僚リズ・ガンネスにも同様にファイアフライを試乗させた。スウィッシャーは興味深い人選だった。シリコンバレーを取材する数多の記者のなかでも、彼女のように相手が巨万の富を持つ業界の有名人であれ臆することなく発言ができる人間はそうはいない。当時、グーグルのエグゼクティブで同性のミーガン・スミスと結婚し、2人の子供の親でもあったスウィッシャーは、検索の巨人が開発したグーグル・グラスを酷評し、シリコンバレーでも屈指の手強いインタビュアーとして知られていた。彼女は間違いなく、ファイアフライに対しても率直な感想を口にするだろう。

スウィッシャーはファイアフライの外観を好ましく思ったようだった。卵形の有機的なデザイン。フロントの2つのヘッドライトとコアラの黒い鼻に似た黒いセンサーパネルは、人間の顔を彷彿とさせる。スウィッシャーとガンネスを乗せた車は、駐車場内をスムーズに周回した。2人は強い感銘を受けた。「楽しかった」スウィッシャーは言った。「かなりクールだったと言わなければならないわ。素晴らしい」

5月27日、コード・カンファレンスで、ブリンはTシャツ、ゆったりしたズボン、クロックスのサンダルというラフな格好で、ホストであるスウィッシャーとモスバーグのいるステージに上がった。首元にはスウィッシャーに酷評されたグーグル・グラスが見える。数分間の雑談の後、ブリンはスウィッシャーを乗客にして実施したデモの動画を公開しながら、自動運転車のプロジェクトの存在を発表した。

「あなたがいま紹介しているものに、名前はついていないの?」スウィッシャーが尋ねた。

「これはまだプロトタイプだから、名前はないんだ」ブリンは「ファイアフライ」というコード名を秘密にした。「重要なのは、この車にハンドルがないこと。僕たちはまっさらな状態から考えてみた。もしこの世界に自動運転車をつくるとしたら、それはどんな形をしているべきだろう、ってね」

「この車が普及した世界はどんなふうになる?」モスバーグが尋ねた。

「僕がこの自動運転車に期待するのは、世界やコミュニティを変え得る能力があるからなんだ」ブリンはこの車には、貧しい農村の住民や子供、老人、障害者など、従来の交通インフラでは十分なサービスを得ていない人々の移動方法を変える力があると言った。

「僕がチームと共にこのプロトタイプを開発することに決めたのは、既存の車をベースにするよりも良いと判断したからだ。乗車体験はまったく違う。ただシートに座っているだけだ。ハンドルもペダルもない。僕は車内でとてもリラックスできた。乗車して10秒後にはもうメールをしていた。スキー場で2人乗りのチェアリフトに1人で乗っているときみたいな感覚さ。ちょっと寂しくはあるけど、楽しい時間を過ごせる」

安全面にも触れた。自動運転専用に設計された車ではセンサーの取り付け位置を改善でき、周囲をよく検知できるので、安全性も向上する。ブリンはステアリングとブレーキが2つの冗長なシステムによって制御されている仕組みと、この車の制限速度を約40㎞に抑えたことの安全上の利点についても言及した。フロントエンドに、衝突の衝撃を吸収する長さ60㎝ほどの柔らかい素材が使われていることも。

ブリンは、グーグルがファイアフライで具体的に計画していることについては言葉を濁した。「グーグルは自動車メーカーになりたいの？」スウィッシャーが尋ねた。「僕たちはパートナー企業と協力してこのプロトタイプを開発した。将来も同じような形をとることになるだろうね」ブリンは例として、グーグルがスマートフォンの製造をネクサス社に外部委託したことを挙げた。「今日話したいのは、いつかこんな車が街中を走り回る時代が来るということだ。でもまだ早い。普及するのは、かなり先の話になるだろう」

このインタビューの面白いところは、ブリンが言ったことにではなく、言わなかったことにある。ブリンは、ファイアフライについて漠然としか話をしなかった。プロジェクトの存在は仄めかしたが、グーグルの長期計画については何も語らなかった。一方のアームソンは、アトランティック誌のアレクシス・マドリガルがウェブに投稿したインタビューの書き起こしによれば、5月29日のメディアとの電話会議でもっと率直にプロジェクトについて話をしている。「この車の普及方法はいくつも考えられる。1つは、シェアリング・カーとして使うこと。車を呼び出して目的地を伝えれば、後は自動的にそこに連れて行ってもらえる。一般人にとって、車は住宅に次いで大きな買い物だ。でも95％の時間は使われていなくて、お金の使い道として効率が悪い。大勢でシェアすれば、1人あたりの交通費は劇的に減る。それはとてもワクワクすることだ」

ウーバーCEOの苦悩

このインタビューで鍵となる質問をしたのはスウィッシャーだ。「ウーバーとはどう共存するつもり？」。グーグルは前年、投資部門のグーグル・ベンチャーズを介してこのライドシェアリング会社に2億3800万ドルを投資し、自社の最高法務責任者デイビット・ドラモンドをウーバーの取締役会に送り込んでいた。その一方でファイアフライを〝ポッドカー〟として開発していることは、グーグル自身にウーバーと同種のライドシェアリング・サービスに参入する意図があるようにも見えた。スウィッシャーはグーグルに、ウーバーと手を組むのか、それともこのサンフランシスコのライドシェアリングの巨人と対決しようとしているのかを尋ねたのだ。

コード・カンファレンスに参加中で、ブリンの翌日にスウィッシャーにインタビューされる予定だったウーバーCEOのトラビス・カラニックも、同じ疑問を抱いていた。ブリンのインタビューの直後、カラニックは会場内で出くわしたドラモンドに、グーグルはウーバーと協力するのか、それとも競争するつもりなのかと尋ねた。ドラモンドはグーグルはＴａａＳを検討中だと答え、「その意味ではウーバーに限らず他の企業とも競合しているとは言い難い。ともかく今後、物事が進展するにつれ、話し合いは重ねていこう」と付け加えた。後の裁判文書では、「あのときのカラニックは不安にかられていた」と述べている。

ブリンがファイアフライを発表した同じ日の夜遅く、ニューヨーク・タイムズ紙のウェブサイトにグーグルの新しい自動運転車に関するマルコフの記事が掲載された。ベテランのテクノロジー・ジャーナリストであるマルコフは、グーグルがハンドルやブレーキ、アクセルペダルのない車を開発中だとする見出しのこの記事のなかで鋭い予測をした。「同社は、現代の自動車にある標準的な制御装置を持たない実験的な電気自動車100台の開発を開始した。このプロジェクトを推進するグーグルの共同創立者セルゲイ・ブリンとクリス・アームソンは、検索エンジン会社が自動運転車で何をしたいのかについては多くを語ろうとはしないが、その答えは今では明らかだと思える」。マルコフは同紙のテクノロジー・ブログ「Ｂｉｔｓ」にも関連記事を投稿した。「この車の用途として予測できるのは、ドライバーレス・タクシーだ」。マルコフは私とジョーダンの地球研究所の論文を引用し、〝未来のロボットカー〟はマンハッタンのタクシーと同じサービスを短い待ち時間、少ないコストで提供できるという試算にも触れた。

カラニックはこの記事に強く注目した。同じ立場にいる者なら誰でも、グーグルの意図に疑問を抱いたはずだ。裁判文書によれば、ウーバーがサービスを1マイル提供するために要するコストに人間のドライバーが占める割合は約70～90％。ウーバーCEOのカラニックは、ネットワーク効果の恩恵を受けるテクノロジーであるオンデマンド・モビリティの可能性は検索エンジンや

SNSに似ていると考えていた。つまりユーザーが増えるほど、サービスの競争力は高まる。それが事実なら、最初に市場を制覇した者がその後の市場参入者に対して大きな優位性を保てる。カラニックにとって、ドライバーレス・タクシー市場は賞金1兆ドルの勝者総取りのゲームだった。後のウーバー対ウェイモの裁判でのその証言からは、ウーバーが兄であるグーグルと遊びたがっている弟のような存在だったというたとえが浮かんでくる。つまりカラニックは、オンデマンド・モビリティの世界最大のプロバイダーになるためにグーグルと手を組みたがっていた。スウィッシャーにインタビューされたとき、すでにショーファーの自動運転車に試乗したことがあった。1年前、人の紹介でラリー・ペイジに会った。その席でカラニックはグーグルがその技術で何をしようとしているかを探り、積極的に提携を売り込んだ。だがグーグルの幹部は、その後にカラニックが同じ話題をする度に、コミットするには時期尚早だと言って提案を却下した。それが今、カラニックにはウーバーに対して大きな投資をしているはずのグーグルが、自社と競合するようなビジネスを準備しようとしているように思えてならなかった。

　カラニックはカンファレンスでのスウィッシャーによるインタビューで、その特徴でもある挑発的な態度をはっきりと示した。まずは怒りの矛先をタクシー業界に向けた。「僕たちがウーバーを始めたとき、タクシー業界と戦争をするつもりなんかなかった。戦いを仕掛けてきたのは向こうだ。僕たちは自分たちを単なるハイテク・オタクだと思っていたし、戦いが始まっているなんてしばらく気づかなかった。たとえるなら、僕たちはいつのまにかウーバーとして選挙に出馬していた。敵はタクシーという嫌な奴だ。誰もそいつを好きじゃない。性格も良くない。だけど支持団体と癒着していて、組織票が強い」

「自動運転車についてはどう思う?」スウィッシャーが尋ねた。

「素晴らしいね」カラニックは言った。「メリットだらけさ。もちろん、ウーバーでそれを開発するつもりはない。製造するのはどこかの企業だ。ウーバーの料金には、単に車で移動することだけではなく、車内にいる誰かに対する報酬が含まれている。自動運転車が魔法のようだと思えるのは、この問題をクリアできることだ」

「車内にいる誰かとは、車を運転している人のことね」スウィッシャーが言った。

「その通り」カラニックが言った。「ドライバーに報酬を支払わなくてもよくなれば、ウーバーを利用する料金は車を所有するよりも安くなる。ちょっとした長旅をしたとしてもね。車を所有するコストよりも、利用するコストのほうが安くなる。これはあらゆる人にとってのメリットになる。そして、究極的には車を所有することはなくなっていく」

「人間が問題の種ということね」スウィッシャーが不遜な雰囲気を漂わせながら言った。「もちろん、自動運転車には安全性も高まるし、環境にも優しいというメリットもある」

「グーグルとウーバーのあいだには大きな利害関係があるのね」スウィッシャーが尋ねた。

「そうでもないさ」カラニックは言った。その後、わずか数週間で同社は新たに資金調達を得たことを発表し、非公開企業としては当時世界一の時価総額170億ドルに達することになる。

「グーグルに身売りをして、同社の自動運転システムの予約を請け負うシステムになるつもりは？」

「同じ質問をよくされるよ」

「そうでしょうね」スウィッシャーは言った。「私も初めてウーバーのサービスを見たとき、グーグルの人間に向かって〝明日にでもウーバーを買収すべきよ〟って言ったもの」

「この質問をされると、幸せな結婚をしているのに、次の妻にするのは誰かと尋ねられている男のような気になる」カラニックは言った。

スウィッシャーは間髪入れずに言った。「じゃあ、あなたの次の妻は誰？」

「僕は幸せな結婚をしている。それは失礼な質問だよ」カラニックは質問の答えを自分自身の結婚の話にすり替えた。

スウィッシャーが大笑いした。

ステージ上でのインタビューに続く質疑応答で、聴衆の1人がショーファーについて尋ねた。

「今、ウーバーで仕事をしている人がたくさんいます。あなたができるだけ早く人間のドライバーをロボットカーに置き換えようと計画していることを知ったら、快くは思わないのでは？　ドライバーレス・カーへの移行はどのように実現させるつもりですか？」

「まず、僕は自動運転車が普及するのは相当先の話だと思っている」カラニックが答えた。「それは近い将来に簡単に起こるようなものではない。それでも、今ウーバーでドライバーをしている人にこのことをどう説明するかというのなら、〝僕はこれが世界が進むべき道だと考えている〟と答える。ウーバーが自動運転車を採用しなければ、企業として存続できないだろう」

　これは2014年当時としては、驚くほど先見の明のある言葉だった。グーグルによるファイアフライのプロトタイプの公開は、同社の自動運転車の開発に関する本格的な発表としてはまだ2度目にすぎなかった。最初の発表は、2010年に開発に取り組むと宣言したときだ。にもかかわらず、カラニックは自動運転車は将来的に避けて通れないものだと言った。それだけではない。自動運転車が普及した社会で支配的なビジネスモデルになると予測されるのは、ショーファーが目指していたドライバーレス・タクシーを用いたシステムだ。そのモデルでは人間のドライバーのコストなしでそれと同等以上のモビリティの自由を提供するので、ドライバーを使っている競合他社に価格競争で勝つことができる。カラニックが言うように、ウーバーは自動運転車を採用しなければ、企業として存続できなくなるだろう。カラニックは後に、自動運転技術をウーバーに対する脅威として語るようになるが、当初の見方はこのようなものだった。

「世界が常に自分の望むような場所であるとは限らない」カラニックは持論を展開した。「それが現実だし、テクノロジーもそうやって進化していく。残念ながら、僕たちは世界の変化に合わせていく方法を見つけなければならないんだ」

　視点を変えて問題をとらえることもした。「ウーバーの利用者の立場から見ればどうだろう？自動運転車でサービスが提供されるようになれば、車を所有するのに比べてはるかに少ない費用で行きたい場所に行けるようになるし、高速道路の渋滞もなくなる」。さらに、自動運転車の安全性についても言及した。

「これは大きな違いだ。それに、これはテクノロジーのためのテクノロジーではない。都市の仕組みや人々の移動方法や生活を変えるものなんだ」

このインタビューはソーシャルメディアで物議を醸した。CEOがこれほど歯に衣を着せない発言をするのは珍しかった。SNSへの投稿の内容のほとんどはカラニックの〝ウーバーはタクシーという嫌な奴と戦っている〟という発言についてで、書き込んだのはカラニックに無駄なコストという扱いをされたドライバーや、それに同情した人々だった。カラニックはこのSNSでの反発を見て、カンファレンスでこの発言をしたときは、ドライバーレス・タクシーが実現するには少なくとも10年以上はかかると考えていたとあらためて釈明をすることになった。

カンファレンスの数カ月後、グーグルの発表に具体的にどう対応すべきかを熟考したらしきカラニックは、両社が協力してTaaSの実現を目指すことが最善策であるという結論を導いた。ウーバーの配車のノウハウとショーファーの自動運転技術は、強力なタッグになるはずだと考えたのだ。だがグーグルと手を組みたいとカラニックが強く望むようになった本当のきっかけは、2014年9月にショーファーの自動運転車に通算2回目となる試乗をしたことだった。初対面で同乗者を務めたアームソンは、「カラニックは物凄く興味を持っていた」とこのときのことを回想している。世間に初めてその存在が公表されてから4年、このテクノロジーは長足の進歩を遂げていた。良く晴れたこの日、マウンテンビューの整備の行き届いた路上を、自動運転車は明らかに人間よりも安全で優れたドライバーとして走行した。カラニックからこの自動運転車の実用化はいつ頃になりそうかと尋ねられたアームソンは、具体的な数字は示さなかったものの、おそらく世間が想像するよりも早いだろうと答えた。ただし、後に「おそらくそんなふうに答えるべきではなった」と振り返っている。

とはいえ、カラニックの不安の原因はファイアフライのプロジェクトの存在そのものではなく、グーグルが自動運転車を用いて独自にライドシェアリング・サービスを展開しようとしていることにあった。カラニックがウーバーは独自の戦略を早急に打ち出さなければならないとはっきりと自覚したのは、2014年10月の取締役会の後、ドラモンドに呼び止められて2人きりで話をしたときのことだった。ドラモンドは単刀直入に、グーグルはライドシェアリングの分野でウーバーと競争するつもりだと言った。後の宣誓供述書のなかで、カラニックはこのときドラモンドの不意の告白に失意を感じながら答えたと述べている。「僕は不機嫌そうな顔で答えた。正確に何を言ったのかは覚えていないけど、心底がっかりしたし、グーグルとの関係のことを考えると腸が煮えくりかえりそうになったのを覚えている」。カラニックの心境は、兄に裏切られた弟だった。ドラモンドはその後、利害が対立するという理由でウーバーの取締役会への出席を取りやめたが、カラニックと共にこのIT業界の巨人2社をなんとか協力関係を築こうと努力を続けた。「僕たちはウーバーとグーグルが自動運転とライドシェアリングを結び付けることにおいてパートナーになれないか方法を探ろうとした」とカラニックは言う。「ドラモンドは、それが正しいことだと信じていた。僕も同じだ。でもドラモンドは結局、ラリー・ペイジをはじめとするグーグルの人間にそれを理解させることができなかった」

その一方で、カラニックはショーファーの一挙手一投足に目を光らせていた。翌年1月、デトロイトで開催された北米国際オートショーの会場でアームソンが行った記者との質疑応答の内容の書き起こしを入手すると、すぐにドラモンドにメールを送った。「アームソンは、自動運転車をライドシェアリング・サービスに展開するつもりだとはっきりと述べている。僕はすぐにでもラリー・ペイジとこの件について直接話をしたい」。カラニックとペイジとの会談は3月10日、ドラモンドとウーバーのビジネス部門シニアバイスプレジデント、エミリ・ミッチェルを交えて、グーグルのキャンパスで昼食をとりながら行われた。ドラモンドによれば、カラニックはグーグルがライドシェアリングに参入することへの懸念を口にした。ペイジは率直に、グーグルはＴａａＳを自動運転車を収益化するための選択肢の1つだと考えていると答えた。

ビル・フォードの確信

自動運転技術の自社ビジネスへの影響を心配しているのはカラニックだけではなかった。静かに、着実に、人々は耳を傾け、理解し始めていた——この技術が迫って来ていることを、それが実現したとき、自動車産業だけでなく社会全体を変え得るものであることを。ジョン・カセサを例に挙げよう。カセサは私がデトロイトで出会った数多の投資家やエンジニアのなかでも、とりわけ好感の持てる人物だ。2015年初めの時点では、グッゲンハイム・パートナーズ社のマネージング・ディレクターを務めていた。GMでプロダクトプランナーとしてキャリアをスタートさせ、投資銀行に転職しアナリストとして大手自動車企業についての優れた分析をした後、自動車分野に特化した合併買収（M&A）のディールメーカーとしてトヨタ自動車やマグナ・インターナショナル、リア・コーポレーションなどの自動車メーカーとサプライヤー企業のM&Aに携わった。

私が見るところ、カセサはこの業界でも3本の指に入るほど優秀な投資銀行家だった。だが、彼に好感を覚えたのは、職業人としての能力の高さ故ではない。カセサには人を惹きつける魅力があった。笑顔を絶やさず、誰にでも分け隔て無く平等に接し、相手の話に真摯に耳を傾ける。

カセサには自動車業界で30年近くの経験があった。どれだけ多くの車を客に売ったかが、成功の物差しとされる業界だ。その後、私の地球研究所の論文を読み、自らが関わるビジネスが重要な変革を遂げようとしていることに気づいた。

長年、カセサは自動車業界の多くの人々と同様、自動運転車やモビリティの破壊的イノベーションのことをあまり真剣に考えてはこなかった。「誰かがそれを話題にしていても、私には理解できなかった。空想の世界の話に聞こえてしまうからだ。社会やビジネスに与え得る、現実的な何かだとは考えられなかった」

ブリンがファイアフライを発表したのと同時期のある日の午後、カセサはミシガン州ディアボーンにあるフォード・モーター社の世界本社にいた。最高幹部のオフィスがある最上階にある、〝グラスハウス〟と呼ばれるビルだ。会議開始までの数分の空き時間を潰すために、窓の外の景色を眺めた。世界最大級の自動車メーカーの本社ビルからの眺望に相応しく、ミシガン・アベニューとサウスフィールド・フリーウェイが交差するクローバー型のインターチェンジが見えた。何台もの車が高速道路に出入りしているのを眺めていると、想念が浮かんでいた。自動車が主流の交通手段になる前、この交差点はどのような光景だったのだろう?「たった100年前、人々はおそらくここを馬に乗って移動していた。それが今では高速で動く機械を運転している」。時代の移り変わりはあまりにも早い。このまま変化が続けば、将来はどうなる? ひらめきを得たのはそのときだ。車が近い将来、自動運転化しない理由などないはずだ。

この体験をきっかけに、貪るように自動運転の未来について調べ始めた。私の論文に出会い、自動運転タクシーが9000台もあれば、マンハッタンに現在のタクシーと同等以上のモビリティサービスをわずか10分の1の料金で提供できるという予測に驚いた。カセサは毎日タクシーを利用する誇り高きニューヨーカーだった。「これが決定打になった」。この論文は、自動運転という優れた技術的アイデアを初めて経済的な目を通して分析していた。私が考えていたよりもはるかに、この技術が世の中に役立つものだということもわかった」

その直後の2014年7月、カセサから電話があった。「君の時代が来たな」と彼は言った。

嬉々とした響きさえあった。カセサとは、GMの研究開発・計画部門時代からの付き合いだ。私が自動車の電動化や水素燃料電池によって現在の交通システムの非効率やガソリン依存を減らそうと長い期間努力してきたことは、他の業界人と同じくよく知っている。「これまで君が推進してきた技術には、実用化に壁があった」カセサが言った。その通りだった。私はこれらの技術の素晴らしさを訴えてはきたが、社会にはまだそれを普及させるための準備が整っていなかった。一般の消費者が燃料電池自動車の燃料となる水素ガスを入手したくても、普通のガソリンスタンドではそれを得られない。

だが、自動運転シェアリング・モビリティは違う、とカセサは見込んでいた。「技術がついに君の仮説に追いついた。自動運転車はコストを大幅に減らせるから投資価値がある。実用化に成功すれば、すぐにでも人々の暮らしを変えられる」

カセサは、自動車業界で要職を務める同僚やクライアントに、〝業界に激震が走る変化〟が起きるという紹介の言葉を添えて、私の論文を送り始めた。

「これはあなたの会社の製品が進化したものではなく、それを置き換える代替品なのです」とカセサは訴えた。

当時、自動車メーカーは自動運転技術を〝いつかは手に入れるもの〟と考えるようになっていた。安全装備を徐々に追加していけば、車はますますスマートで安全になり、ドライバーに先回りしてできることも増え、最終的には運転する必要さえなくなる、と。「通信機能を持たない愚鈍な機械から、コネクテッドでスマートな自走デバイスへ」とカセサが呼ぶ進化の道のりを歩んでいけると考えていた。だがそれは間違っていた。カセサは自動車業界の重要人物に訴え始めた。「自動運転車はあなたたちの製品が賢くなったものではありません。それは完全に別物であり、既存の車を置き換えるものです。なぜなら、自動車業界がハードウェアとして製造してきた車は、これからはサービスになるからです」。これまで、モビリティは企業が販売する車という商品だった。だが将来的には、企業が継続的に運営するサービスになる。自動車メーカーは、製造した車をモビリティ・サービス用の自動運転車として自ら管理することになるのだ。

このひらめきを得たカセサは、クライアントに与えるアドバイスの内容を変えた。まず、これまでとはまったく異なる業態に対応できるようにすべきだと提案し始めた。また、安価で信頼性の高いライダーセンサーの開発のような新しい技術に積極的に投資し、オンデマンド・モビリティ・サービスで用いられる電気自動車には不要になる、触媒コンバーター（ガソリンエンジンから出る排気ガスの有害成分を浄化する装置）のような古い技術からは離れていくべきだとも忠告した。

カセサのクライアントのなかで特にこのアドバイスを受け入れたのが、リーダーシップの大きな交代劇があったばかりのフォード・モーターだった。8年近くCEOを務めたアラン・ムラーリーが退任し、後任にはCOO（最高執行責任者）だったマーク・フィールズ（1999年から2002年までマツダの社長を務めた）が就任していた。

カセサは同社のことをよく知っていた。アナリスト時代はずっとその動きを注視していたし、投資銀行家となった現在はフィールズや会長の〝ビル〟ことウィリアム・クレイ・フォード・ジュニアをはじめとする同社のトップとの関係を保ってきた。そして、この革命が起きたときに生じ得る重大な変化について同社の幹部と議論を始めた。将来、車は誰が売り、誰が買うようになるか？　フォードがとるべき戦略は？　車の販売先を無数の個人から大手モビリティ・サービス・オペレーターに変えるか、それとも自らサービス・オペレーターになるか？「この論文を理解すればするほど、新しい市場が面白く感じられた」。フォードは、モビリティ企業への転身が、現在の市場をはるかに超える大きな成長機会をもたらし得ることに気づき始めた。

カセサはCEOのフィールズから、グッゲンハイム・パートナーズ社を退職してフォードに転職することを勧められた。フォードで働くには、デトロイト近郊に移住しなければならない。ニューヨークは大好きな街だし、妻はそこで仕事をしている。高校に通う息子を転校させたくもない。それでも、このチャンスには興味をそそられた。この転職話を思案しているとき、フィールズの依頼で同社の戦略的評価を実施した。小さなチームをつくり、徹底的かつ客観的な分析を実施したが、この結果がフォード社にどう受け入れられるかは不安だった。ムラーリーがCEOを務めていた時代、フォードは近年の経済史に名を残すほどの復活劇を遂げた企業だと見なされていた。ニューヨーク・タイムズ紙も、ムラーリーの退職を報じる記事のなかでこのCEOを自動車業界において史上最高峰の再建手腕を持つとされるリー・アイコッカとも比較しながら、

「フォードを業界のお荷物から世界トップクラスの自動車メーカーに押し上げた」と高く評価し、ムラーリーが引退を発表する前の週にフォードが19四半期連続で高収益を上げていたことにも注目した。にもかかわらず、カセサはムラーリーが築き上げてきたものを批判しようとしていた。変化を促すどころか、単に社内に敵をつくるだけではないのかという疑念も浮かんだ。だが、それは杞憂だった。フィールズをはじめとするフォードの幹部は、カセサの批判に腹を立てたりはせず、同意してくれた。物事が大きく変化しようとしていることを見抜く目があったのだ。

「私はそのとき気づいた」とカセサは回想する。「この会社は、同じように劇的な復活を遂げた自動車業界の他の企業とは違い、将来の変化や自らの競争力に大きな不安を感じていた。そして、そのことについて行動を起こしたいと強く望んでいた」

他にも、フォードには他の企業にはない特色があった。創業者ヘンリー・フォードのひ孫である会長のビル・フォードが、フォード一族の長として430億ドルの自動車メーカーに対して強い影響力を持っていたことだ。ビル・フォードはデトロイトの典型的なカーガイとは毛色の違う人物だった。60年代に幼少期を過ごし、プリンストン大学に進学。曾祖父が世界に広めた発明品に負の副作用があることを強く認識していた。長いあいだ、世界各地の都市での自動車のあり方を変えなければならないという思いを抱き続け、講演でも世界中で自動車の交通システムが行き詰まっていることに警告を発し、地球上には車が多すぎるという持論を語ってきた。

カセサは、フォードで働けるチャンスを逃すべきではないと考えた。この転職の件について電話で話をしたとき、ビル・フォードは自動車業界の将来がどう変化しようと、そこで成功するためなら、たとえそれが現在のフォードの事業内容と大きくかけ離れているものであっても全力で追い求めるつもりだと熱く語った。カセサはビル・フォードの柔軟性と変革への決意に感銘を受けた。「ビルは自分の人生の使命を、この会社を今後100年間繁栄させ続けることだとはっきりと定義していた。そして、誰かの助けを必要としていた」

最後に背中を押してくれる人を探していたカセサは、グーグルの取締役会の新メンバーになったばかりのアラン・ムラーリーに電話をした（グーグルの持ち株会社であるアルファベットはその当時はまだ設立されていなかった）。「アラン、私はフォードからオファーを受けました。とても興味深く、受けるつもりです。でも、その前にあなたに相談したかった」

ムラーリーはカセサに、オファーされたポジションの職務内容を読み上げるようにと言った。それは新しく設けられた、後に〝グローバル戦略部門グループ・バイスプレジデント〟という肩書きになるポジションで、CEOのフィールズの直属として自動運転車やシェアリング・モビリティに関する会社の方針を定めるというものだった。カセサが職務内容を読み終えると、受話器の向こうで長い沈黙があった。口を開いたムラーリーは、そのまま45分間話し続けた。

曰く、2006年にフォードのCEOに就任したとき、目の前には膨大な仕事があった。だが、何をすべきかははっきりしていた。フォードは際立った自動車メーカーになるために何をすべきかを知りながら、それを実行していなかった。だからムラーリーは実行した。既存のビジネスモデルに基づいて会社を再建し、フォードを再び際立った自動車メーカーにした。

しかし、自動運転に代表される破壊的イノベーションに対応するタスクになると、話は別だ、とムラーリーは言った。優れた自動車メーカーとは何かについてなら誰もが知っている。だが、優れたモビリティ企業の定義とは何だ？　そこでは、まったく新しいビジネスの形を新たに構築しなければならない。誰もしたことがない仕事に挑戦しなければならない。

このムラーリーの意見を聞いたことが、カセサが決心を固める最後の決め手になった。フォードの前ＣＥＯは、自動車業界がまったく新たなビジネスを創造しなければならなくなるほど大きな破壊的イノベーションに直面しようとしていることに、カセサと同じくらい確信を持っていた。「業界は大きな曲がり角に差し掛かっている。テクノロジー、接続性（コネクティビティ）、自動運転（オートノミー）が発明され、根本的に変わった」カセサは、世界初の偉大なモビリティ企業の誕生に関わるという歴史的な機会を与えられたように感じた。「私はこの仕事をしなければならない」と妻に言った。「そうでなければ、一生後悔するだろう」

ウーバーの反撃

フォード・モーターは、２０１５年2月17日にカセサが入社したと発表した。これは米国の自動車メーカーが将来的な自動運転の普及は不可避だと認め、フォードが自動車メーカーからモビリティ会社へと移行していくことを物語る、大きな第一歩だと言えた。

一方、西海岸では、ウーバーが将来に向けた独自の準備を進めていた。「まずは世界が自動運転に移行しようとしているのを理解することだ」カラニックは後にジャーナリストのビズ・カーソンに語っている。「年間の交通事故の死亡者数が100万人も減る。世界中の都市で渋滞がなくなり、大気汚染が激減し、運転から解放された人々は数兆時間を手にする。生活の質が上がる。こうして、誰もが〝そうか、こんなにメリットがあるのか〟と気づく。マウンテンビューにはこの問題に懸命に取り組んでいる企業がいくつかある。間違いなく、この技術は普及するだろう」「そのとき――」カラニックは続けた。「ウーバーがその未来の一部ではなかったらどうなる？　つまり、自動運転（オートノミー）を活用していなかったら？　未来はあっという間にウーバーから離れていってしまうだろう」

グーグルがライドシェアリング・サービスへの参入を決めたため利害の対立の問題からドラモンドがウーバーの取締役会への出席を辞退してすぐに、カラニックはグーグルのショーファー・プロジェクトと同様の自動運転機能開発プロジェクトをウーバー内部に立ち上げ、その最高製品責任者にジェフ・ホールデンを任命した。

カラニックにも匹敵すると言われるほど野心的なホールデンは、マウンテンビュー以外にある自動運転に関する世界最高峰の頭脳が集まる場所に狙いを定めた――カーネギーメロン大学国立ロボット工学エンジニアリング・センター（ＮＲＥＣ）だ。このコミュニティがどれほど狭く、密接に結びついているかを物語るように、ＮＲＥＣ（「エヌレック」と呼ばれている）はＮＡＳ

Aによる出資で1996年にレッド・ウィテカーによって設立され、アームソンとセルスキーもかつて所属していたことがある。ピッツバーグのアレゲニー川のほとりに位置する堅牢な工業空間は、あたかも部品研究所やロボット博物館、メカニックショップであるかのような雰囲気を漂わせている。NRECの目的は、カーネギーメロン大学ロボット工学研究所が開発した技術を米国企業と協力して商品化することだ。ここはハリウッド映画から飛び出してきたような場所だ。ピクサーのアニメーション映画『ベイマックス』さながらに、ある研究室では自律型のヒューマノイドロボット「CHIMP」が、別の研究室では農耕具メーカーのディア・アンド・カンパニー向けのロボット農業機器が開発されている。施設の奥にある部外者立入禁止エリアは、米国国防総省との秘密プロジェクトが行われている場所なのだろう。科学者・エンジニア100人を擁し、年間運用予算約3000万ドルを誇るNRECは、自動運転の先駆的な研究開発を独自に進めている。実際、セルスキーは以前、ショーファーによってNRECの自動運転開発チームを吸収することを検討していたが、NRECのメンバーはカリフォルニアへの移住を望まず、グーグルもチームを2拠点に分割することは望まなかったため、このアイデアは実現しなかった。

ジョン・ベアーズは80年代に大学院生としてウィテカーの下で学んで以来、カーネギーメロン大学のロボット・コミュニティと関わってきた。1997年から2010年まで13年間、NRECでもっとも長く所長を務めたが、開発したテクノロジーを企業パートナーが積極的に商用化しないことに不満を覚えるようになった。「我々には高度なプロトタイプを次々と設計できるだけの素晴らしい能力があった。でも、せっかくつくったプロトタイプも商品化に至らないことが多かった」とベアーズはニューヨーク・タイムズ紙に語っている。「次第に、自分の手で商品化に取り組んでみたくてたまらなくなった」。NRECを退職してスタートアップ企業、カーネギー・ロボティックスを設立、地雷探知ロボットを開発して米国陸軍に売るなどした。

ウーバーがベアーズに初めて接触したのは2014年11月。ウーバーの製品・エンジニアリング部門の幹部マット・スウィーニーがメールで、同社が抱えている「難しい問題」に取り組んでみないかと尋ねた。「ウーバーなど聞いたこともなかった」と言うベアーズは、当初それを冗談だと思っていた。この会社の存在をまったく知らないというのは、2014年当時としても珍しいことだった。真剣さを伝えるため、カラニックはベアーズに会うためにピッツバーグに飛んだ。そのときに議論されたウーバーの目標は、〝2020年までに10万台の自動運転タクシーを稼働させる〟というものだった。他にも、2016年8月までに公道で自動運転車をテストするという目標もあった。

ベアーズは〝ウーバー版ショーファー〟にとって最適な人選だった。NRECを13年間率いていた経験から、このコミュニティの重要人物をよく知っていたし、尊敬もされていたからだ。ウーバーは2014年末にオファーを出したが、ピッツバーグから離れたくなかったベアーズはそれを断った。だがホールデンとカラニックは食い下がった。カラニックは一刻も早く、自動車の効率性を高め、環境負荷を減らす必要があると感じているとベアーズに語った。無人運転の時代は近づいている。ウーバーが自動運転機能の自社開発に取り組まなければ、競合他社に価格破壊を起こされてしまう。そこで、ベアーズが地元を離れる必要がないようウーバーの自動運転車開発チーム「アドバンスト・テクノロジー・グループ」の拠点をピッツバーグに置くことにして、あらためてオファーを出した。ベアーズはＮＲＥＣのエンジニアたちに相談した。提案されている報酬額を伝えると、メンバーたちからオファーを受けるべきだと説得された。

２０１５年1月にウーバーに加わると、ベアーズはその後の数週間、精力的に会議と求人活動に取り組んだ。カーネギーメロン大学のコンピューター科学部の校舎の前に「ピッツバーグ最高のソフトウェア・エンジニア、求む」という広告を貼り出した。だが、ベアーズの狙いはなんといっても13年間在籍したＮＲＥＣだった。２０１５年2月、ウーバーとカーネギーメロン大学はドライバーレス・カー開発の共同プロジェクトを立ち上げたと発表した。振り返ると、この契約は世間の目を逸らす目的もあったように思える。契約の草案を作成している段階でも、ベアーズはアドバンスト・テクノロジー・グループのスタッフを猛烈に募集していた。このグループが働く場所は、ＮＲＥＣのビルからアレゲニー川沿いに1マイル弱しか離れていない、広さ9万9０００平方フィート（約9２００平方ｍ）もある元レストランだった倉庫だ。伝えられるところによれば、ベアーズは科学者とエンジニアに、ＮＲＥＣでの2倍以上の報酬と数十万ドルのボーナスなどを条件としたオファーを提案していた。ベアーズの後任としてＮＲＥＣのディレクターを務めていた研究者トニー・ステンツや、セルスキーの論文指導教官だったピート・ランダーもこのオファーを受け入れた。最終的に移籍することになったＮＲＥＣのスタッフは総勢40人。ベアーズを介して、ウーバーはＮＲＥＣを実質的に骨抜きにした。「こんなことを目にしたのは初めてだ」とカーネギーメロン大学の関係者は語る。「ＮＲＥＣのスタッフは、自動運転技術の重要性を誰も理解してくれないと長年不満を言っていた。そこに、ウーバーがやって来た。すると、人々は〝すごいぞ、この技術は本物だ〟と言うようになった」

なぜデトロイトは出遅れたのか

ウーバーがＮＲＥＣの自動運転に関する人材を大量に採用したことは、自動車業界で大きな議論の的になった。ショーファーにグーグルが投資してきたことが高く評価されることにもつながった。もしカラニックの見立ての通り、オンデマンド・モビリティ市場は巨大であり、大きな先行者利益があるのなら、参入を望む企業はできる限り迅速に行動をとらなければならない。ウォールストリート・ジャーナルが２０１５年5月31日付の記事でこの件を報じると、デトロイトの大手企業の上層部はこの話題で持ちきりになった。ウーバーの大胆な策略は驚きを覚えるものであると同時に、完全に理にかなったものでもあった。誰かが自動運転の優秀な技術者をごっそりと引き抜いた。それがモビリティの世界を急速に変えようとしているウーバーだったのは、ある意味で当然だった。

この動きに業界全体が反応した。２０１５年と２０１６年にモビリティの世界に起こったのは、大自然や『ライオンキング』の映像でよく見る、野生動物の群れの大移動のような光景だった。アフリカのサバンナにヌーの大群がいる。1頭が頭を上げて鼻を鳴らし、耳をそばだて、眉をひそめ、その褐色の脚を1歩前に進める。もう1歩。隣のヌーが草を食むのを止め、頭を上げて横を見る。（何かに気づいたのかな？）と察知し、自分も前進する。さらにその隣の2頭も同じ動きを繰り返す。こうして、4頭が8頭、16頭、32頭になる。そして突然、異変を察知した最初の1頭が進んだのと同じ方向に、群れ全体がパニックを起こしながら疾走し始めるのだ。

1頭目のヌーが、ファイアフライを開発したグーグルだ。ブレーキペダルもハンドルもアクセルもない車両でソフトウェアによるほぼ完全な自動運転を実現させるという思い切ったアイデアは、モビリティの世界から大きな注目を集めた。2頭目のヌーはウーバーだ。グーグルとのモビリティ・サービスでの競争、自動運転車の〝すでに実在する脅威〟に不安を覚えたCEOのトラビス・カラニックは、NRECの主力をごっそりと引き抜いて自社に自動運転車開発部門を立ち上げた。3頭目は、経営陣がジョン・カセサと会長のビル・フォードが鳴らす警鐘に聞く耳を持っているフォード・モーターだと言えるだろう。

私は長年、自動車の発明以来、自動運転技術はこの産業に最大の打撃を与えるものになると主張してきた。2015年、世間はついにそれを信じ始めた。なぜか？　ウーバーはもうすぐ時価総額でGMを超えようとしていた。グーグルは四半期別に見れば時価総額で世界1、2位の企業で、GMを現金で買えるほどの余裕もあった。つまり、時価総額世界一の株式企業グーグルと、株式未公開企業として時価総額が世界一だとされるウーバーがどちらもオンデマンドのモビリティ・サービスに目の色を変えて真剣に取り組んでいるという事実が、ようやく世間に自動運転技術の重要性を気づかせたのだ。

すぐにメディアは「業界の激変」をテーマにした物語を紡ぎ始めた。ルノー・日産アライアンスのCEOカルロス・ゴーンは、2020年までに自動運転機能の搭載車を10車種販売する計画を発表した。自らレーシングカーのハンドルを握ることで知られるトヨタの豊田章男社長も、それまでは「ファン・トゥ・ドライブ」という会社のモットーに従い〝自動運転という言葉をタブー視する〟という噂さえある企業文化を育んできたが、自ら「考えの大きな変化」を認めた。トヨタは自動運転技術の開発を促すために10億ドルを投資してシリコンバレーに200人の研究者を擁する人工知能の研究所を設立することを発表し、グーグル・ロボティックスの元代表者ジェームス・カフナーをはじめとするロボット工学分野のトップの人材を採用。MITのスピンオフとして設立されたジェイブリッジ・ロボティックスのメンバー16人全員を引き抜き、2020年までに高速道路で自社の自動車を自動運転させるという目標を掲げた。

既存の自動車メーカーによる自動運転技術の採用が増えたことも、2015年の大移動の引き金になった。テスラは2015年10月に同社の「モデルS」で自動運転を可能にする「オートパイロット」ソフトウェアを利用できるようにした。このプロジェクトはグーグルが中止した高速道路運転支援プロジェクトの単なる真似事のようなものではない、高速道路で完全自動運転を目指す意欲的なものだった。インフィニティはQ50に車が車線をはみ出しそうになるとシステムがそれを検知してハンドル操作に介入する「車線逸脱防止機能」を搭載し、その親会社であるルノー・日産アライアンスのCEOカルロス・ゴーンは2020年までに車が交差点を移動できるテクノロジーをデビューさせると発表した。ダイムラーAGは車内に会議室のような空間のある自動運転コンセプトカーのデモを行った。フォード・フォーカスのような大衆車でさえ、車を隣の空きスペースに自動的に駐車してくれる縦列駐車用パーキングアシスト機能などを組み込んだ。ボルボは安全性向上のために、前方の歩行者を検知するとブレーキを作動させる歩行者検出システムを開発した。

それまで自動運転技術の開発とは無縁だったにもかかわらず、大きく手のひらを返したデトロイト。私が個人的にもっとも縁を感じるデトロイトの自動車メーカーがGMだ。同社は以前、グーグルの自動運転車チームに傲慢な態度で接し、その要望を却下していた。だがその後、CEOのメアリー・バーラは、デトロイトの市街地にあるGMの世界本社ルネサンス・センターで新顔の意見を聞き始めた。GMが自動運転車に対する会社の態度をあらためたことに大きな影響を及ぼしたのは、社長のダン・アンマンの存在だった。「運転が好きだと言う人は多い」アンマンはファスト・カンパニー誌によるインタビューで、米国人の86%が車通勤をしていることについて触れた。「だが、私は通勤が好きだと言う人にはまだ会ったことがない」。ライドシェアリングの増加、ミレニアム世代の自家用車に対する態度の変化、自動運転技術の安全性向上などを鑑み、アンマンはモビリティの変化が近づいていること、そしてそれがGMのビジネスを破壊する可能性があることに社内の人間に気づかせようとした。

この新しいテクノロジーを採用するためにGMがとった第一歩は苦々しいものになった。2015年の夏、同社は自らの自動運転技術を誇示し、この分野でリーダーであることを証明するために、ミシガン州郊外にある自社のテストコースで記者会見を行った。だが後にブルームバーグビジネスウィーク誌に掲載された特集記事では、GMがそのような立場ではないことが明らかにされた。記者を同乗させてキャデラック・スーパークルーズの高速道路運転支援機能をデモ走行した製品開発部門責任者のマーク・ロイスは、時速110km以上で走行する車内のなかで過度に緊張し、苦し紛れに作り笑いを浮かべていた。同誌はロイスを初めて自動運転車に乗って目を丸くしている子供みたいだったと描写した。しかも、これはGMのテストコースでのコントロールされた環境での走行だった。カーネギーメロン大学の自動運転開発チームが8年前に、大学の研究予算を使って不安を覚えながらデモ走行したのと同じレベルだった。

とはいえGMのCEOメアリー・バーラは買収先企業を探すことを目的として役員をシリコンバレーに送り込み始めていたし、アンマンも自動運転の開発を進めるためのいくつかの賢明な判断をしていた。だがゲームに参加するのが遅れたために、GMは同等の取引をするのにわずか2、3年前と比べて数億ドルも多く支払わなければならなかった。同社は2016年1月4日に配車サービス会社のリフトに5億ドルを投資したと発表すると、同月後半にはジップカーに似たライドシェアリング会社メイヴェンを立ち上げた。3月11日には、自動運転技術の未来を引き寄せるべく、この分野の優秀な人材が豊富な従業員数40人のシリコンバレーの新興企業クルーズ・オートメーションに、3億ドルのキャッシュを含む5億8100万ドルを投資する計画があると発表した。

GMの路線変更のなかでもとりわけ驚きだったのは、CEOのメアリー・バーラがリンクトインで公開した2015年12月のエッセイだ。「自動車業界は今後5年から10年のあいだに過去50年よりも大きな変化を体験すると思う。私はGMが業界の変革をリードすることに全力で取り組むつもり」。このエッセイの見出しは2016年を「デトロイトがシリコンバレーに戦いを挑む年」だと宣言していた。

今後5年から10年のあいだに大きな変化が起こるという点では、私はバーラと同意見だ。だがGMはライバルよりも優に5年は遅れていて、変革をリードする立場などではなかった。GMは、2009年にグーグルと同じことができるチャンスがあった。2015年にウーバーと同じことに、さらに本格的に取り組めるチャンスもあった――つまり、世界トップクラスのロボット工学の専門家を集め、短期間での自動運転車の開発に取り組めた。GMはカーネギーメロン大学と長いあいだ関係を築いていた。なぜ、こんなにも動きが鈍かったのだろう？　そもそもデトロイトの自動車業界は、なぜこの分野に進出するのにこんなにも長い時間がかかったのか？

私がショーファーで親しかったアダム・フロストは、フォードで18年間働き、直近ではチーフエンジニアを務めていた経験があり、業界人としていち早く、来るべき変革の意味を理解していた。フォードでは担当していたオーストラリア市場で大衆車にもエアバッグを標準搭載するように会社を説得したことを大きな誇りにしていた。グーグルの自動運転プロジェクトに惹かれたのは、それが自動車の安全性を飛躍的に高める可能性があると考えたからだ。「エアバッグで防げる交通事故の死亡者数は、おそらく年間数百人程度だろう」。だが前述したように、自動運転車は100万人以上を救える可能性がある。

「私たちはホイールの上で眠っていた」とフロストは自動運転車プロジェクトに対する自動車メーカーの態度を表現する。「ただし、もしグーグルがデトロイトでテストをしていたら、自動車業界はもっと早い段階で追いついていたかもしれない」フロストが指摘したのは、この業界のテストの性質だ。自動運転車の開発では、想定されるあらゆるシナリオに車が適切に対応できるように、何百万マイルもの公道でのテストが必要だ。だがそれは、僻地での隔離された場所でのテストを好むデトロイトの密室的アプローチとは相反する。

次に、イノベーターのジレンマがある。大企業が自らを破壊的イノベーションを起こすのは実に難しく、うまくいったケースはめったにない。「グーグルが幸運だったのは、自動車業界で製品をつくっていなかったことだ」とアームソンは言う。「だから既存の製品ポートフォリオにどう位置づけるかを悩むことなく、まったく新しい製品の開発に集中できた」

カセサも同意見だ。「グーグルは自動車業界には門外漢だったので、新しいことを始める際に何かを元に戻す必要がなかった」。さらに、デトロイトが自動運転に乗り遅れた第3の理由も挙げている。「自動車メーカーはリスクをとらないと言われる。GMやフォードのような会社には、リスクをとるエリアととらないエリアがある。ブレーキシステムの設計ではリスクを冒したくないし、新しい工場の建設でも冒険はしたくない。新製品の開発でも安全な道を選ぼうとする。なぜなら、車という製品は何より安全でなければならないからだ。保守的でリスクを嫌う文化は、自動車の設計や工場の建設、安全性の高い製品の開発では役に立つ。だが、プロトタイプの開発や新しいビジネスモデルのテストには向いていない」

自動車メーカーが製造しているのがハードウェアであることも、自動運転への参入が遅れた理由だ。自動車メーカーはハンドルやヘッドライト、ドアハンドルを設計し、さまざまな地形・気象条件で何十万マイルも走る自動車を工場で組み立てるのが得意だ。だが自動運転ではソフトウェアとマッピングが鍵を握っていて、大量のプログラムを書く必要があるが、これは自動車メーカーの強みではない。グーグルの自動運転車プロジェクトに注目した自動車メーカーは、自動車がパソコンやスマートフォンのようにソフトウェアが何よりも重視される市場になってしまうことを恐れたはずだ。パソコン革命の黎明期、もっとも力を持っていたのはテキサスインスツルメンツやコモドール、ヒューレットパッカードなどのハードウェアメーカーだった。だが、コンピューターの本当の差別化要因はデバイス上で実行されるソフトウェアであるという認識が高まるにつれ、ハードウェアメーカーは脇に追いやられ、OSメーカーであるマイクロソフトやアップルが台頭するようになった。この現象はスマートフォンで顕著だ。アップルのｉＰｈｏｎｅのユーザーは、本体のデバイスを組み立てているメーカーがどこかを知らない人も多いはずだ。同じように主役の座から引きずり降ろされてしまうのなら、自動車メーカーが積極的に自動運転技術に取り組もうとするだろうか？

また、ハンドルやブレーキを車からなくしたほうが良いと思えるほどの完全な自動運転を実現するには、高精度の地図が必要だ。車が走行するあらゆる道路を、高解像度で３Ｄスキャンしなければならない。これは自動運転開発の初期段階では、グーグル以外の企業や研究機関には不可能だと思われていた。逆に言えば、エンジニアチームが、自動運転車の開発のために米国中、いずれは世界中の道路をすべて高解像度でマッピングすることが必要だと説明しても、幹部が平然と話を聞いてくれる世界で唯一の企業がグーグルだったのだ。

自動車産業が自動運転への参入に遅れたのは、デジタルテクノロジーへの理解やコンピューターやビッグデータを活用する能力が不足していたからでもあった。最先端の通信技術も理解していなかったため、公道を走る車にこの技術を応用しようともしなかった。モビリティ・サービスの開発者とは異なり、カーガイやビーンカウンターのタイプが多く、自分たちのビジネスは車をつくり、売ることだと信じて疑わなかった——そのため自動車産業の真の価値が、人をある場所から別の場所に運ぶことであるという事実が、見えにくくなっていた。

第11章

運転の機会

誇張は、控えめな表現よりも10倍悪い。
――フランク・L・ビスコ（米国のコピーライター）

自動車メーカーと部品サプライヤーがパーソナル・モビリティ市場に殺到するなか、ショーファー内部にも大きな変化が起こっていた。それはプロジェクトの第1段階が終わり、開発した技術の商品化という第2段階に進むべきときを迎えたことを表していた。2015年9月、グーグルは自動車業界のエグゼクティブ、ジョン・クラフチックをシニア・リーダーシップとして迎え入れた。翌月の初めには、以前はグーグルのフラッグシップ・ブランドで運営されていた資産を管理するためにラリー・ペイジとセルゲイ・ブリンが設立した持ち株会社「アルファベット」が正式に営業を開始した。この2つの動きは、ショーファーが翌年に新会社「ウェイモ」としてグーグルからスピンアウトすることを予見するものだった（この社名は、「モビリティの新たな道」[a new WAY forward in MObility]という同社の使命を表している）。

同月後半、ショーファーはテキサス州オースティンで極めて大胆な自動運転技術のデモ走行を実施した。ファイアフライにスティーブ・マハンという男性を1人きりで乗せて市内を走行する。チームのエンジニアは同乗しないし、他に乗客もいない。車内には緊急時用の停止ボタンが手を伸ばせば届く位置に設置してあるが、マハンは危険な状況をすぐには察知できない――なぜなら彼は、盲目だからだ。これは、ショーファー・チームのこの技術に対する自信の表れだった。

クリス・アームソンとアンソニー・レヴァンドウスキーの関係は相変わらず芳しくなかった。レヴァンドウスキーはショーファー内でライダー技術の開発を続け、センサーのコスト削減や機能向上のためのさまざまなイノベーションに取り組んでいたが、2013年から2015年にかけて、同じライダーテクノロジーを開発していたオディン・ウェイブとタイトー・ライダーという会社でのサイドビジネスに関与していたとされている。グーグルの仲裁要求に関する文書によれば、オディン・ウェイブの存在が初めてグーグルの目に留まったのは2013年7月。ショーファーの部品サプライヤーであるハードウェア・ベンダーが、オディン・ウェイブという会社からグーグルが独自開発するライダーに使用しているのと酷似した部品の特注生産の依頼があったことが伝えられた。グーグルが従業員2人に調査させたところ、オディン・ウェイブの所在地はレヴァンドウスキーが所有する建物内にあることがわかった。件の文書によれば、「レヴァンドウスキーは2013年半ばにオディン・ウェイブとの関わりについて疑惑を持たれたが、それを否定した」。オディン・ウェイブは2014年2月にタイトー・ライダーと合併したが、グーグルはこの会社の経営者にレヴァンドウスキーの友人が就任していると主張している。「グーグルは、レヴァンドウスキーがグーグルのライダーセンサー・モジュールの開発に取り組んでいた2013年以降、オディン・ウェイブ／タイトーとの何らかの関与があったと考えている」と同文書には記されている。2015年春、ショーファーは競合他社への対抗策を講じるために委員会を招集し、同社にレヴァンドウスキーが関与していることを認識させずに、タイトー・ライダー社を調査した。件の文書によれば、「レヴァンドウスキーはこのタイトーの製品およびビジネスに関する調査に参加し、タイトー本社へも現地訪問した。またタイトーの技術とビジネスの有効性に関する内密の意見を含む、タイトーの製品とプロセスに対するグーグルの評価に当事者として関わった。レヴァンドウスキーはこのプロセス全体を通じて、タイトーとその従業員との自らの関係を明らかにすることはなかった」。委員会は結局、タイトー社とは取り引きしないことを選択した。

この決定は、レヴァンドウスキーがショーファーへの関わり方を最終的な段階に変えた時期と一致している。以前、レヴァンドウスキーはショーファーのプロジェクトに専門的な立場として関わっていた。おそらくそれは、ライダーテクノロジーに関してチームが構築している知識ベースにアクセスできたからだ。だが同僚によれば、その後、グーグルがオディン・ウェイブを買収しないと決めると、レヴァンドウスキーはボーナスプランが確定するまでショーファーに籍を置いておくために、最低限必要なことしかしなくなった。その夏、ウーバーのアドバンスト・テクノロジー・グループが設立されると、レヴァンドウスキーはショーファーのライダーチームのメンバーに、まとめてグーグルを脱退しウーバーに移籍するという話を持ちかけた。長年の同僚であるピエール＝イヴ・ドロズには「自動運転の新しいスタートアップを設立したい」と話したという。もしそうすれば、ウーバーがその会社を買収することに興味を持つだろう、と。レヴァンドウスキーのよからぬ噂はアームソンの耳にも入ってきた。問題を重視したアームソンはグーグルの人事部門にメールを送った。「我々はアンソニー・レヴァンドウスキーを解雇する必要がある。今日2つの情報筋からレヴァンドウスキーがウーバーにまとめて売り込むために、チームのメンバーにアプローチしているという話を聞いた」

自動車業界の人間をリーダーに

同じ時期、ショーファーは年末のボーナスプランの支払いを目的としたグーグルとの交渉を控えていた。ボーナスの支払額は、グーグルが評価するショーファーの価値によって変動する。ショーファーが大手自動車メーカーと契約を結べば、その価値は高まる。大手企業とペアを組むことで、自動運転技術を市販車に導入しやすくなるからだ。その数が数百台から数千台、数万台と広がることで、テクノロジーを世界に普及させていくことができる。だから2015年春、ウーバーがカーネギーメロン大学のＮＲＥＣの科学者を雇い始めていたとき、ショーファーはフォード・モーターとの協議を開始した。

私は提携先の候補としてフォードは相応しいと思った。会長のビル・フォードは自動車業界の未来について進歩的な考えを持っているし、前フォードCEOのアラン・ムラーリーはグーグルの取締役会のメンバーを務めている。大きな取引を結ぶことで、ショーファーはフォードがこれまで築いてきた遺産を活用できるようになる。

11月17日、アームソンはグーグルによるショーファーの評価結果を発表するためにチーム会議を開いた。評価額は45億ドル。グーグルがこのプロジェクトにこれまで11億ドルを投じてきたとされていることを考えると、驚くべき数字だ。莫大な額に思えるが、新技術の開発には金がかかるものだ（私が研究開発部門の責任者を務めていた11年間で、ゼネラルモーターズ［GM］は燃料電池の開発にほぼ同額を費やしている）。アームソンはこのプロジェクトを率いた7年で、グーグルの出資額よりも34億ドルも多くの価値を生み出したことになる。悪い結果ではない。アームソンはこれでショーファーを母体として新しく設立される法人のCEOになれると考えたが、実際にその地位に就任したのはジョン・クラフチックだった。アームソンは最高技術責任者になる。アームソンには同情したが、このプロジェクトでは自動車業界での高度なマネジメントの経験（クラフチックはそれが極めて豊富だった）が求められるため、グーグルのリーダーシップの判断は合理的だと思えた。

ショーファーはフォードとの交渉を通じて、自動車業界での経験の重要性を痛感するようになった。その内容は機密保持の理由から細かくは明かせないが、ともかくフォードのCEOマーク・フィールズと製品開発・技術責任者のラジ・ナイアは地球上でもっともタフな交渉に慣れていた。2人はUAW（全米自動車労働組合）やサプライヤー、ディーラーのネットワークと交渉してきた。新しい工場や製品ラインの設置場所を決定する際には、規制・税制上の優遇措置について政治家とも交渉してきた。端的に言えば、デトロイトの自動車メーカーの上級管理職であるということは、地球上で最強クラスの交渉者であるということだ。フォードは自動車業界では一般的なゼロサムゲームの交渉をしかけてきた。つまり、フォードが譲歩を勝ち取ればグーグルが損をし、その逆もまた然りということだ。最終的な目標は、できる限り譲歩せずに交渉を終えること。だが実際に必要なのは、双方が同時にメリットを得るウィンウィンの取引だった。

メディアの注目は、フォードとグーグルの企業文化の違いに集まった。実際、それは恐ろしく違っていた。その年の12月、フィールズはブリン、ペイジとの会食も含むグーグルのトップとの会談をするためにマウンテンビューを訪れた。その前に、フォードのセキュリティ・スタッフがグーグルのキャンパスを視察して危険がないか確認をしたことに、ショーファーのメンバーは眉をひそめた。実際の訪問では、両社の違いが浮き彫りになった。フィールズ率いるフォードの面々は、マウンテンビューの人間が大いに期待していた自動車業界の持続可能性を高めるための議論をするために、燃費の悪い大型車リンカーン・ナビゲーターを何台も連ねて登場した。一方のブリンは自転車で通勤する億万長者で、どうしても運転しなければならないときはテスラに乗る。しかし、本質的な違いはさらに大きかった。フィールズは、世界中で幅広い車種を販売する創業100年の自動車メーカーの経営者として、物事を計画通りに実行していた。スケジュールに追われ、創造的に思考するための時間はほとんどない。対照的に、ブリンとペイジは地球上でもっとも知的な人間であり、誕生したばかりの市場を航海するための新たな戦略を創造的に生み出すという点で、もっとも機敏な2人でもあった。

企業文化の違いは取引を台無しにする可能性があったが、それは唯一の問題でも、最大の問題でもなかった。契約を結ぶことは双方にとって重要だった。ショーファーは世界のパーソナル・モビリティに変革を起こせるだけの規模でこの技術を車に組み込む必要があり、フォードにはその力があった。フォードも、デトロイトの自動車メーカーとして自動運転分野のリーダーと手を組んでおきたかった。

しかし、両者はうまくコミュニケーションがとれなかった。検討していた取引の内容には、2社が協力して数十万台の自動運転車を市場に投入することを目指す長期的な契約も含まれていた。この規模に生産台数を拡張できる新型車を開発するには、数十億ドルの投資が必要になる。だがグーグルはまだこうした大規模なプロジェクトにコミットする準備ができていなかった。

交渉を続けるなかで、グーグルは自動車業界の経験がある人物にショーファーの技術の商用化を指揮させる必要があると気づいた。そこで選ばれたのが、クラフチックだった。

「もし、シリコンバレーとデトロイトに子供がいたら――」ある業界レポートが、クラフチックがグーグルに雇われたことをこう表現していた。「それはジョン・クラフチックだろう」。私はこの表現が気に入った。クラフチックを選んだのは、グーグルのリーダーシップが〝シリコンバレー対デトロイト〟という古い図式から脱却し、この取引を実現し、長年目標に掲げてきたモビリティの大規模な変化を引き起こすために、先見の明のある大胆な判断をしたことを物語るものだった。自動車産業とIT業界には、パートナーシップに近い、新しい関係が必要だった。

以前からお互いの評判を耳にしていたクラフチックとは、会った瞬間に打ち解けた。当時54歳で白髪も目立っていたが、ランニングのおかげで引き締まった身体をしていたし、常に笑顔を絶やさず、何事にも情熱的に接することもあって、年齢よりもはるかに若々しく見えた。米国の伝統的な〝カーガイ文化〟のなかで育ち、8人きょうだいの末っ子として、カー・アンド・ドライバー誌を兄や姉と取り合うようにして読んだ。父親が愛車の66年式のオールズモビルF85のスパークプラグやオイルを交換しているときは、2人きりの特別な時間を過ごせた。父親は、趣味で本物の飛行機を2機手作りしたほどメカに強かった。兄の1人はコルベットを何台も所有していた。高校卒業後はスタンフォード大学で機械工学を学び、1983年に卒業した後、カリフォルニア州フリーモントにあるトヨタとGMの共同事業、ニュー・ユナイテッド・モーター・マニュファクチャリング社（NUMMI）に入社した。そこでは、シボレー・ノヴァといった前輪駆動の小型国産車の組み立てにトヨタ生産方式が適用されていた。

トヨタ生産方式は今日では「リーン生産方式」として知られ、無駄を最小限に抑えながら品質と生産性を向上させるとして世界中で高く評価されている。後にこの生産方式の世界的な専門家になるクラフチックは、スローン・マネジメント・レビューに執筆した1988年の記事でこの「リーン生産方式」という用語をつくったことでも知られている。クラフチックはNUMMIを退職後、マサチューセッツ工科大学（MIT）のスローン・マネジメントスクールに進学し、その後は同大学の国際自動車プログラムのディレクター、ジェームズ・ウォマックの下で働いた。ウォマックは1990年にトヨタ生産方式に関する決定的な書籍『The Machine That Changed the World: The Story of Lean Production』を執筆している（クラフチックの用語も副題に用いられている）。それまで米国式の製造ラインではとにかくラインを前に進めることが重視され、組み立て時のミスや欠陥は最後に点検・修理エリアでカバーするとされていた。一方、リーン生産方式では、1回ですべての組み立てを正しく行うことを目指し、ミスや欠陥を発見した労働者は誰でも生産ラインを停止できる仕組みになっている。MITでの仕事を終えたクラフチックは、フォード・モーターに入社して90年代を過ごし、フォード・エクスペディションやリンカーン・ナビゲーターなどのSUVの製品ラインのチーフエンジニアになった。医者だった当時の妻を見て、人の役に立つ仕事をしているのが羨ましかった。そんな思いもあって、フォードでは最新の安全機能を自社の車に標準搭載することに尽力した。90年代半ばから後半に登場した、横転時の怪我を防止するサイドインパクト・エアバッグやサイドカーテン・エアバッグは、クラフチックの意向もありリンカーン・ナビゲーターに標準装備された。だが低価格のフォード・エクスペディションにはできず、不満を覚えた。会社の経営者に他の安全機能を標準機能として組み込むよう説得できなかったことが、２００４年にフォードを離れた大きな原因になった。その後は米国の輸入車市場で弱小と見なされていた韓国の自動車メーカー、ヒュンダイに転職して10年間を過ごし、最終的に同社の北米事業のＣＥＯに昇進した。クラフチックが転職する前に、ヒュンダイは自動車業界で最高の保証を提供するという戦略で状況を変え始めていた。クラフチックはそれに加えて、安全性を重視する自動車メーカーになることを促し、スーパーボウルでのＣＭ放映などマーケティング戦略も積極的に展開した。２００８年の不況時には、所有者が失業した場合に車の返品を受け入れることを保証した。この型破りな戦術は奏功した。クラフチックの下で、ヒュンダイの北米部門の年間売上台数は、業界の平均増加率が19％であった期間に40万台から70万台へと75％も増加した。

ヒュンダイ時代、クラフチックはＮＨＴＳＡ（米国運輸省道路交通安全局）による自動車死亡事故の状況を記載したデータベース「ＦＡＲＳ」（Fatality Analysis Reporting System／死者数分析報告システム）をとりつかれたように参照した。さまざまな事故の詳細を知ったことで、車線逸脱防止システムや前方衝突被害軽減のための警報またはブレーキシステムなどの安全装置を車に搭載させるために戦わなければならないという思いをさらに強くした。ＦＡＲＳを細かく観察してわかったのは、事故のほとんどの原因がドライバーの過失だったということだ。「安全機能は思ったほど大きな違いをもたらさないと気づいた。事故の90％以上が人間によるミスによって起こっていた」

だからこそ、ハンドルなどのコントローラーのないファイアフライの発明に心を奪われた。「業界の人間は首を横に振り、無理だ、自分の生きているあいだには実現しない、と言った。でも私はそれを見たとき、〝これはすごいぞ。私たちが目指すべき車はこれだ〟と思った」

次の転職先であるオンライン自動車価格設定サイト「トゥルーカー」に在職中、後にウェイモへの橋渡しをすることになるリクルーターたちと連絡を取り始めた。何度かマウンテンビューを訪れたが、あるときにブリンから話をする時間はあるかと尋ねられた。近くのデイキャンプ場まで子供たちを迎えに行くというブリンのテスラに同乗した。ブリンからは、テスラのさまざまな機能の製造コストはどれくらいかかると思うかと尋ねられた。大手の自動車メーカー数社について、ショーファーのパートナーとして相応しいかどうかについても意見を求められた。クラフチックは、ブリンにチームのさまざまなメンバーについて質問した。アダム・フロスト以外に自動車業界での経験がある人材がいないことに驚いた。

クラフチックはペイジとの面接で、フォードで「たまにしか使う必要がないもの」と呼ばれているものについて説明した。現代人は車を主な目的ではなく、めったに使わない目的のために購入する。たとえばSUVの多くは大人8人を乗せ、4輪駆動で、1万ポンド（約4536kg）の重量を牽引できるが、こうした機能が使われるのはせいぜい年に1回程度しかない。ほとんどの場合、1人または2人を乗せて通勤に使っているだけだ。にもかかわらず、これらの機能は車のセールスに大きく影響している。この種の無駄は、リーン生産方式の専門家にとっては許せない。「私がグーグルと共につくり上げることのできる未来のなかでも特に興味があるのは、この非効率的な車のあり方を変えられることだ」クラフチックはペイジに語った。「現在の車のスペックは過剰だ。これを適切なものに置き換えるべきだ」。クラフチックは将来、車の75％は1人～2人乗りになるべきだと言った。5人～6人乗りの車は20％程度で、現在多く見られる大型車は5％もあれば十分だ、とも。

ペイジはこの話を気に入ったに違いない。クラフチックはシアトルでの最終面接に進んだからだ。元フォードCEOでアルファベットの取締役アラン・ムラーリーが土曜日に空港でクラフチックを拾い、フォードのセダン、トーラスで近くのレストランに向かった。2人は自動運転技術を市場投入するための最善策について話し合い、トラック業界への展開や、消費者向けのTaaSビジネス、センサーとソフトウェアの主導権を握りながら自動車メーカーにライセンス供与するなどの可能性を探った。

クラフチックをウェイモのCEOとして迎え入れたのは記念碑的な瞬間だった。それはペイジとブリンをはじめとするグーグル幹部のひらめきの素晴らしさを物語っている。長年、ショーファーは自動車業界での経験のなさに悩まされてはいなかったし、デトロイトのやり方を知らないことはむしろ資産だと見なされていた。だが自動車業界の人間であるクラフチックがチームのリーダーに就任したことには、大きな意味があると思えた。私はこのとき、シリコンバレーがデトロイトと戦わなくてもよいことに初めて気づいた。どちらも、自動車業界の無駄を解決に役立てることのできる専門知識を持っている。クラフチックの採用は、グーグル側にとっての賢明な譲歩だった。もしかしたら、グーグルはデトロイトを必要としていたのかもしれない。

決裂

だが、デトロイトとの連携に対する考え方をあらためたからといって、グーグルがフォードとの酷い条件の取引に同意したわけではなかった。私はマウンテンビューで仕事を始めたばかりのクラフチックからこの取引の条件について尋ねられ、グーグルにとってメリットは何もないと答えた。フォードはこの取引を、ＩＴ業界のリーダーとコラボレーションする機会というよりも、単に大量の車を売る機会としか見ていなかった。それは近視眼的な発想だった。取引は実質的に車の購入契約のようなものになり、ペイジとブリンに提示された契約条件からはショーファーが得るものは何もないように思えた。

グーグルが交渉を決裂させたのは正しい判断だった。もし契約が実現していたら、それだけでフォードの株価は跳ね上がっただろう。にもかかわらず、フォードはグーグルから金をむしり取ることばかり考えていた。フォードが12月に交渉に関する情報をメディアにリークしたことも失策だった。私はクラフチックに「フォードはわざと情報を漏らして、君たちが契約せざるを得ない状況をつくろうとしている」と警告した。だが、ショーファーはフォードの手には乗らなかった。

もちろん、大企業が戦略的な提携を模索し、失敗に終わるのはよくある話だ。グーグルとフォードのあいだに起こったことも、まったく珍しくはない。とはいえ、契約が立ち消えになったことは、ショーファーよりもフォードのCEOマーク・フィールズに大きな打撃を与えた。ショーファーはすぐに、フィアット・クライスラーとの好条件での交渉を開始した。一方、フィールズは契約をまとめられなかったことも影響して、後にフォードの取締役会から会社を追い出されることになった。

次のステージへ

2015年を通じて、レヴァンドウスキーはショーファー・プロジェクトに関する情報提供者を求めていたウーバーCEOのトラビス・カラニックと親しくつき合うようになった。2人はよく、サンフランシスコの街を何マイルも歩きながら話をした。お気に入りはフェリービルディングからゴールデンゲートブリッジを目指して北海岸沿いを進むコースで、カラニックの歩数計に何万歩もの数字を刻みながら、モビリティのエコシステムを開発するアイデアについて話し合った。

この期間、待ちに待ったショーファー・ボーナスプランの支払日がやって来て、ショーファーのメンバーは巨額の富を手に入れた。ボーナスの支払いは4対6の割合で2回に分けて行われ、1回目は2015年12月31日に支払われた。レヴァンドウスキーは1回目の支払いで

5061万7800ドルを手にすることになった。これはグーグル史上最大のボーナスだと言われている。ペイジは後の宣誓供述書のなかで、これは年間のボーナスではなく、新興企業の社員に与える株式報酬のようなものであると苦心しながら説明している。ただし、ボーナスが支払われる前の2015年12月11日、レヴァンドウスキーはグーグルのサーバーからショーファーの自動運転技術に関する技術文書を約1万4000点ダウンロードしていた。レヴァンドウスキーは、これは自宅で仕事をするために必要だったと主張している。また後に、ショーファー・ボーナスプランの支払いを確実に得るための一種の担保のようなものだったとも述べている。

同12月、レヴァンドウスキーとウーバーとの議論の緊急性はさらに高まった。ボーナスの受け取りが確実になったことで、レヴァンドウスキーは身の振り方を具体的に考えられるようになったと感じたようだった。レヴァンドウスキーはカラニックとボーナスの最初の支払い直後に会い、2016年1月2日の週末にもウーバーのサンフランシスコ本社で会っている。

1週間後、ペイジがクラフチックとブリンに転送したレヴァンドウスキーからのメールには、こう書かれていた。「Lより。ハッピー・ニューイヤー。新年早々長いメールで申し訳ない。(中略)ショーファーは崩壊している。技術的な優位性を急速に失いつつある。まず、できるだけ早くこの機能を搭載した車を1000台、市場に出すべきだ。なぜそうしないのかがわからない。チーム内には製品を出荷することを恐れている者がいるようだ。だが今市場に製品を投入すれば、我々のシステムのどこが機能していないかがわかる。問題点を修正できる。僕が個人的に不要だと感じている新機能を開発しなくてもすむ。（中略）市場投入までの時間を短縮することが何よりも重要だ。（中略）開発した機能をできる限り多くの車（消費者またはリフトのドライバー向けなど）に搭載して、短期間かつ低コストで市販化できるようにしない理由もわからない」

他にも不満が延々と書かれていた。いかにもレヴァンドウスキーだった。長年、ペイジとの直接的なつながりを利用してアームソンのリーダーシップを脅かそうとしてきたが、それと同じことをクラフチックにしようとしていたのだ。メールの件名は、「〝チームMac〟が緊急に必要」。チームMacとは、80年代前半にアップル社内でマッキントッシュを開発するために結成されたソフトウェア部隊で、高級マシン「Lisa」を開発していたアップル社内の別チームとライバル関係になった。このチーム名に言及することで、レヴァンドウスキーはアルファベット傘下にショーファーと競合する第2の自動運転開発チームをつくり、自らが陣頭指揮を執りたいと仄めかしていたのだ。

1月、レヴァンドウスキーはペイジとの会話のなかで、副業として自動運転トラック関連の仕事をしたいとこぼしている。この話は、レヴァンドウスキーがショーファーの同僚についての不平を口にしていた流れで出てきた。レヴァンドウスキーは、自分に好意的ではないショーファーのメンバーにうんざりしていると言った。そして、独り言をつぶやくかのようにこう漏らした。「トラックの自動運転機能を開発している会社に転職しようかな。そうすれば、すべてがうまくいくのに」

ペイジはもしそんなことをすれば、それはレヴァンドウスキーの雇用契約に違反する可能性があると指摘した。「はっきりと、それは競合になるし、良いアイデアではないと伝えた。〝ショーファーと同じことを他社でするのは問題だ。不可能ではないが、君がそうするのは僕たちにとって嬉しいことではない〟と」

一方、まだショーファーの従業員だったレヴァンドウスキーは、チームメンバーにウーバーへ移籍するよう懸命に勧誘し続けていた。1月20日、ウーバーのアドバンスト・テクノロジー・グループの責任者ジョン・ベアーズは、「8月までに公道で自動運転車をテストする」「2020年までに10万台の自動運転車を販売する」というウーバーが設定したマイルストーンを達成しなければならないプレッシャーのなかで、トラビス・カラニックやエミル・マイケル、ジェフ・ホールデンらウーバーの幹部にメールを送り、レヴァンドウスキーのチームが会社にもたらす価値を説明した。「このグループと結びつくことは、我々のAVの取り組みにとって2つの点で極めて重要な意味を持ちます」ベアーズは「自動運転車」(autonomous vehicles)を頭字語をとってAVと表現している。「第1に、レヴァンドウスキーのチームは、数世代分の中距離・長距離レーザーを開発しています。これは我々が現在、AVの自律性を確保するために不可欠だと考えている装置です。そして我々はまだ、このノウハウを持つ企業を他に見つけていません。次善策は、この装置の開発チームを社内で立ち上げることですが、おそらくレヴァンドウスキーのチームの2年から4年の遅れがあります」

「第2に」ベアーズは続けた。「このチームと手を組み、AVの開発全般にアドバイスしてもらうことで、大規模なAV展開のレースにおいてウーバーは1年以上期間を短縮できます。つまり、たとえば25の場所から25人のエンジニアを個別に集めてチームをつくるより、レヴァンドウスキーのチームを活用するほうが（相当に）大きな価値が得られるということです」

3日後、レヴァンドウスキーはブライアン・セルスキーからチーム内での新しいポジションを提案する文書を受け取り、2日後にカラニックと電話で話をした。そして2016年1月27日、「別の道に進むときがきた」という件名のメールを人事部に送信し、ショーファーを辞めた。

同日遅く、レヴァンドウスキーはペイジに、アームソンやクラフチック、セルスキーとのゴタゴタにはもううんざりだとメールで伝えた。レヴァンドウスキーがチームを辞めてから数日後、自動運転開発のトップレベル技術者の世界がどれほど狭いかを示すように、ウーバーのベアーズがショーファーのセルスキーに電話をした。2人は、NREC時代からの知り合いだった。ベアーズはその電話で、レヴァンドウスキーのことを「裏切り者」「奴ならグーグルに爆弾を落としかねない」「チームプレーをせず陰で悪口を言う」と批判した。それから数週間後、アルファベット内にはレヴァンドウスキーがトラックの自動運転に関わっていると風の便りで伝わった。その噂は、この年の5月にオットーという会社が高速道路を自動運転で走行する18輪トラックの動画をリリースしたことで本当だとわかった。8月、ウーバーはわずか6カ月前に設立されたばかりのオットーを6億8000万ドルで買収すると発表した（ウーバーからオットーへの支払いは、レヴァンドウスキーらが難度の高いいくつかのマイルストーンを達成することを条件としていた)。

大手自動車メーカー各社も、モビリティのエコシステムに参入するために同様の動きをした。ジム・ハケットはフォードの取締役会を去り、新たに立ち上げた自動車メーカー、スマートモビリティ・プログラムを率いることになった。GMもクルーズ・オートメーションを買収した。5月には、グーグルとフィアット・クライスラーが、自動運転機能を搭載したハイブリッド・ミニバン「クライスラー・パシフィカ」を100台開発する契約を発表し、商用化に向けてさらなる一歩を踏み出した。

抵抗勢力との戦い

これまでモビリティの破壊的イノベーションには莫大な金と時間が費やされてきた。それでも、その実現には常に不確実さがつきまとった。自動車業界は、自動運転車の大型取引を求めるようになっていた。それはついにデトロイトが、シリコンバレーと協力して未来を実現しようとしていることを表していた。フォードとグーグルは自動運転車の開発で協力する方法を見つけられなかったが、その年の4月には、ウーバーやリフト、ボルボなどと力を合わせて、業界団体「Self-Driving Coalition for Safer Streets」(安全な道路交通のための自動運転車協議会)を設立した。目的は連邦政府に対してロビー活動を行い、自動運転という新たな移動方法のテストや実用化に関する適切な規制環境を整えることだ。

以前は自動運転車の開発を遅らせるためのロビー活動をしていたデトロイトの自動車業界は、今ではグーグルと協力してこの技術の実現を促進するために活動していた。飲酒運転根絶を目指す母親の会や障害者の支援団体など、NHTSAの公聴会で件の自動運転車協議会と共に証言したいくつもの団体も同じ立場だった。

しかし、誰もがこの新技術に熱心なわけではなかった。それはある意味やむを得なかった。私の予想が正しければ、自動運転は業界全体を変革することになる。当然、抵抗する者も出てくるはずだ。その年の6月、私は世界的な石油探査機器メーカーが主催する会議で講演した。同社の研究センターで催されたこの会議には、業界トップの幹部が大勢参加していた。「この破壊的イノベーションは、エネルギーと環境の議論から自動車を解放できる、この100年以上で初めてのチャンスです」私は聴衆に語った。

米国の車は、1年間で約6800億リットルのガソリンを消費する。国内の石油消費量の約半分だ。だが、これがすべて変わろうとしている。スピーチを進めていくと、聴衆が私の話の意味を理解していくのがわかった。彼らの眉間には皺が寄り、口元は固く閉じられている。石油業界の人々にとって、私が予測した未来が意味するものは明白だった。国内の総走行距離の8割が、ガソリンエンジン以外で駆動する電気自動車などの自動運転車になる。つまり米国の自動車交通を支える石油の需要は、現在の5分の1に減る。ガソリンエンジンが代替推進技術に置き換えられるにつれ、同様の現象は世界中で起こるだろう。石油産業は、石炭産業がこの数十年で体験してきたのと同じような運命を辿るかもしれない。

石油とガソリンの需要が世界規模で減少すれば、ＯＰＥＣの影響力は低下し、ロシアやベネズエラなどの産油国も弱体化し、テキサスなど石油産業に依存する米国の地域も大打撃を被るだろう。中東の貧しい諸国では不満を抱く若者が増え、テロリズムの脅威も高まる可能性がある。従来の自動車システムで既得権益を持つ石油産業は、モビリティの破壊的イノベーションに対する最大の脅威になり得る。石油生産者はガソリンに依存する自動車産業から莫大な利益を得ている。たとえば石油価格の高騰による消費者需要の変化の影響を受けてＧＭが３１０億ドルを失った２００８年、石油メジャーのエクソンモービルは４５２・２億ドルの年間利益を稼ぎ出した。これは米国史上最大だ。

資金力の豊富な企業は、オンデマンド・モビリティサービスの脅威にどう対応するか？　私の友人で同僚のロビー・ダイヤモンドが、このシナリオを頭のなかでシミュレーションしている。ダイヤモンドは、ワシントンＤＣの非政府組織「ＳＡＦＥ」（Securing America's Future Energy／米国の未来のエネルギーを確保する）の責任者を務めている。この団体が推進したこともあり、１９７５年以来となる企業の平均燃費基準の立法改正であるエネルギー自給・安全保障法が議会によって可決され、２００７年にジョージ・Ｗ・ブッシュ大統領による署名によって成立した。ダイヤモンドが熱心に米国の燃費の改善に取り組んだのは、それを環境だけではなく安全保障の問題としてとらえていたからだ。にもかかわらず、自動車・石油産業は、組織的なロビー活動でそれを阻止しようとした。ダイヤモンドはこの経験を通じて、ワシントンでは経済力のある業界団体は、世の中の人々のためになることがはっきりとわかっている施策をもひねり潰そうとすることを痛感した。「ワシントンでは、何かを実現するよりも何かを止めさせる方がはるかに簡単だ」

ダイヤモンドがモビリティの破壊的イノベーションを支持するのは、合理的で石油に依存しない交通システムの実現を願っている以外にも、個人的な理由がある。10歳になる娘は左右の足の大きさが異なり、関節も十分に曲がらない。彼女や、自動車を運転できない米国の150万人の視覚障害者を含む500万人の障害者のためにも、自動運転車を普及させたいのだ。

「現在、輸送分野は完全に石油に依存している。石油は世界の経済を回す原動力である、もっとも重要な商品だ。だがモビリティの破壊的イノベーションが起これば、状況は一変する」とダイヤモンドは言う。

米国で自動車の死亡事故が増えていることも、このイノベーションを実現させなければならない理由だ。2016年、自動車による交通事故で命を落とした米国人は前年比5・6%増の3万7461人。安全技術の向上に伴い、年間の死亡者数は過去50年間減少していたが、近年になって増加し始めている。その理由はいくつもある。1つは、スマートフォンの普及によって人々が運転に集中しにくくなったことだ。運転中でも、通知が届くたびについ画面を覗き込んでしまうことが事故につながる。だからこそドア・ツー・ドアの自動運転車が普及し、ソフトウェアが世界トップクラスのドライバーに匹敵する安全運転を実現すれば、交通事故による死亡者を完全になくすことができるという希望が生まれる。ここで、ショーファーのソフトウェアを搭載した車が初めて事故に遭遇したケースについて考えてみよう。この事故が発生したのは2016年2月14日。それまでショーファーは約7年間、通算約230万km以上の公道テストを実施し、一度も事故は起きていなかった。

事故は、グーグル本社からそう遠くないマウンテンビューのエル・カミーノ・レアルとカストロ・ストリートの交差点で発生した。エル・カミーノ・レアルは中央分離帯で区切られた片側3車線の道路で、右端の歩道側の車線に車2台分の幅があるのが特徴だ。その日、エル・カミーノを東に向かっていたショーファーの自動運転車（レクサス）が、右端の車線の右側に移動し、カストロ・ストリートとの交差点を右折して北に進むために右の方向指示器を出した。だが前方の路上に排水管を囲む土嚢の山が積まれていたために、進行を妨げられた。

レクサスは土嚢のせいで前方に進めなかったが、同じ右端の車線の左側を他の車が走行していたため、障害物を回避することもできなかった。そのため、信号が青に変わり、他の車が前進するまで停止した。レクサスが土嚢を迂回するために切り返しを始めたそのとき、後ろから路線バスが現れた。レクサスを制御するソフトウェアは、バスが止まると考えた。車線に対して車体を横に傾けながらバックしているレクサスを、バスが認識するだろうと判断したのだ。レクサスの運転席に座っていたテストドライバーも、バスは停止すると考えた。

だがバスは止まらず、レクサスの側面にこするようにぶつかった。レクサスは時速約3㎞でゆっくりと動いていたので誰も怪我をしなかったが、左のフロントフェンダーはへこみ、ホイールとセンサーが破損した。

同じことは、人間が運転する車でも起こり得る。そして人間なら、〝運が悪かった〟と肩をすくめて終わりにするだろう。だが、ショーファーはそうしなかった。同じような事故が2度と起こらないように自動運転ソフトウェアのコードを3200箇所も修正し、管理している自動運転車全台に新しいコードをアップデートした。

チームは自動運転車が不適切な動作をするたびに、同じような修正を施した。ショーファーのソフトウェアの質が極めて高くなったのはそのためだ。たとえば2017年3月、ウーバーはテストドライバーが1マイルに1度程度、テスト走行中の車の自動運転機能を解除したことを明らかにした。走行した道路の難易度がわからないため、単純にウーバーとショーファーの解除率を比較するのは困難だ（市街地の道路を走行する場合のほうが、高速道路を走行する場合よりも解除率がはるかに高くなる）。だがそれを前提としてあえて比較をすれば、同じ月のウェイモの解除率は8968マイル（約1万4433㎞）に一度だった。ウーバーの8968倍の信頼性があるということだ。

2016年、多くの企業が自動運転の開発に取り組んでいた。この技術の安全性も向上した。

私は自分が長年主張してきたモビリティの破壊的イノベーションがついに起こるという確信を深めた。ようやく、自動車事故が根絶される日が近づいてきたと思えた。テスラの事故が起こったのは、ちょうどそんなときだった。そして２０１６年の春から夏にかけての数カ月間、近い将来の実現は間違いないと思われたイノベーションが、急速にその勢いを失い始めることになる。

第12章

ヒューマンファクター

2018年3月、マウンテンビューのルート101で自動運転モードのテスラ・モデルXが中央分離帯に激突し、運転していたアップル社のエンジニア、ウェイ・ホワンが死亡した。同月、アリゾナ州テンペで自転車を押して歩いていたエレイン・ハーツバーグが、ウーバーの自動運転SUVに撥ねられて命を落とした。この2件の事故は、自動運転車の安全性と信頼性についての議論を引き起こした。だが、その前に起きたジョシュア・ブラウンの一件は、自動運転車による死亡事故として初めてのケースであったために、その意味は重大だった。

テスラの高速道路運転支援機能は、この事故が発生する前から物議を醸していた。同社は2015年10月14日、「オートパイロット」と呼ぶこの機能の最初のバージョンを、モデルSのソフトウェア・アップデートとしてリリースした。このオートパイロット機能は、ショーファーが2012年に中止した交通渋滞支援機能の劣化版のようなものにすぎなかった。専用の出入り口からしかアクセスできない路面の管理状態の良い高速道路でのみ、退屈な運転を緩和するためにソフトウェアがハンドル操作を引き継いでくれるというものだ。

前述したように、グーグルの試験では自動運転機能が作動すると人間のドライバーが運転から意識を逸らしやすくなり、トラブルが発生したときに再び注意力を取り戻すのに時間がかかりすぎるというリスクが高まることが明らかになっている。これは交通安全の用語で「ハンドオフ問題」と呼ばれている。NHTSA（米国運輸省道路交通安全局）によるテストでは、いったん運転から意識が離れたのち、車の制御を適切に引き継ぐのに17秒もかかったドライバーもいた。これは高速道路では、車が約400m走行する時間だ。

テスラがオートパイロット機能をリリースしたことは、ショーファーのチーム内でも大きな話題になった。皆、テスラがこのサービスを市場に投入したのは拙速だと考えていた。「僕たちも同じ機能の開発に取り組んでいた」とクリス・アームソンは語る。「それがどれほど難しいかをよく理解していたので、間違いなくうまくいかないだろうと思っていた」

オートパイロットが死亡事故を起こすのは時間の問題だと思われた。そして実際にそれが起こったとき、私たちはこの事故が自動運転に対する世間の反発を引き起こすのではないかと危惧した。規制が厳しくなることで、オンデマンド・モビリティサービスの普及が遅れるかもしれないという不安も感じた。これは、自動運転技術が人間による交通事故を90%~95%も減らせる可能性を持っていることを考えると、まったくもったいない話だ。

そこで、ショーファーは自分たちにできることをした。テスラがオートパイロットをリリースした同じ月に、ウェブサイト「メディアム」に高速道路運転支援製品に対する深刻な疑問を呈するエッセイを発表したのだ。同時に、ショーファーが完全な自動運転を追求することを決定した理由についても説明した。「人は、テクノロジーが機能するとすぐにそれを信頼してしまう。その結果、気を抜いてリラックスするように勧められているので、必要なときに急に運転に復帰することは難しくなる。コンテキストの問題もある。車の運転を再開したとき、周囲の状況をすぐに把握して正しい判断を下すための情報を得ることができるだろうか?」。エッセイは、私が特に説得力があると思う文章で締めくくられている。「誰もが、自動運転を実現するのは難しいと思っている。実際、その通りだ。だが、おそらく同じくらい難しいのは、テクノロジーから〝大丈夫です。しばらくのあいだは運転を引き継ぎます〟と言われ、退屈したり疲れたりしているドライバーに、再び注意を向けさせることだ」

私は、テスラがこの機能をリリースしたのは無責任だと感じた。テスラは顧客がオートパイロット機能を使う前に、ハンドルを握り続けて常に警戒を怠らないこと、またこの技術がまだ「ベータ」段階であること(つまり実験的な製品であること)を十分に伝えなければならなかった。イーロン・マスクの行動には常に矛盾や問題がつきまとう。テスラは顧客に、〝高速道路で運転をしなくてもいいクールな新製品を開発したが、その使用中は運転に注意を払い続ける必要がある〟という矛盾した提案をしていた。テスラの戦略が危険だと感じたのは、ショーファーのメンバーだけではない。たとえば独創的なカーシェアリング会社を去って以来、自動運転の開発の進展に目を光らせていたジップカーの共同設立者ロビン・チェイスもそうだ。「〝これは不完全なので、注意を払わなければなりません〟と言ってあのような製品をリリースするという方法はあり得ないわ。それはあまりにも難しすぎる」

ジョシュア・ブラウンを襲った悲劇

テスラがオートパイロットをリリースしてからわずか7カ月後、誰もが予想していたことが起こった。2016年5月7日、40歳のジョシュア・ブラウンは自動運転車による事故での最初の死亡者となった。私たちの予想通り、この事故はオートパイロット機能を使用中のテスラ・モデルSが起こした。

ブラウンはオハイオ州カントンに住むIT起業家で、トレーラー・パークなどの接続が悪い場所にインターネット・アクセスを提供するNexuイノベーション社を経営していた。ニューメキシコ大学で物理学とコンピューターサイエンスを学び、学位取得前に海軍に入隊すると、11年間の勤務期間を通じて優秀さを発揮し、爆弾処理の専門家の上級職である爆発物処理技術者として活躍した。イラクに赴任し急造された爆発物を分解し検査のために米国に送り返す任務を担当したこともあるし、現在は一般的に海軍のSEALチーム6として知られている海軍特殊戦開発グループに在籍していたこともある。

　ブラウンは愛車のテスラ・モデルSにも情熱を注いでいた。事故の1年以上前の2015年4月に購入したこの車を「テッシー」の愛称で呼び、2016年5月までに7万3000km以上も走っていた。そのオートパイロット機能に魅了され、この機能がリリースされてから事故が起こるまでの7カ月間に、20本もの動画をユーチューブに投稿していた。「全般的に、この機能は素晴らしい仕事をしている」ある動画では、起伏のある曲がりくねった道をオートパイロット機能で走行する際の限界について熱心に説明している――実際にはオートパイロットはこのような地形での使用は前提とされていなかった。

　圧倒的に視聴回数が多かったのは、クリーブランドの高速道路を走行中に撮影した動画だ。ブラウンのモデルSはI－480が合流してジェニングス・フリーウェイに変わる場所を北に向かっていた。ダッシュボードに設置されたカメラは、右側の車線を走るブラウンの車がスプリングロードの出口に近づいたとき、突然、白いトラックが急な車線変更をして前方に現れた瞬間を捉えていた。オートパイロットが反応していなかったら、モデルSの側面に衝突していただろう。オートパイロットの制御によって、モデルSはまず右に移動してトラックを避け、次にブレーキをかけて車間距離を保った。トラックはさらにもう1つ右のレーンに荒っぽい車線変更をして、高速道路の出口に向かって行った。4月5日、ブラウンはこの動画をユーチューブに「オートパイロットがモデルSを救う」（Autopilot Saves Model S）というタイトルで投稿した。

「あのトラックは――」ブラウンは動画の概要欄に書いている。「僕のテスラにまったく気づいていなかった。僕もその方向を見ていなかった。テッシーが〝即座に運転を再開〟の警告音を鳴らしたので、初めてその危険に気づいた」。オートパイロット機能はブラウンに自分で車を制御するように促した。「これは相手のドライバーのミスだった。それでもテッシーの反応は素晴らしかった。感動した。イーロンはいい仕事をしてるよ！」

この動画を見たテスラのCEOイーロン・マスクが、数百万人もいるフォロワーに向けてツイッターでそのことに言及した。興奮したブラウンは「@elonmuskが僕の動画を見てる！」と自分が経営する会社のアカウント（@NexuInnovations）でツイートした。「これまでオートパイロットについて何度もテストし、運転し、多くの人に話してきたんだ。天国にいる気分さ！」

5月の第1週、ブラウンはオーランドで家族と休暇を取り、ディズニーワールドを訪れたりしたのち、5月7日の土曜日にフロリダ州シーダーキーの現場に向けてテスラで出発した。仕事を終えると、次の現場があるノースカロライナに向かった。捜査官によれば、ブラウンは州道24号をブロンソンまで走った後、東に進路を変えて国道27号Aに入った。この道はすぐに、田舎でよく見られる中央分離帯のある片側4車線の高速道路になった――左折レーンと交差点があり、一時停止の標識で停車した後、車は高速道路を横断したり、曲がったりできるタイプの道路だ。州道24号と国道27号Aを走っていた41分間、ブラウンはオートパイロットを37分間作動させていた。その間、テスラのソフトウェアはブラウンに運転を再開するよう視覚的・聴覚的に7度警告をしている。だがＮＴＳＢ（国家運輸安全委員会）のレポートによれば、ブラウンはわずか25秒間しかハンドルを握っていなかった。

ブラウンはフロリダ州道24号を走り始めた約35分後に国道27号Ａに入った。約４分後、速度を時速74マイル（約１１９㎞）に上げた（27号Ａの制限速度は時速65マイル〔約１０５㎞〕）。その1分51秒後の午後４時36分、テスラは良く晴れた視界良好の条件下で、左折して27号Ａを横切ろうとしていたトラクター・トレーラーの側面に高速で突っ込んだ。テスラは止まらなかった。ブレーキもかからなかった。トレーラーの脇の２つのホイールの間のスペースに衝突し、ルーフがそぎ落とされた。車の速度が変わらなかったので、エアバッグは作動しなかった。ブラウンの車はトレーラーの真下を通過すると右に向きを変えて高速道路から離れ、フェンスを通り抜けながら草むらの上を４００ｍほど走り、電柱と激突して停止した。ブラウンは即死した。

〝オートパイロット〟に潜んでいた危険

ブラウンの悲劇的な死は、モビリティの破壊的イノベーションに対する初めての重大な安全上の危機をもたらした。事故の直後にそれを知った人はほとんどいなかった。この事故の重大性が明るみになったのはそれから1カ月以上が経過した6月末、ＮＨＴＳＡが原因を特定するための調査を開始した後のことだった。オートパイロットは衝突を予測していたか？　それをブラウンに警告していたか？　もしそうなら、なぜ衝突を回避できなかったのか？　もしそうでなければ、その理由は？

ブラウンの死について、さまざまな機関による調査が行われた。フロリダ・ハイウェイ・パトロールやNHTSA、NTSB、各種メディアは、目撃者へのインタビューなどの調査を基に事故状況の再現を試みた（証券取引委員会さえ、テスラが投資家に事故の件を速やかに伝えたかどうかを確認するために調査を行った）。ブラウンの前を横切ったトラックを運転していたフランク・バレッシは、テスラは見えなかったと記者団に語った。

NHTSAの特別事故調査チームによれば、ブラウンには衝突の10秒以上前からトレーラーが見えていてもおかしくはなかった。だが路面にスリップ痕がないことから、ブラウンは前方のトレーラーに気づいていなかったと推測される。後の調査は、ブラウンが「衝突回避のためにブレーキやステアリングなどの操作を試みなかった」と結論付けている。はっきりとわかるのは、ブラウンがテスラの自動運転機能の性能を過信していたため、前方の道路に注意を払っていなかったことだ。

しかし、テスラのオートパイロットがトレーラーを認識できなかったのはなぜだろう？　NHTSA産業製品欠陥調査局のカリム・ハビブは、テスラがトレーラーに接近したとき緊急自動ブレーキシステムが作動しなかったことを確認している。衝突の10秒前からドライバーの視野に入っていた巨大なトラクター・トレーラーに、この機能はなぜ気づけなかったのか？

その夏、テスラのスタッフが上院商業・科学・運輸委員会で2つの仮説を証言したとされている。

1つは、レーダーとカメラがトレーラーを検出しなかったという可能性だ。事故当日は良く晴れた日だったため、トレーラーの車体の明るい白色をテスラが空の一部だと認識したことが考えられる。もう1つの仮説は、センサーはトレーラーを検出したが、それを〝誤検知〟したというものだ。頭上に設置された道路標識や車が安全に下を通過できる陸橋などと見なした可能性がある。

だがNHTSAとNTSBによるその後の調査によって、テスラの自動運転システムは車を他の車の側面に接近する状況から保護するように設計されていないことが明らかになった。テスラのシステムが想定しているのは、専用の出入り口でのみアクセスでき、中央分離帯によって上下線が分離され、道路の左右が壁などで保護されている、車に対して他の車両が真横から移動しないような仕組みの州間高速道路クラスの高速道路のみだった。州間高速道路までは自分で車を運転し、そこからオートパイロットを作動させて、クルーズ・コントロールのように高速道路での退屈な運転を自動運転に任せるという仕組みだ。このようなシステムでは、車が遭遇する可能性のある物体を分類してソフトウェアに認識させている。何千種類ものトラックや車のリアの形状を認識させることで、ソフトウェアは路上で遭遇するこれらの物体を検知できるようになる。だがブラウンの事故が起きた時点では、テスラのシステムはトラックなど他の車両の側面の形状を教えられていなかった。なぜか？　オートパイロットがその使用を前提としていた州間高速道路では交差点が存在しないように設計されているため、他の車の側面に衝突するというシナリオを考慮することが困難だったのだ。

テスラは事故の時点で、自動車業界向けに高度な運転支援ツールを提供しているイスラエルのモービルアイNV社が設計・製造した自動運転システムの部品を利用していた。また、テスラが使用しているモービルアイの製品「EyeQ3」は、NHTSAが定義した交差点で発生しやすい2種類の衝突（交差車線の直進車との衝突、交差車線・対向車線からの左折車との衝突）から車を保護しなかった。どちらの場合も、オートパイロットで走行する車に対して垂直に走行する車は交差点を直進または左折することでオートパイロット車の進路を横向きになって妨害する。NHTSAのレポートによれば、「フロリダの事故は、EyeQ3ビジョンシステムのデータセットに該当しないターゲット・イメージ（トラクター・トレーラーの側面）が関連していた」

その結果、NHTSAの調査員はテスラの技術は問題なく機能していたという結論を導いた。「このシステムの機能は、業界の最先端技術と一致している」。単に、「フロリダの死亡事故に見られるような交差路での左折車との衝突を回避するための自動ブレーキは、このシステムの対象外だった」のだ。これは、テスラ以外の高速道路運転支援製品にも当てはまる。インフィニティQ50、メルセデス・ベンツS65、アウディA7、ボルボXC60など、ブラウンの事故が起きた時点で他の自動車メーカーが使用していたモービルアイのシステムも、このような衝突事故に対する保護機能は搭載していなかった。

テスラは、2つの一般的な衝突事故からの保護機能を提供しない自動運転技術を販売していた。また、法的な責任を免れるためにいくつかの対策を講じていた。たとえばオーナーズ・マニュアルでは、オートパイロットの機能の1つである「オートステア・システム」は、「アクセスが限定された高速道路で、ドライバーが運転に十分な注意を向けている状態でのみ使用できる」と警告している。しかし、マニュアルに細かく目を通すオーナーがどれほどいるだろうか？　NTSBのクリストファー・A・ハートが後に述べているように、この警告は「マニュアルを読むオーナーは少なく、非オーナーであればさらに少なくなるという現実を考慮していない。夏時間の開始時と終了時に時計をリセットするときに、年に2回しかマニュアルを見ない人もいる」。テスラが自社の車の自動運転機能の限界を適切に伝えていなかったことが悔やまれる。

私は、テスラはさまざまな形でこの事故が起こるべくして起こるような状況をつくり出していたと考えている。まずはっきりしているのは、テスラがこの一連のテクノロジーを「オートパイロット」（自動操縦）と名付けていたことだ。モルガン・スタンレーの調査アナリスト、アダム・ジョナスはこの事故を受けて「消費者に誤解を与え、モラルハザードを引き起こす可能性がある」ため、テスラに「オートパイロット」という名称の使用をやめることを提案している。製品やサービスの安全性を監視する消費者団体が発行するコンシューマー・レポート誌も、「〝モデルSは完全な自動運転が可能である〟という時期尚早な仮定を促進した」と指摘している。「自動車メーカーの多くがこの種の半自動運転技術を急速に車に導入しているが、テスラの戦略はそのなかでも際立って性急なものである。テスラは、自動運転機能の有効時にドライバーが長時間にわたってハンドルから手を離すことを許可している唯一のメーカーだ。この死亡事故が起きたことで、この機能の危険性が広く知られることになるだろう」。ジョナスと同じく、同誌も「オートパイロット」という名称は取りやめるべきだと主張している。

テスラは名称を示す以外に、ユーザーにこのシステムの機能を十分に説明していなかった。テスラのユーザーが、州間高速道路の渋滞に適切に対処できる車が、トラクター・トレーラーのような巨大な障害物に適切に反応できると考えるのは無理もないことだった。ブラウンの事故の後、テスラは同社の自動運転製品が「アクセスが限定された」高速道路で使用されることを意図したものだったと述べた。だが、ブラウンがオートパイロットを使用したとされている州道24号と国道27A号は、どちらもアクセスが限定された高速道路ではなかった。ブラウンはおそらくこの機能の制限事項を理解していなかった。

ブラウンは、ユーチューブに投稿した動画をイーロン・マスク本人にリツイートされるという特殊な状況にあった。その動画はアクセス制限された高速道路で走行するテスラの車載カメラで撮影したものだった。だがマスクは、ブラウンのユーチューブ・チャンネルには、オートパイロットの使用が想定されていない曲がりくねった2車線の道で撮影されたものなど、他の動画がいくつも投稿されていたのを知っていたのだろうか？　ある動画についてリツイートしたことで、マスクがブラウンのその他の動画での振る舞いを支持したと受け止められていた可能性もあった。

振り返ると、テスラが長時間のハンズフリー運転を許可するシステムを販売したのは驚くほど無謀だった。このシステムは重大事故が起こり得る典型的な状況に対処する保護機能を提供していなかったにもかかわらず、ブラウンがユーチューブに投稿したような動画のせいで、それを見たユーザーがこのシステムを危険な状況で使い始めていたからだ。

モービルアイの反発

　ブラウンの事故が世間の注目を集めてからわずか数週間後、イスラエルのモービルアイ社は、自動運転システムの部品の供給先だったテスラとの関係を断ち切った。同社の会長兼最高技術責任者のアムノン・シャシュアは、その理由をこの自動車メーカーが「安全面で許容範囲を超えようとする」からだと説明した。

　シャシュアはロイター通信に、事故に遭ったモデルSに搭載されていたモービルアイのシステムは、「あらゆる衝突事故を安全な方法でカバーするようには設計されていない」と語った。「どう見ても、オートパイロットはそのような状況に対処するように設計されていない。これはドライバー・アシスタンス・システムであり、ドライバーレス・システムではない」（傍点筆者）。

　シャシュアは、モービルアイがブラウンの事故の後、テスラが矛盾したメッセージを発信することに対する反発を強めるようになったと述べている。特にマスクと同社が、このテクノロジーの自動運転機能を喧伝しながら、車のオーナーには運転に注意を払い、使用時にハンドルを握り続けるよう警告していることに対して憤っていた。「我々のような高い評判を得ている企業でも、取引先が安全面でこの種の許容範囲を超えた行為を続けるなら、長期的には損害を被ることになる。業界全体も利益を傷つけられてしまうだろう」

その後、数十億ドル規模の企業間のものとしては異例となる激しい批判の応酬が起こった。近い将来独自のコンピューター・ビジョン・システムを開発することを予定していたテスラは、モービルアイが批判をしたのはその事実を知り、不満を抱いていたからだと反論した。だがモービルアイはさらに強烈な反撃をした。あるプレスリリースで、ジョシュア・ブラウンの死から遡ること1年前の2015年5月に、シャシュアがオートパイロットのハンズフリー・モードに関する「安全面の懸念」をマスクに表明していたことを明らかにしたのだ。さらに、「その後に顔を合わせて話し合いをした結果、テスラのCEOはオートパイロットは〝ハンズオン〟でのみ使用できる機能であることを確約した」が、それにもかかわらず、「オートパイロットは2015年後半にハンズフリー・モードが許可された形で販売された」と経緯を説明した。モービルアイはその後も、テスラにオートパイロットのマーケティングを控え目にするよう働きかけ続けたと主張している。

モービルアイとの対立が浮き彫りになったのと同じ週、テスラはオートパイロット・ソフトウェアの「OTA」(over the air)と呼ばれる無線でのアップデートを実施して、ドライバーに運転への注意を向けさせるための追加措置を講じた。その結果、たとえば先行車がいない状態のときに1分以上、時速45マイル(約75km)以上でハンズフリー走行すると、ビープ音が鳴りハンドルに手を戻すように促されるようになった。また、1時間以内に3回この警告を無視すると、車を駐車するまでオートパイロット機能は無効になる。マスクは、レーダー機能の向上も含めたこのアップデートにより、今後はブラウンのケースと同じような事故は防げる可能性が高いと述べた。それでも、モービルアイや他の観測筋の懸念が、こうした対策によって和らげられたかどうかについては疑問が残る。

事故が残したもの

私はブラウンの死からいくつかの教訓を得た。企業としてのテスラ、特にCEOのイーロン・マスクには、過大な約束をするが、十分にそれを果たしてこなかったという歴史がある。オートパイロットはその典型例だ。私は自動運転技術の熱心な支持者として、マスクがテスラの車に自動運転機能を実装するはるか以前からラリー・ペイジとセルゲイ・ブリンがこの技術の開発に資金を投じていたことを幸運だと感じている。グーグルは自動運転車の公道テストを7年間も無事故で実施してきた。初めての事故も、時速2マイルでの軽微な追突事故にすぎない。それを可能にしたのは、ショーファーに安全性を重んじる文化があり、テストドライバーとエンジニアの優れたチームがあったからだった。対照的に、マスクとテスラが2015年10月にリリースしたオートパイロットのテストバージョンは、わずか7カ月後に死亡事故を起こしている。もし、グーグルのチームが2009年にテストを開始してから7カ月後に死亡事故を起こしていたら、どんな状況になっていただろう？　自動運転の市場に企業が殺到することも、この分野に現在のような熱気が生まれることもなかったはずだ。

幸い、私たちが恐れていたほど世間はこの事故に憤慨したりはしなかった。規制当局による冷静な評価とメディアによる極めて公平な報道のおかげで、むしろ自動運転車が死亡事故を起こす度に、それは現在の技術の限界と、この技術が将来もたらし得る素晴らしいメリットを人々に知らしめる機会になったのだ。

エピローグ

探究は続く

試合は、終わるまで終わってはいない。
——ヨギ・ベラ（米国の元プロ野球選手）

2017年10月、カーネギーメロン大学はDARPAアーバンチャレンジでの優勝10周年を記念し、自動運転車開発チームのメンバー全員をピッツバーグに招待した。イベントでは自動運転技術の過去、現在、未来に関するパネルディスカッションも行われた。私もレッド・ウィテカーの好意で招待された。ピッツバーグのフィップス温室植物園で特別なレセプションも催されたこの素晴らしいイベントは、私にとって、そしてクリス・アームソンやブライアン・セルスキーをはじめとする参加者全員にとって、これまでの歩みを振り返る良い契機になった。

イベントの見せ場の1つは、レセプションで司会を担当したウィテカーが、スペンサー・スパイカーが2005年DARPAグランドチャレンジでハイランダーが惜しくも3位に留まったエンジントラブルの原因となる12年越しのミステリーを解決したと明らかにしたことだった。その数日前、このイベントでキャンパスに展示するために、ハンヴィーのエンジンに覆い被さるようにして掃除をしていたスパイカーは、誤って膝を電磁干渉フィルターに押し付けた。その結果、ハンヴィーの燃料噴射システムへの信号の静電気が減少し、エンジンが停止した。何かがおかしいと考えて調べてみたところ、例の転覆で損傷したと思われるフィルターがエンジンの不安定な挙動を引き起こしていたことがわかった。

スピーチを終えたウィテカーからそのフィルターを手渡されたアームソンは、ルービックキューブより少し小さなサイズのその装置をしげしげと眺めた。「12年前に教えてほしかったな」アームソンは言い、学生時代に卒業論文の指導教官だった伝説的なロボット工学教授を見上げてにっこりと笑った。「でも、過去に戻って何かを変えたいとは思わない。色々あったけど、すべては僕たちにとって良い方向に進んでいるのだから」

私も同じ心境だった。レースが終わってからの数年間、技術者たちは自動運転車の開発や、自動車業界の無駄を減らし、パーソナル・モビリティを変革するためのさまざまな研究プロジェクトに取り組んできた。そのなかで、自分たちが示す未来の可能性を社会や自動車業界全体から理解しようとしない、理解できないという反応を示されてきた。私もゼネラルモーターズ（GM）の研究開発予算が削減されたときや、メディアにコンセプトカーのポイントを理解してもらえなかったときなどに、同じようなフラストレーションを感じた。

だが、私にはもうそのような不満はなくなっていた。その週末にピッツバーグに集まったエンジニアやコンピューター科学者も同じ気持ちだったはずだ。なぜなら、私たちが予測した未来が現実のものになろうとしていたからだ。世界はこの10年間でさまざまな変化を体験した。私たちが予測し、望んでいた変化は現在も進行中だった。かつてはロボットの開発とテストを巡って大学側と衝突ばかりしてきたウィテカーも、「これは革命家向けだ」というバナーが張り巡らされたその日のキャンパスで祝福されていた。ウィテカーは地球に生を受けて80年目を迎えようとする今も革命家であり続け、可能性の限界を押し広げようとしている。経営するスタートアップの1つは、月の表面を探索するためのロボットを開発している。

7年以上前、2011年にショーファーで仕事を始めたとき、私はこのエンジニアリング・チームがデトロイトのイノベーションの歴史を軽視していることにショックを受けた。シリコンバレーのロボット工学者たちは、自動車業界は伝統に縛られ、覇気を失っていると考えていた。私はショーファーの仕事をデトロイトが敵視していることにも失望した。

だがその後、両者の態度は変化した。ウェイモと名を変えたショーファーは、かつて自分たちの仕事を軽んじていた自動車業界がオンデマンド・モビリティの未来を受け入れたのと同じように、デトロイトを尊敬するようになった。シリコンバレーとデトロイトのあいだにあった敵意は、コラボレーションの精神に変わった。私は、〝2016年はデトロイトがシリコンバレーと対決する年〟だと宣言した古巣GMのCEOメアリー・バーラを批判した。バーラはすぐにこの挑発的な発言を取り下げた。彼女が率いるGMのチームは、大手自動車メーカーがドライバーレス・モビリティの開発にアプローチするために、シリコンバレーの技術者に研究開発をアウトソーシングするというコラボレーションの手法を確立した。GMは2016年3月にクルーズ・オートメーション社を買収した。また、シボレー・ボルトEVを自社開発することで、クルーズの自動運転システムを自社工場で組み込み、大量生産できるようにした。このバーラの戦略の正しさを裏付けるように、2018年5月には日本のソフトバンクグループがクルーズにこの分野の最大規模となる22・5億ドルを投資することを発表した。モビリティの分野に精通しているプレーヤーとしての評判が高いソフトバンクからの投資だけに、これには大きな意味があった。この投資によって、GMが5億8100万ドルで買収したクルーズの価値は115億ドルに膨れあがった。それから1年も経たないうちに、フォードの幹部であるジョン・カセサの尽力によって、セルスキーが率いる同社の自動運転スタートアップ、アルゴAIが設立された。グーグルを離れたセルスキーは、この新会社で大学時代の恩師である、元ウーバーのピート・ランダーと合流することになった。カセサは現在、アルゴAIの役員を務めている。フォードの取締役会は、スマート・モビリティプログラムの責任者だったジム・ハケットをCEOに抜擢することで、同社の新しい方向性をはっきりと示した。

アームソンも2016年8月にショーファーを去った後、元テスラのスターリング・アンダーソン、元ウーバーのドリュー・バッグナルと共同設立した自動運転車会社「オーロラ」のCEOになった。パロアルトを拠点とする同社は、フォルクスワーゲン、ヒュンダイと同時の提携契約を結び、2018年に9000万ドルのスタートアップ資金を確保したことを発表した。オーロラの行動規範は、アンソニー・レヴァンドウスキーとの確執を抱えながらショーファーで7年半を過ごしたアームソンの、2度と同じ失敗を繰り返さないという決意表明にも読める。「私たちは、開発が遅れたり経済的にマイナスの影響が生じたりする場合であっても正しいことをする。自分勝手な行動は認めない。技術的な難問も議論によって解決する。性格の違いや我が儘を原因とする諍いに費やす時間はない。チームの時間を無駄にする行為や馬鹿げた振る舞いは許さない」

ボーナスプランが確定したことで、ショーファーは結果的にエンジニアたちにチームを離れても困らないだけの富を与えてしまったとも言われている。ウェイモの価値が2015年末にグーグルが評価した45億ドルを下回った場合、その株式をすぐに現金化しなければならないと考えたエンジニアもいただろう。結局、10人前後のオリジナルメンバーがチームを去った。9200万ドルの資金調達に成功した自動運転車デリバリー・サービスのNuroを立ち上げたデイブ・ファーガソンとジアジュン・シュなどだ。だが私は、メンバーの大半がチームに留まったことに大きな意味があると考えている。それはCEOのジョン・クラフチックの下、技術部門をディミトリー・ドルゴフとマイク・モンテメルロが統率し、車両パートナーシップをアダム・フロストが率いる新体制のウェイモが情熱を持って成功の道を歩んでいることが何よりも裏付けている。このチームへの忠誠心は、メンバーにとってビジネス上の賢い選択にもなった。モルガン・スタンレーのアナリスト、アダム・ジョナスとブライアン・ノバクは、グーグルが45億ドルという評価をしてから1年以上が経過した後、ウェイモが世界中の車の走行距離の1%のシェアを獲得し、1マイルあたり1・25ドルの収益を上げられるとすれば、その価値は700億ドルになると試算して業界を驚かせた。

ウーバーがオットーを買収した後、レヴァンドウスキーはこのライドシェアリング大手が運営するアドバンスト・テクノロジー・グループのCEOにジョン・ベアーズの代わりとして就任した。結果として生じた騒動は、グーグル時代にラリー・ペイジ、セルゲイ・ブリン、セバスチャン・スランがレヴァンドウスキーの自動運転車開発への性急なアプローチや、ショーファーのCEOにのし上がりたいという要望を却下してきたことの正しさを証明するものになった。レヴァンドウスキーのリーダーシップ下では、サンフランシスコでのテスト初日にウーバーの自動運転車が赤信号を無視するなど、ミスや事故が頻発した。ウェイモはレヴァンドウスキーが、同社を辞める1カ月前にサーバーから自動運転技術関連の文書1万4000点をダウンロードしていたことを明らかにした。レヴァンドウスキーはその後、ウェイモとの知的財産訴訟を争っていたウーバーから、法務担当者への協力を拒否したという理由で解雇された（本書の共著者は、取材の一環としてレヴァンドウスキーの個人的な法務チームに連絡し、本件についてのコメントを求めた。バークレーの弁護士マイルズ・エーリッヒがこのリクエストを伝えたが、返事はなかった）。どれほど聡明でも、生産的であっても、誠実さを欠き、他人の信頼を得ることができなければ、成功はできないということだ。

トラビス・カラニックは、レヴァンドウスキーを解雇した直後にウーバーCEOを辞任した。後任のCEOダラ・コスロシャヒダラは、2018年2月にウェイモとの訴訟が和解したときに公表された文書で、レヴァンドウスキーを会社に招き入れたことを後悔している。「ウーバーによるオットーの買収はもっと他にやり方があったし、そうすべきだった」。ウーバーは株式の0・34%をウェイモに支払うことに同意した（評価額700億ドルのうちの2億3800万ドル）。

「素早く動き、破壊せよ」というフェイスブックの有名なモットーを自動運転車の開発に当てはめたレヴァンドウスキーとカラニックのアプローチが導いた最悪の事態は、2018年3月18日の午後10時頃に起こった。アリゾナ州テンペの北向きの4車線道路ミル・アベニューをバッグを積んだ自転車を押しながら横断していたエレイン・ハーツバーグが、法定速度35マイル（約56㎞）ゾーンを約40マイル（約64㎞）で走ってきたウーバーの自動運転車（ボルボのSUV、XC90。運転席にはセーフティー・ドライバーが乗車していた）に撥ねられて死亡した。歩行者が自動運転車と衝突して死亡した初めてのケースだった。その後のNTSB（国家運輸安全委員会）の調査では、SUVのセンサーが衝突の約6秒前に〝バッグを積んだ自転車〟という珍しい形状の物体を検出し、まず未知の物体、次に車、最後に自転車として認識していたことがわかった。システムは衝突の1・3秒前に、緊急用の自動ブレーキが必要だと判断した。おそらくハーツバーグの死を防ぐのに十分な時間だ。だがウーバーは、誤検知による運転操作ミスを防ぐために自動ブレーキを無効にし、緊急時はソフトウェアでセーフティー・ドライバーに警告して運転を引き継がせるという方法を採用していた。しかしNTSBの調査によれば、自動運転のインターフェースに気を取られていたと思われるドライバーはこの警告に反応できず、衝突後までブレーキペダルを踏まなかった。これは人間のオペレーターが自動運転ソフトウェアから運転を引き継げないという、ハンズオフ機能が引き起こす危険な状況だった。ウーバーは事故の直後に自動運転テストを中止した。

これはジョシュア・ブラウンの事故と同じく、モビリティの破壊的イノベーションの普及を脅かす、自動運転車にとって重大な歴史的意味を持つ事故だった。だがその後、ウェイモは自動運転技術や自社のビジネスに関する積極的な情報発信を行うことでリーダーシップを発揮した。ハーツバーグの事故の数週間で、ウェイモはグーグルの自動運転車チームとして活動していた過去9年間よりも多くメディアや公の場に登場したとも言われている。クラフチックは、ハーツバーグの事故から1週間後にラスベガスを訪れ、全米自動車ディーラー協会に対してウェイモの技術であれば同じような事故は防げたと語り、メディアの注目を集めた。その数日後にはニューヨーク国際オートショーで、自動車メーカー1社のものとしては過去最大の取引を発表した。2020年の終わりまでに、ジャガーの電気自動車SUV「I－PACE」を最大2万台購入し、ウェイモのサービスで使用するというものだった。その後もウェイモの拡張戦略に伴い、フィアット・クライスラーからミニバン「パシフィカ」を最大6万2000台購入するなど、さらに大型の契約を発表していった。

これらの発表は、ウェイモが描く将来的な自らの役割を雄弁に物語っていた――ウェイモは、既存のビジネスを混乱させるのではなく、新しいビジネスを生み出そうとしているのだ。そのための具体的な方法の1つが、エイビスやオートネーションなどの自動車業界の企業と提携し、ウェイモの増加する車両の整備や保守を依頼するというものだ。クラフチックはこれらのパートナーシップはうまく機能していて、ウェイモが少ない投資額で事業を拡大し、多くの人々にモビリティの新しい形を楽しんでもらうことに役立つと述べている。

すでに自動運転で100万マイルの走行を達成し、アリゾナ州フェニックスではクライスラー・パシフィカにセーフティー・ドライバーが同乗しない完全な無人運転でサービスを提供しているウェイモは、自動運転の未来を実現するという確固とした決意を表明している。「私たちは決して酔わず、疲れず、気を散らさないドライバーをつくりたい」クラフチックはある公の場で語った。2018年にフェニックスで無人の商用輸送サービスを開始したウェイモは近い将来、車両のサイズやタイプを目的に合わせて選べるモビリティ・サービスを1日あたり100万回提供することを計画している。これはたとえば大勢の子供たちをサッカーの練習場所に連れて行きたいときはミニバンのパシフィカを、少人数で夕食に出かけたいときはジャガーのＩ－ＰＡＣＥを選べるというものだ。このようにメディアに頻繁に取り上げられたことは、ウェイモの自動運転業界のリーダーというポジションをさらに強固なものにした。

私はペイジとブリンの自動運転車の開発にかける揺るぎない決意に驚かされ続けてきた。自動車や石油、保険など、130年の歴史を持つ輸送システムに深く関わってきた業界は、現行のシステムに深くからめとられているために、モビリティの革命を率先して起こすことができなかった。必要だったのは、ペイジやブリンのような先見の明を持つ人間だった——デジタルテクノロジーの可能性を信じ、魅力的な移動体験の設計に情熱を持ち、望みを実現できる資金力があり、世界をより良い場所にするために、新しい自動車の時代をいち早くつくり出そうとする決意を持ったビジョナリーだ。

この10年間は、この分野に携わるすべての人々にとっての学びの期間だった。私たちは成長し、多かれ少なかれ考えを改めた。ビクタービルでDARPAアーバンチャレンジが開催された当時を思うと、隔世の感がある。当時は多くの人が、資金力さえあれば、企業1社で自動運転車は実現できると考えていた。

その後、多くの企業が数十億ドルもの資金をこの技術の開発に投じてきた。だが、まだ完全にそれを実現させた企業はない。これは思っていたよりも難しい挑戦だった。技術的、社会的、政治的にこの問題に取り組む誰もが、この挑戦の規模は考えていたよりもはるかに大きいことに気づいた。どんな企業であれ、単独でこれを実現することはできない。

それでも、探究は続く。私は自動運転の実現は不可避だと信じている。私にとってそれを象徴する出来事は、クラフチックが件の発表をしたのと同じ月に起こった。究極のカーガイ、ボブ・ルッツ——ヘリコプターを操縦し、マッスルカーを開発し、葉巻を加え、地球温暖化は事実ではないと主張する、あのＧＭの元副会長が、オートモーティブニュース誌にこんなエッセイを寄稿した。「人間が車を運転し、その車を修理する工場や販売するディーラーがあり、それを取り巻くメディアがあるという時代は、20年後にはすべて消えているだろう。最終的には、人間が操作する装置がまったくない、完全な自動運転車に取って代わられることになる」

信じられなかった。85歳になったルッツがこのエッセイで描いたのは、ＧＭ時代の私がまさに実現しようとしていた未来だった。そのために私が望んだ研究開発予算を何度もひねり潰そうとしたのは、他ならぬ当時のルッツだった。

これがモビリティの破壊的イノベーションが不可避であることを象徴していないのなら、他に何があるというのだろう。

その未来で勝者になるのは誰か？

この質問に単純に答えようとすれば、問題の規模を見誤ることになる。私も人のことをとやかく言える立場にない。この本の副題はもともと、「The Race to Build the Driverless Car」（ドライバーレス・カーの開発レース）だった。そう、レースには勝者と敗者がいる。たしかに、モビリティの変革において他よりも物事をうまく成し遂げる個人や企業は出てくるだろう。私には、時価総額数百億ドル規模の大手自動車メーカーが、アルファベットやアップル、アマゾンなどの時価総額数千億ドル規模のＩＴ業界の巨人を圧倒的に打ち負かす未来を想像するのは難しい。それでも私は、この変革は多くの人々に多くのメリットをもたらすものであり、それに関わる個人や企業全員が手を取り合って協力していかなければならないと考えている。

モビリティの破壊的イノベーションは、すべての人に同じように影響するのではない。すでに述べたように、高齢者や障害者にとっては、移動の自由が解放されることは実に喜ばしい変化だ。だが自動運転技術が普及し、自動車業界や石油業界の規模が縮小することによって仕事を失う人も出てくるだろう。その一方で、モビリティ・サービスの運営や、自動運転車の車内で楽しむためのコンテンツの制作、燃料電池やバッテリーの製造など、新しい仕事に就く人も増えるだろう。1世紀以上前、馬の蹄をつくるために鍛冶屋として大勢の人が働いていたことを思い出してほしい。これらの人々は自動車の登場によって職を無くしたが、その後の社会に適応していったのだ。

最近では、〝今日生まれた子供が大人になったとき、運転免許は必要になるか〟という問題が話題になることが多い。興味深い問題だ。たしかに、現代でも乗馬を学ぶ子供たちがいるように、未来でも車の運転方法を習得する子供はいるだろう。だが私は、今日生まれた子供が大人になったとき、移動の自由のために免許を取らなければならないという仕組みは不要になっていると考えている。車を運転できるかどうかにかかわらず、モビリティの自由はあらゆる人が得られるものでなければならない。

ただし、人間が車を運転しなくてもよい未来はユートピアではない。インターネットと同じだ。この技術も、それが実現する前はSF小説のなかで夢の発明だともてはやされていた。誰も今日のインターネットに飛び交う罵詈雑言やフェイクニュース、個人攻撃を想像していなかった。それでも、モビリティの破壊的イノベーションが起きた後の社会は人々の暮らしを良くするだろう。運転中に他の車に激怒することもなくなり、古い職業から新しい職業へと労働力が移動して混乱が収まれば、都市は人々にとってさらに快適な場所になり、日々の移動のために私たちが味わってきた不便の多くが解消されるだろう。

私はこの本を、私のトレードマークにもなっているジョークで締めくくりたいと思う。

老いた農夫が、バディという名のほとんど目が見えない老馬が引く荷馬車に乗っている。すると、車が轍に嵌まって立ち往生している見知らぬ男に出くわす。男から車を轍から引き出すのを手伝ってくれないかと頼まれた農夫は、バディを紐で車の後部に結び付けると、大きな掛け声を上げた。

「ジンジャー、引くんだ！」。だが、何も起こらない。

「ココ、引くんだ！」次に農夫はそう叫んだ。だが、やはり何も起こらない。

「デイジー、引け、引くんだ！」農夫が叫ぶ。

農夫は最後に、「バディ、引くんだ！」と大声で叫んだ。

すると、バディは車を轍から引き出したのだった。

男は心から感謝しながら、農夫になぜ馬をいくつもの名前で呼んだのかと尋ねた。

「ああ」農夫は答えた。「バディは年を取っていて、目が見えないんだ。そして、自分だけで仕事をしているようと思っていると何もしようとしないから、他にも馬がたくさんいるように思わせたのさ」

私はこれまで、自動車業界を130年ぶりに轍から引き出そうとしているような気持ちになった――バディは目が良くなく、私は耳があまり聞こえないという違いはあったが。以前、自動運転の開発に関わってきた者の多くは、この革命的な変革を自分1人の力で起こそうとしていると考えていた。だが今では誰もが、全員が力を合わせて同じ車を轍から引き出そうとしていると感じている。

バイロン・マコーミックは、1974年にアリゾナ州立大学を卒業してから轍に嵌まった車を引っ張り続けている。ロビン・チェイスはジップカーを創業して以来、マーティン・エバーハードとマーク・ターペニングもテスラを立ち上げて以来、引っ張り続けている。DARPAチャレンジを開催したアンソニー・テザーも、激しく引っ張った。レッド・ウィテカー、セバスチャン・スラン、クリス・アームソン、ブライアン・セルスキーらDARPAチャレンジの参加者も、力強く引っ張った。

そしてイーロン・マスクやトラビス・カラニック、そして何よりラリー・ペイジ、セルゲイ・ブリン、ジョン・クラフチックらが登場し、それまでよりもはるかに強い力で引っ張り始めた。

私は今でも、2007年にカリフォルニア州ビクタービルでDARPAアーバンチャレンジが終わった、すべてを変えた瞬間の不思議さに驚嘆せずにはいられない。あのレースは、自動車業界の未来とパーソナル・モビリティ全般を決定づける、既得権益者と破壊者との戦いだった。デトロイトがかつてないほど低迷していた時代に、グーグルやテスラ、ウーバー、リフトなどが大胆な戦略で台頭してきた。そのタイミングは絶妙だった。

私たちは轍に嵌まった車を引っ張り続ける。そして必ずや、車を轍から引き出すだろう。そのとき、年間130万人の交通事故の死亡者数は9割削減される。移動するのに石油に依存しなくてもすむようになる。都市部での厄介な駐車の問題も解消する。駐車場だった土地は街をつくりかえるために活用できる。車を買う経済的な余裕がない人もモビリティの自由を手にすることができる。そして、気候変動を遅らせることもできる。

1つ確かなことがある。それは、私たちがとても興味深い時代に向かっていることだ。エンジョイ・ザ・ライド！

謝辞

この本はクリストファー・シュルガンの優れた洞察力、粘り強い調査、並外れた筆力がなければ存在しなかった。私を語り手にして自動運転車の開発に関する本を執筆するというアイデアは、クリスとその兄弟によるものだ。素晴らしきジャーナリストでありコラボレーターであるクリスに心からの感謝を。

貴重な時間を割いて自らの物語を話してくれた、クリス・アームソン。レッド・ウィテカー、セバスチャン・スラン、トニー・テザー、ブライアン・セルスキー、リック・ワゴナー、ビル・ジョーダン、ジョン・カセサ、ジョン・クラフチックをはじめとする、この本の主な登場人物にも感謝を。

私がGMの研究開発部門を率いていたときに成し遂げたことは、同僚のバイロン・マコーミック、クリストファー・ボローニ＝バード、アラン・タウブ、デビッド・ヴァンダーヴェーンらが与えてくれた刺激に多くを拠っている。リック・ワゴナー以外にも、GMではドン・ハックワースとトム・デイビスからリーダーシップや製造、エンジニアリングについてたくさんのことを教わったことで、存分に力を発揮できた。

テザーとDARPAの同僚、ラリー・ペイジとセルゲイ・ブリンは、自動運転車の技術を加速させるのに大きな役割を果たした。そのビジョン、リーダーシップ、社会を良くするというコミットメントは、自動運転車がもたらすメリットを実現させることを優に10年以上は前進させた。

私は彼らの行動が、最終的に世界中で1000万人の命を救うと信じている。これはとてつもない遺産になる。7年以上にわたってグーグルの自動運転車やウェイモとの仕事を与えてくれたラリーとセルゲイに感謝を。それは私のキャリアのなかでも、もっとも刺激的で有望な技術開発への取り組みだった。

コロンビア大学でサステナブル・モビリティに関するプログラムを主導する機会を与えてくれ、私がビル・ジョーダン、ボニー・スカボローと共に実施した、「新時代のオートモビリティ」によって生じる大規模の経済的な破壊的イノベーションを初めて定量的に分析した研究をサポートし、資金を提供してくれたジェフ・サックスに感謝を。

この本の内容の正確さを確認するために必要だったインタビューに応じてくれ、サポートしてくれた次の人々にも感謝を。ロビン・チェイス、ジョン・キュロス、ダグ・フィールド、アダム・フロスト、ディミトリー・ドルゴフ、ナサニエル・フェアフィールド、マイク・モンテメルロ、ジョニー・リュー、シド・キットソン、ダニエル・ヤーギン、ボブ・ランゲ、ロビー・ダイヤモンド、アダム・ジョナス、スコット・コーウィン、スコット・フォスガード、ケビン・ピーターソン、スペンサー・スパイカー、ポール&スーザン・アームソン、マーシャル・エベール、ハーマン・ハーマン、ジョン・ドーラン、ミッキー・ストラザーズ、ミケーレ・ジットルマン。

マイロン&ナンシー・シュルガン、マーク・シュルガン、ヨハン・ウィレムス、ジャクソン・ザッテルは、重要な章の草稿に目を通し、いくつもの重要な意味で本書をより良いものにしてくれた。

エッコ・ハーパーコリンズ・パブリッシャーズの編集主幹デニス・オズワルドの、この本を出版することへの同意と、際立った編集作業、忍耐と揺るぎない励ましに感謝を。エマ・ジャナスキー、トリーナ・フン、ソニア・チューズ、ダイアン・バローズとの仕事は素晴らしかった。クックマクダーミット・リテラリー・エージェンシーに所属する私のニューヨークのエージェント、クリス・ブッキの貢献にも心から感謝する。

最後に、妻のセセ、娘のナタリーとヒラリーに。君たちの愛、私のキャリアへの揺るぎないサポート、私がお気に入りのジョークを何度も口にするのを飽きもせず受け入れてくれることに感謝を。人生を君たちと共に過ごすことができて、本当に幸せだ。

ラリー・バーンズ

著者略歴

ローレンス・D・バーンズ（LAWRENCE D. BURNS）

ゼネラルモーターズ（GM）の研究開発・計画部門の元副社長。GMでは先端技術やイノベーションプログラム、企業戦略を統括した。その後はミシガン大学で工学実践の教授を務め、コロンビア大学でも持続可能なモビリティのプログラムを主導した。2011年からグーグルの自動運転車プロジェクト（現在のウェイモ）の顧問。米国工学アカデミーの会員。ミシガン州フランクリン在住。

クリストファー・シュルガン（CHRISTOPHER SHULGAN）

ライター。世界的に有名な専門家とのコラボレーションを専門とする。8冊の著作には、ベストセラーとなった『The One-Minute Workout:Science Shows a Way to Get Fit That's Smarter, Faster,Shorter』などがある。カナダ・オンタリオ州トロント在住。

訳者略歴

児島 修（OSAMU KOJIMA）

英日翻訳者。1970年生まれ。立命館大学文学部卒。

訳書に『SEVENS HEAVEN ～フィジー・セブンズの奇跡』（辰巳出版）、『シークレット・レース～ツール・ド・フランスの知られざる内幕』（小学館文庫）、『スター・ウォーズはいかにして宇宙を征服したのか』（パブラボ）、『やってのける～意志力を使わずに自分を動かす』（大和書房）、『一人になりたい男、話を聞いてほしい女』（ダイヤモンド社）、『ペドロ・マルティネス自伝』『ジェンソン・バトン自伝』（東洋館出版社）など。

AUTONOMY（オートノミー）
自動運転の開発と未来

2020年6月10日　初版第1刷発行

著　者　ローレンス・D・バーンズ
クリストファー・シュルガン
訳　者　児島修
発行者　廣瀬和二
発行所　辰巳出版株式会社
〒160-0022
東京都新宿区新宿2丁目15番14号　辰巳ビル
TEL 03-5360-8960（編集部）
TEL 03-5360-8064（販売部）
URL http://www.TG-NET.co.jp
編集協力　吉田直志
校正　阿部真吾
ブックデザイン　八木麻祐子（Isshiki）
DTP　青木奈美（Isshiki）
編集・進行　寺田須美　中嶋仁美（辰巳出版）
印刷　三共グラフィック株式会社
製本　株式会社ブックアート

本書へのご感想をお寄せください。
また、内容に関するお問い合わせは、
お手紙、FAX（03-5360-8052）、メール（otayori@tatsumi-publishing.co.jp）にて承ります。
恐れ入りますが、お電話でのお問い合わせはご遠慮ください。

ISBN978-4-7778-2402-1 C0034　Printed in Japan